**PLANTING
IN A
POST-WILD
WORLD**

일러두기

- 식물 이름은 국가표준식물목록http://www.nature.go.kr/kpni/index.do을 기준으로 했으나, 일부 식물 이름은 라틴어 학명을 발음대로 표기하거나, 라틴어 속명이나 한글 속명, 번역자가 정한 한글 이름으로 표기했습니다.
- 본문의 고딕체는 번역자 주입니다.

사라지는 야생, 식물군락 디자인으로 만드는 지속 가능한 경관

새로운 자연을 위한 식재디자인

목수책방
木水冊房

PLANTING
IN A
POST-WILD
WORLD

지은이 토머스 레이너·클라우디아 웨스트 | 옮긴이 김지현·노진선·이양희·정은하

차례
CONTENTS

서문   6

1. 잃어버린 자연, 다시 찾은 자연
Nature as It Was, Nature as It Could Be   12

새로운 희망: 식재디자인의 미래   16
자연과 정원 사이의 간극 줄이기   18
자연발생적 식물군락에서 받은 영감   20
자연에 대한 우리의 기억과 연결하기   23

2. 식물군락 디자인의 원칙
Principles of Designed Plant Communities   28

식물군락에 대한 이해   30
디자인된 식물군락의 차별점   38
자생종의 중요성   41
필수 원칙   43

3. 야생에서 받은 영감
The Inspiration of the Wild   65

야생의 울림   66
원형경관   69
초원   71
소림과 관목림   95
삼림   104
가장자리   114

4. 식재디자인의 과정
The Design Process   121

세 가지 필수 관계의 존중   122
식물과 장소의 관계   124
식물과 인간의 관계   137
식물 간 관계   161

5. 식물군락 조성과 관리
Creating and Managing a Plant Community   189

현장 준비: 디자인의 연장선   190
식재 : 식물의 자연 생장주기 활용   204
효율적이고 성공적인 식재   217
창의적 관리 : 디자인의 가독성과 기능 유지   221

6. 결론
Conclusion   243

세 개의 정원에 대한 명상   244
지금 우리에게 식물군락 디자인이 필요한 이유   253

감사의 말   256
역자 후기   260
주요 개념 정리   264
찾아보기   267

서문

토머스 THOMAS

내가 2학년이 되던 해 여름, 우리 가족은 앨라배마주 버밍햄 외곽으로 이사 갔다. 우리는 새로 개발되는 마을 변두리에 집을 샀다. 우리가 이사하던 그해 여름, 그 거리에는 여섯 채의 집이 있었고, 숲의 빈터가 많이 남아 있었다. 하지만 몇 해 지나지 않아 숲은 사라졌고 새로운 이웃들이 하나둘씩 거리를 채워 나갔다. 더 이상 숲을 탐험할 수 없게 되자, 나는 뒤뜰 너머에 자리한 녹음이 울창한 빈터에 관심을 돌렸다. 주말이면 동네 소년들과 무리 지어 나무가 무성한 철강 회사 소유의 빈 땅을 누볐다. 피드몬트숲은 사방으로 넓게 펼쳐져 드넓은 미개발지에 닿아 있었다. 우리는 작은 오두막과 아지트를 지었고, 우리의 적(보통은 여동생)을 피해 머스카딘 미국 야생 포도과 듀베리 야생 베리의 일종 열매를 찾아다니며 끝없는 야생의 경계를 탐험하며 하루하루를 보냈다. 야생식물 하면 떠오르는 나의 가장 오래된 기억은 식물이 만들어 낸 풍성한 공간에 관한 것이다. 우리는 토끼처럼 얽히고설킨 스파클베리 *Vaccinium arboreum* 덤불 사이의 좁다란 길을 따라 거대한 팔카타참나무 *Quercus falcata*가 우뚝 서 있는 약속 장소에 다다랐다. 아마도 가장 신성한 곳은 두 개의 능선 사이로 흐르는 넓은 개울 위, 돔 형태의 숲지붕을 드리우던 너도밤나무숲일 것이다. 우리는 향쑥 *Artemisia absinthium*의 잎사귀 사이에서 반짝이는 빛에 매료되어, 우묵한 곳으로 조용히 내려가곤 했다.

고등학생이 되었을 즈음, 개발업자들이 그 땅 대부분을 사들였다. 숲의 능선은 산산이 부서져 계곡으로 무너졌고, 가재를 잡던 개울은 복개 공사가 진행되어 주차장 하부 도랑이 되었다. 한때 풍부한 숲 식물군락 communities이 있었던 이곳에는 지금 주거지와 대형 마트가 들어섰다.

비단 나만의 이야기는 아닐 것이다. 매일 지구 곳곳에서 수많은 야생 지대가 하나둘씩 사라지고 있다. 어린 시절 유일하게 진짜라고 여겼던 풍경을 잃어버렸다는 상실감이 여전히 내 마음속에 남아 있다. 점점 확장해 가는 개발의 물결 속에 남겨진 야생 공간은 외딴섬 같고, 되돌릴 수 없는 현실이 되어 버렸다. 하지만 지금 우리 앞에 놓인 과제는 잃어버린 것을 애도하는 데 머무르지 않고, 우리 일상 속에 놓인 마당, 도로, 업무시설, 상업시설, 조림지, 공원, 도시 등의 공간을 다시 바라보는 것이다.

→ 늦겨울의 애팔래치아숲

← 한때 중공업 때문에 검게 오염되었던 땅이 이제는 야생식물로 뒤덮여 있다. 독일 베를린의 쥐트겔렌데Südgelände는 활기찬 유럽 대도시 한가운데에서 야생이 지닌 무한한 생명력을 직접 경험하게 해 준다.
→ 콜로라도주 볼더에 있는 주차장 부지에 뿌려진 스위트피Lathyrus odoratus와 김의털Festuca이 빛에 반짝인다. 이는 억제할 수 없는 식물의 생명력을 보여 준다.

클라우디아 CLAUDIA

1980년대의 동독은 오염된 잿빛 세계였다. 어린 시절 강물의 색은 근처 직물 공장이 그 주에 어떤 색의 염료를 썼는지에 따라 달라졌다. 취약한 경제를 떠받치고 제2차 세계대전 배상금을 갚기 위해 얕은 층에서 연탄을 캐내느라 온 풍경이 훼손되었다. 내 고향은 우라늄 광산에 둘러싸여 있었고, 어떤 해(체르노빌 사고가 있었던 때로 기억한다)에는 버섯이 평소보다 두 배나 크게 자라기도 했다. 동독 정권은 집약적 농업에 의존했기 때문에 잡초와 해충 방제를 위한 화학물질 살포가 너무나 흔하게 일어났다. 노란색 농약 살포용 비행기가 들판과 정원 위로 날아다니며 농약을 퍼붓기 전에 누구도 널어 둔 빨래를 걷어들이려 하지 않았다. 자연 지역을 흔히 군사 훈련장으로 전용하는 일이 잦았고, 자연이라 불릴 수 있는 장소는 터주식생터주식물이 중심이 되어 발달하는 식물사회과 교외의 소규모 주말농장인 슈레버가르텐Schrebergärten으로 축소되었다.

1989년과 1990년, 베를린 장벽이 무너지면서 이 모든 것이 달라졌다. 그 시기에 우리가 배운 단 하나의 교훈은 자연이 생각보다 훨씬 더 강인한 회복력을 가지고 있다는 것이다. 지금 옛 동독의 산업 중심지를 방문하는 일은 삶을 바꾸는 경험이 될 수 있다. 한때 유해물질로 가득했던 하천에서 이제는 안심하고 송어를 잡을 수 있게 되었다. 깨끗한 호수와 녹음이 짙은 숲, 리조트와 호화

요트로 가득한 독일 중부의 새로운 풍경을 보기 위해 전 세계 관광객들이 찾아온다. 누가 유럽 중부의 새로운 야생 지대에 유럽늑대가 돌아올 것이라 상상이나 했을까? 자연은 강인하고, 끈질기고, 활기차며, 결코 늦지 않는다. 이것이 내가 어린 시절의 마지막 시기를 돌아보며 가장 분명하게 깨달은 교훈이다. 훼손된 경관도 강한 야생의 정신이 깃들면 빠르게 회복될 수 있다. 우리가 그것을 잘 이끌고 협력한다면, 복원과 천이는 매우 빠르게 일어날 수 있다. 식물이 도저히 살 수 없을 것 같은 황량한 달 표면 같은 곳조차도 어떤 특정 식물에게는 낙원이 될 수 있다. 척박한 장소에 어울릴 만한 식물이 없다고 단언하지 말라. 식물은 달에서도 자란다. 나는 본 적이 있다!

이 책은 서로 다른 두 대륙과 두 가지 다른 자연 경험을 바탕으로 집필되었다. 북미의 관점이 과거 야생에 대한 기억을 간직한 회상적 접근이라면 유럽의 관점은 철저히 인간의 손길이 닿은 경관에 기반하고 있다. 토머스는 잃어버린 자연의 이야기를, 클라우디아는 다시 찾은 자연의 이야기를 들려준다. 이 두 관점은 오늘날 자연에 공존하는 긴장감을 정확히 드러낸다. 야생은 계속해서 사라지고 있지만, 도시와 교외에서는 오히려 자연이 확장될 수 있는 잠재력을 보여 주고 있기 때문이다. 야생의 공간은 줄어들고 있지만 자연은 여전히 존재한다. 빗물 저류지에서 헤엄치는 악어, 골목에서 자라나는 오동나무*Paulownia*, 군사 폭격 훈련장에 다시 모습을 드러낸 멸종위기 붉나무*Rhus*, 초고층 건물 옥상에 조성한 초원처럼 말이다.

우리는 오늘날 환경 문제라는 현실에 직면해 있다. 그럼에도 불구하고 인간이 만든 환경 속에서 살아가는 식물이 지닌 가능성에 매료되어 있다. 그리고 우리는 디자인의 힘을 믿는다. 이 책은 긍정적인 실천을 촉구하는 선언문이다. 야생과 인간의 손길이 뒤섞인 새로운 자연, 그것이 도시와 교외에서도 번성할 수 있다는 믿음을 담고 있다. 하지만 이를 실현하기 위해서는 우리의 도움이 필요하다. 자연이 우리와 별개라는 생각을 내려놓고 미래의 자연은 우리의 디자인과 관리를 필요로 한다는 현실을 받아들여야 한다.

자연을 위한 최전선은 아마존의 열대우림이나 알래스카 황야에 있지 않다. 그 최전선은 바로 우리의 뒷마당, 중앙분리대, 주차장, 초등학교에 있다. 과학자와 엔지니어만 미래의 생태 전사가 아니다. 정원사와 원예가, 토지 관리자, 조경가, 교통부 직원, 초등학교 교사, 지역 협회 이사들 역시 그 주역이 될 것이다. 단 한 평의 땅이라도 변화시킬 수 있는 모든 이들에게 이 책을 바친다.

↓ 토머스 레이너의 정원에 조성한 여러해살이풀 혼합 화단. 털수염풀 Nassella tenuissima, 네페타 파세니 '워커스 로' Nepeta faassenii 'Walker's Low', 살비아 네모로사 '카라도나' Salvia nemorosa 'Caradonna', 알리움 Allium 으로 구성되어 있다.

서문 11

1.

최초의 유럽 식민지 개척자들이 미국 해안에 도착했을 때, 그들이 어떤 기분이었을지 잠시 상상해 보자. 광활하고 푸른 대륙을 처음 마주하던 순간, 그들의 머릿속은 새로운 세계를 향한 꿈으로 가득 차 있었을 것이다. 그들이 마주한 풍경은 다양한 생명으로 넘쳐났다. 생명으로 가득 찬 그 풍요로운 모습은 오늘날 가장 사랑 받는 국립공원조차도 감히 견줄 수 없을 만큼 압도적이었다. 수백 종의 새들이 해안선을 따라 날아다녔고, 수만 종의 식물이 숲을 뒤덮었으며, 수십억 마리의 굴과 조개가 강어귀를 채우고 있었다. 식물학적 기록과 초기 개척자들의 일기는 한때 존재했던 그 풍요로움의 단편만 전해 줄 뿐이다.

한때 북미를 뒤덮었던 광활한 야생은 이제 일부 단편으로만 존재한다. 일리노이주 라일Lisle에 위치한 모튼수목원Morton Arboretum의 관리된 사바나숲이 그 예다.

→ 칡과 유럽쥐똥나무Ligustrum vulgare가 20세기 초 지어진 헛간의 잔해를 뒤덮고 있다. 외래 침입종에 시달리지 않는 자연은 이제 거의 없다.

해안 평야 너머 피드몬트 지역에는 약 9층 높이의 미국밤나무Castanea dentata가 숲지붕canopy의 절반을 차지하고 있었다. 이 거목들은 풍성한 열매를 떨어뜨려 흑곰과 사슴, 칠면조를 비롯한 수많은 생물을 길러 냈다. 양치류 무리, 복주머니란아과Cypripedioideae 식물을 비롯한 난초 군락, 이제는 수집가들 사이에서 희귀종으로 분류되는 아메리카얼레지Erythronium americanum와 북미나도바람꽃Enemion biternatum의 반짝이는 무리들이 그 아래 숲바닥을 채우고 있었다. 마치 고유종의 천국 같았다. 하지만 초기 식민지 개척자들에게 이곳은 도덕적·물리적으로 혼돈의 황무지였고, 길들이기 위해 엄청난 독창성과 끈기가 필요했다.

그렇지만 우리는 결국 그 풍경을 변화시켰다. 선조들이 마주했던 원시적 황무지는 완전히 사라졌다. 과거의 풍부한 종다양성에 비교하면, 지금 우리가 마주하는 풍경은 비극적이다. 우리는 탁월한 기술력으로 에버글레이즈Everglades 습지의 물을 빼냈고, 광활했던 미국 프레리prairie, 캐나다 중남부에서 미국 텍사스주에 걸쳐 있는 초원는 옥수수와 콩으로 채운 격자무늬 밭으로 바꾸었으며, 레나페족Lenape이 살던 늪지대 위에는 맨해튼이 세워졌다. 한때 눈부시게 아름다웠던 풍경은 이제 고립된 파편으로만 존재할 뿐, 사라진 영광의 희미한 잔상에 지나지 않는다.

이러한 관점에서 보면, 최근 자생식물을 향한 관심은 다소 역설적이다. 자생식물의 가치는 그것이 야생에서 결정적으로 쇠퇴하는 바로 그 시점에 이르러서야 뒤늦게 재발견되었다.

이러한 상황에서도 환경보존운동가들은 몇 안 남은 자연보호구역과 국립공원에서 야생에

→ 왜 안 되는가? 우리가 한때 자연을 도시 밖으로 몰아냈을지 모르지만, 이제는 그것을 다시 불러들이는 방법을 고민할 때다. 붉나무Rhus와 스코파리움쇠풀Schizachyrium scoparium이 한 주유소 지붕을 뒤덮고 있다.

대한 마지막 희망의 끈을 놓지 않고 있다. 하지만 외래종의 유입과 기후변화는 지구의 가장 외딴 생태계까지 변화시키고 있으며, 이런 장소들조차 점점 줄어들고 있다. 1600년대의 풍경으로 시간을 되돌리는 일은 더 이상 불가능하다. 되돌아갈 수 있는 길은 없다.

물론 일부 지역이, 소위 말하는 자생지 본래 상태로 복원된 성공 사례도 있다. 그러나 이러한 성공조차도 맥락 속에서 이해해야 한다. 침입종 제거에는 수년 동안 지속되는 고된 노동이나 제초제가 필요하며, 제거한 뒤에는 다시 침입종이 퍼지지 않도록 새로운 자생식물로 그 자리를 메워야 한다. 그럼에도 불구하고 침입종이 완전히 사라지는 경우는 드물다. 결국 그 지역은 끊임없이 잡초를 제거하고 다시 심는 과정을 반복해야 한다. 피터 델 트레디시Peter Del Tredici는 이 과정을 두고 "정원 가꾸기와 놀랄 만큼 닮았다"고 말한다. 종의 침입과 기후변화라는 거대한 흐름 앞에서 이런 복원은 마치 작은 모래성을 쌓는 일처럼 미미하게 느껴진다. 하지만 그러는 동안, 더 큰 위기가 다가오고 있다.

자연을 사랑하는 이들에게 이러한 상실은 집단적으로 공유되는 깊은 상처를 남긴다. 그것은 과거를 향한 일종의 향수를 불러일으키고 우리가 모든 것을 본래의 상태로 되돌릴 수 있다는 헛된 믿음을 갖게 한다. 때로는 이런 충동이 자생식물과 외래식물을 둘러싼 논쟁 속에서 과장된 도덕주의로 나타난다. 더 나아가 식물의 기능이나 생태적 역할보다 그 지리적 기원을 우선시하는 지역주의적 이념으로까지 이어지기도 한다. 그럼에도 이러한 상실은 실제로 의미 있는 방향으로 이어질 수 있다. 애도의 감정은 우리로

하여금 자연과 만나는 순간을 갈망하게 한다. 우리는 끝없이 펼쳐진 초원 한가운데에서 한없이 작은 존재라는 사실을 느끼고 싶어 하고, 번데기에서 나비가 나오는 기적을 지켜보기를 바라며, 너도밤나무 잎 사이로 스며드는 아침 햇살을 만끽하기를 원한다. 조상들은 이러한 순간을 일상의 일부로 누렸지만, 오늘날 아이들은 대부분 유튜브를 통해서만 그 모습을 간접적으로 배울 뿐이다. 우리는 감각을 일깨우고 경이로움으로 가득한 풍경과 진정 연결되기를 갈망한다.

**새로운 희망:
식재디자인의 미래**
새로운 사고방식이 주목받고 있다. 이제 자연은 외딴 산 정상에서가 아니라, 도시와 교외 한가운데에서 발견된다. 이 새로운 시선은 훼손된 도시 경관을 신선한 눈으로 바라보며, 교외의 야적장, 공공용지, 주차장, 도로변, 도시 배수로 같은 땅의 조각들을 쓸모없는 잔여지가 아닌 무한한 가능성을 지닌 공간으로 인식한다. 우리는 그곳을 매일 지나친다. 평범하기 때문에 우리가 일상에서 지나치는 그 장소들은 오히려 특별하다. 이러한 공간들은 우리의 일상에 깊숙이 스며들어 있으며, 자연에 관한 가장 반복적인 이미지를 형성한다. 프랑스의 조경가 질 클레망Gilles Clément은 이러한 파편화된 땅을 제3의 풍경The Third Landscape이라 불렀다. 이는 인간 활동 때문에 교란되었지만, 여전히 자연의 과정이 일어나는 모든 땅을 의미한다.

디자이너는 잃어버린 자연을 출발점으로 삼는다. 자연에 대한 상실감은 새로운 시선으로 도시를 바라볼 수 있게 해 준다. 콘크리트와 아스팔트를 뚫고 자연과 인공, 원예와 생태, 식물 뿌리와 컴퓨터 칩이 결합된 새로운 혼합체를 바라보게 한다. 우리는 고층 빌딩 위에 생겨나는 초지, 숲과 연결된 고가도로, 식수를 정화하는 거대한 인공 습지를 상상할 수 있다. 그러나 이러한 미래는 자연이 인간 활동과 분리된 것이라는 오래된 전제에서 비롯되지 않는다. 오히려 모든 자연주의는 결국 인본주의라는 확고한 믿음에서 출발한다. 과거의 장밋빛 이상주의에서 벗어날 때, 비로소 미래가 지닌 잠재력을 온전히 받아들일 수 있다. 이러한 미래는 진지한 자세, 그리고 공학과 과학이 수반되어야 하지만 식재에는 좀 더 유연하게 접근할 필요가 있다. 기후변화와 외래종이 침입하는 이 시대에 우리가 확신할 수 있는 유일한 것은 불확실성의 확대다. 대규모 자연재해나 물 부족 사태가 반복될수록, 업무 단지나 교외 정원에 조성한 고관리 잔디밭과 잘 다듬은 관목을 향한 의구심이 점점 더 커질 것이다. 완전한 통제가 불가능한 시대에 미래의 식재는 더 유쾌하고 자유로운 모습으로 변모할 것이다. 불확실성이 증가하는 환경 속에서, 식재는 더 이상 엄숙할 필요가 없다. 긴장을 풀고, 더 가볍고 경쾌하게 접근할 수 있다. 미래의 불확실성은 오히려 식재에 자율성을 부여한다. 부동산 산업, '멋진 취향', 디자이너의 자만, 생태적 이상주의, 원예 산업 등 식재를 길들이려 했던 모든 힘들로부터 식재를

→ 참나무Quercus 하부의 포도필룸 펠타툼Podophyllum peltatum 군락은 그곳이 그 식물에게 적합한 서식처라는 사실을 보여 준다.

해방시킨다. 이로써 우리가 위험을 감수하고, 실수하고, 실패를 받아들일 자유를 갖게 된다. 어차피 디자인된 식재는 영원하지 않다. 그 목적은 오래 지속되는 것이 아니라, 누군가의 마음을 사로잡는 데 있다.

그렇다면 미래의 식재란 정확히 무엇일까? 정답은 바로 당신의 집 문밖에서 시작된다. 동네에서 잡초가 자라는 한 구역을 찾아보자. 다양한 식물들이 어떻게 서로 얽히며 빽빽한 카펫처럼 퍼져 있는지 관찰해 보자. 더 좋은 방법은 근처의 자연을 걷는 것이다. 초지나 숲 가장자리에서 식물이 자라는 방식, 맨흙이 거의 드러나지 않는 구조, 식물들이 자신이 놓인 환경에 조응하는 다양한 전략들을 눈여겨보라. 그런 다음 동네로 돌아와 그 야생 식물군락과 조경 식재나 정원 화단을 비교해 보면, 야생에서 식물이 자라는 방식과 우리의 정원에서 식물이 자라는 방식에 차이가 있다는 사실을 알 수 있다. 이 차이를 이해하는 것이 당신의 식재를 변화시키는 핵심 동인이다.

희소식은 야생처럼 보이고 야생처럼 작동하면서도 더 견고하고, 더 다양하며, 시각적으로도 조화롭지만, 관리 부담은 덜한 식재디자인이 충분히 가능하다는 점이다. 이는 서로 조화를 이루는 종들의 군락으로 식재를 이해하고 서로 뒤섞인 층위를 이루어 땅을 덮는 방식을 이해함으로써 만들어 낼 수 있다.

← 좁은 보행로 주변 띠 녹지에 잡초가 무성하다. 이 작은 공간 대부분에는 20여 종의 외래종이 자라고 있다.
→ 반복적으로 나타나는 꿩고비Osmundastrum cinnamomeum는 크랜베리 글레이즈Cranberry Glades(미국 웨스트버지니아주의 고산 습지대)에 구조감과 시각적 흥미를 더한다. 아래로는 칼로포곤 풀켈루스Calopogon pulchellus, 산앵도나무Vaccinium, 사초Carex가 혼합되어 있다.

자연과 정원 사이의 간극 줄이기

야생에서 식물이 자라는 방식과 정원에서 자라는 방식에는 극명한 차이가 있다. 자연에서는 척박한 환경에서도 왕성하게 자라는 반면, 정원에서는 비옥한 토양과 충분한 관수에도 야생식물만큼 생장하지 않는 경우가 많다. 자연에서는 식물들이 지면을 촘촘히 덮지만, 정원에서는 식물들이 서로 간격을 두고 식재되고, 그 사이에 잡초를 예방하는 멀칭재가 두껍게 깔려 있다. 자연의 식물들은 장소에 적응하여 질서와 조화를 이루지만, 정원에서는 개인 취향에 따라 서로 다른 서식처 식물들이 임의로 조합되기도 한다.

식재디자인은 너무 오랫동안 식물을 정원의 장식 요소로 취급해 왔다. 함께 서식하지 않는 식물들을 아름답고 조화롭게 보이도록 배열하는 데 집중해 온 것이다. 디자이너와 정원사를 위한 수많은 책이 식물 조합, 여러해살이풀 화단, 색 조합에 관한 끝없는 팁과 정보를 제공한다. 하지만 정작 식물들이 서로 공존할 수 있는 역동적인 방식에 관해서는 거의 다루지 않는다.

식물을 개체 단위로 다루는 식재 방식은 당연히 많은 유지·관리가 필요하다. 식물마다 요구 조건이 다르기 때문이다. 어떤 식물은 지지대를 세워주어야 하고, 어떤 식물은 더 많은 물을 요구하며, 또 어떤 식물은 비옥한 토양을 필요로 한다. 사실 제초, 관수, 비료 주기, 멀칭 등 정원 가꾸기의 핵심 활동은 결국 식물의 생존이 정원사의 손길에

의존하고 있다는 사실을 보여 준다. 정원사는 어떤 식물이 계획한 것보다 넓게 퍼질 때 좌절감을, 또 어떤 식물이 정착하지 못할 때 당혹감을 느낀다. 이런 이유로 사람들은 마법의 손을 가진 원예에 재능이 있는 사람이거나 소수의 선택된 사람만이 성공적으로 정원을 가꿀 수 있다고 믿는다.
더 복잡한 문제는 전 세계 어디서든 식물을 구할 수 있다는 점이다. 식물 선택의 폭은 무한하지만, 그 속에서 안정적이고 조화로운 식재를 실현하는 실질적인 방법은 제대로 제시되지 않고 있다.

자연발생적 식물군락에서 받은 영감 그렇다면 어떻게 해야 자연에서 진화한 형태와 기능에 부합하고 바람직한 식재의 패러다임으로 전환할 수 있을까? 그 해답은 자연 식물군락의 지혜를 관찰하고 적용하는 것에 있다.

야생 식물군락은 정원과는 다르다. 이들은 해당 부지에 더 잘 적응하고, 더 풍부한 층위를 이루며, 매우 조화로우며, 강한 장소성을 드러낸다. 이러한 특성은 디자이너에게 매우 매력적이다. 그러나 이를 실현하려면 식물을 장소는 물론 다른 식물들과 상호작용하도록 배치해야 하며, 식물이 군락 내에서 맡는 다양한 역할을 이해해야 한다. 어떤 식물은 넓은 지면을 덮으며 군락을 이루고, 어떤 식물은 고립된 개체로 존재한다. 어떤 식물은 많은 양분이 필요하고, 또 어떤 식물은 토양에 질소를 고정한다. 오랜 경쟁과 자연선택을 거치며 식물들은 제한된 햇빛·수분·양분을 최대한 활용하기 위해 역할을 나누어 왔다. 이러한 식물군락은 관행적인 식재 방식보다 훨씬 뛰어난 생태적 서비스를 제공하며 기능적인 역할을 한다. 그 결과, 특정 장소에 정교하게 맞추어진 풍부한 생물종의 모자이크 mosaic of species가 완성된다. 야생식물을 일종의 초자연적 경외심으로 바라보는 것은 당연하다. 실제로 생태학자들조차도 식물군락 내 상호작용을 다 알 수 없다고 인정한다. 그러나 이러한 역동성을 향한 경이로움이 그 안에 담긴 교훈을 놓치게 해서는 안 된다. 야생 식물군락을 관찰하면, 디자이너가 식물을 더 잘 선택하고 배치하며 관리하는 데 도움이 될 몇 가지 원칙을 발견할 수 있다.

이 책은 회복탄력성이 있는 식물군락 디자인을 위한 지침서다. 우리는 척박하고 과밀한 장소에서 자연발생하는 식물군락이 양식화stylized되는 과정을 알기 쉽게 설명하고, 식물의 자연적 성향, 즉 경쟁 전략과 협력 방식에 따라 식물을 배치하는 데 영감을 주고자 한다. 또 장소에 적합한 식물을 고르고, 식물들이 수직적 층위를 이루게 하며, 시선을 사로잡는 구성으로 자연주의 식재를 하는 데 필요한 도구들을 소개한다. 이 책은 적은 자원으로 보다 풍성한 식재를 구현할 수 있는 실질적인 방식에 관심 있는 이들을 위해 사람에게 즐거움을 주면서도 동물상이 살아갈 수 있는 단순하고 실용적인 방법을 제공한다.

식물군락을 기반으로 한 디자인은 자연과 우리의 경관을 연결해 줄 뿐만 아니라, 생태적 식재와 전통적 원예를 통합할 수 있는 가능성도 제시한다. 특히 지난 10년 동안, 자생종과 생태적 식재에 관심을 두는 이들과 관행적인 정원과 원예를 중시하는 이들 사이에 불편한 간극이 생겨났다.

↑ 미국쑥부쟁이Symphyotrichum, 미역취Solidago, 피크난테뭄 무티쿰Pycnanthemum muticum은 자연 초지군락에 생태학적으로 의미 있는 조화로운 결합alliance을 이룬다.
↓ 애덤 우드러프Adam Woodruff의 일리노이주 거주지에는 실피움Silphium, 밥티시아Baptisia, 에키나세아Echinacea, 스포로볼루스Sporobolus 같은 미국 자생식물과 이국적인 페로브스키아Perovskia, 바늘새풀 '칼 푀르스터' Calamagrostis × acutiflora 'Karl Foerster'가 조화롭게 혼합되어 있다.

특히 자생식물과 외래식물 사용 논쟁은 정원사들 사이에서 극단적인 분열을 초래했다. 어떤 이들은 충분히 '친환경적이지 않다'는 비판을 받았고, 또 어떤 이들은 환경에 지나치게 집착한다는 비난을 받는다. 의미 있는 대화를 이끌어야 할 주제가 과장된 이념 논쟁으로 변질되어 버렸다. 무엇을 심을지 논의하는 것에 치우쳐 정원사와 디자이너에게 더 중요한 '어떻게 심을지'는 다르고 있지 않다는 것이 문제다.

식물군락 디자인이라는 아이디어는 하나의 중립적인 방식을 제안한다. 이것은 자생식물 옹호자의 핵심 관심사에 대한 실질적 해결책을 제시하여 더 많은 다양성과 생태적 기능을 제공한다. 또 다층식재에 초점을 맞추어 좁은

공간에 유익한 식물을 더 많이 식재할 수 있게 할 것이다. 동시에 이 개념은 우리가 과거의 자연 조건이 더 이상 없는 환경 속에서 '자연'을 더 많이 조성해야 한다는 동시대의 딜레마를 인정하는 것이기도 하다.

이러한 중립적 방식은 두 가지 매우 다른 유형의 식물군락을 새로운 시각으로 바라본다. 첫 번째 유형은 마지막 남은 야생지의 과거 생태계와 같은 자생 식물군락이다. 수천 년에 걸친 경쟁과 진화를 통해 형성된 이러한 군락은 놀라울 만큼 아름답고, 조화로우며, 질서 정연하다. 영감을 주는 또 다른 유형은 흔히 볼 수 있는 세계 각지의 자연발생적 식물군락, 이를테면 잡초밭 같은 곳이다. 길을 걷다 보면 동네의 방치된 틈새와 구석에 스스로 자리 잡은 다양한 식물을 만날 수 있다. 식물은 가장 열악한 도시 환경, 즉 중앙분리대, 빈 숲터, 주차장 가장자리, 철로의 자갈밭, 단단하게 다져진 잔디밭에서도 무성하게 자란다.

이 두 식물군락 유형에 관한 문화적 인식은 극명하게 갈린다. 우리는 숲과 초지, 사막에 자라는 자생식물을 찬미한다. 매년 수백만 달러를 들여가며 파편화된 야생의 땅을 연구하고 보호한다. 반면 '문명화된' 경관 속에 돋아난 잡초는 배척의 대상이 된다. 잡초를 방지하기 위해 지속적으로 뽑고, 살충제를 뿌리고 멀칭을 하는 데 끝없이 시간을 들인다. 하지만 사랑받는

← 미역취 *Solidago*, 자연발생한 광엽초본 (그라스 이외의 풀), 그리고 그라스가 도심 속 초지를 메우고 있다.

식물이거나 기움을 받는 식물이거나 상관없이 각 식물군락에서 볼 수 있는 것은 관련 식물 무리가 해당 지점에 적응하는 방식이다. 두 유형은 혼합된 다양한 종이 서로 다른 생태적 지위를 가지며 어떻게 서식하는지 보여주는 모델이다. 두 유형 모두 놀랍도록 강인하고 회복탄력성과 자생력이 뛰어나다. 그렇다고 해서 생태적·미적 가치가 동등하다는 것은 아니다. 사실 어느 한쪽을 더 선호하는 문화적 감수성은 분명 의미 있으며, 그것은 디자인에 반영되어야 한다. 순수한 자생 식물군락이 아닌 자연적으로 형성된 식물군락에 주목한다는 것은 식물의 원산지 기원보다 그 식물이 지닌 성능과 적응력을 중심에 둔다는 의미이다. 이러한 변화는 매우 중요하다. 동시에 자생식물 그 이상을 고려하겠다는 우리의 입장이 앞으로의 식재 계획에서 자생식물이 설 자리가 없다는 것을 의미하지는 않는다. 우리는 자생식물 기반의 설계가 여전히 중요하다고 믿는다. 오히려 지금이야말로 그 중요성이 더욱 커졌다고 할 수 있다. 그러나 열악한 부지에 자생 식물군락을 성공적으로 정착시키기 위해서는 자연에 대한 새로운 표현 방식과 식물군락의 역동성을 보다 깊이 이해해야 한다. 우리의 과제는 인공 경관 안에서 생존하고 생태계 기능이 뒷받침되는 새로운 자연을 상상하고 실현하는 일이다. 자연 그대로의 야생에 대한 낭만적 환상을 내려놓고 우리가 설계하고 관리하는 새로운 자연을 받아들여야 한다. 새로운 자연은 인공 경관과 유사한 환경에 자연적으로 적응해 가는 회복탄력적 자생종과 외래종이 그 토대다. 과거 그곳에 무엇이 자랐는지가 아니라 앞으로 무엇이 자랄 것인가, 이것이 더 중요하다.

자연에 대한 우리의 기억과 연결하기

식물군락 디자인을 고려해야 하는 이유는 생태적이거나 기능적인 차원에서도 충분히 타당하고 강력하다. 하지만 우리에게 가장 설득력 있는 이유는 미적이고 정서적인 측면에 있다. 우리 대부분은 인간이 조성하고 관리하는 경관 속에서 살아간다. 활기차고 자연스러운 야생 식생과는 달리 우리의 마당, 업무 단지, 도시의 경관에는 광활한 바다같이 다듬어진 잔디밭과 미트볼처럼 가지치기해 마치 플라스틱 조립품 같은 상록수가 지나치게 많다. 만약 색을 사용했다면 조잡하게 정렬되어 있는 한해살이풀 화단일 것이다. 이러한 통제된 식재는 활기 없고 공허한 느낌의 경관을 만든다.

우리가 경험하는 자연은 작은 공원과 마당에 국한되어 인공 경관이 초래하는 부정적인 영향을 상쇄하기 어렵다. 하지만 우리는 자연과 깊이 연결되어 있으며, 자연이 우리를 둘러싸고 삶에서 보다 큰 역할을 했던 과거를 기억한다. 더 이상 별빛 아래에서 잠을 자거나, 손으로 흙을 만지거나, 숲속 식물을 살펴보며 집으로 가는 길을 찾지 않는다. 하지만 누군가는 여전히 자연과 연결되는 순간을 갈망한다. 인류가 야외 환경으로부터 멀어진 것은 겨우 지난 100여 년간 벌어진 일이다. 우리는 풍경을 읽고 바라보는 능력을 잃어버린 것이 아니다. 단지 오랫동안 그 감각을 쓰지 않았을 뿐이고, 지금 그것을 다시 절실하게 회복해야 한다. 보다 근원적인 차원에서 보자면, 환경과 완벽하게 어울리는 식물은 고대의 교감을 떠올리게 한다. 맨해튼 하이라인은 오늘날 세계에서 가장 인기 있는 랜드마크 중 하나다. 이 공원의 엄청난 인기는 인간이 조성한 환경 안에서 야생을 연상시키는 장소를 경험하고 싶은 욕구를 방증한다. 우리는 공원에서 장거리 하이킹을 하거나, 산악자전거를 타면서 고산 지대의 야생을 즐긴다. 우리가 추구하는 자연 경관은 정서적으로 끌어당기는 힘이 있다. 자연은 더 깊이 숨 쉬게 하고 영혼의 균형을 잡아 준다.

자연적 형태가 강한 울림을 주고 특정 식물군락이 조화롭고 아름답다고 느끼는 것은 장구한 진화적 이유가 있다. 자연의 다양한 색상, 질감, 계절적 표현은 눈을 즐겁게 하고 치유 효과도 있다. 환경 심리학자의 연구에 따르면 수목과 잔디가 있는 공원 같은 특정한 현대 경관에 우리가 매력을 느끼는 것은 수천 년 전 선조들이 먹고 살았던 환경을 떠올리게 해서라고 한다. 반면 조성된 공간에는 이러한 심오함으로 이끄는 계기가 부족하여 감정이 쉽게 반응하지 않는다. 인위적으로 만든 공간 built space에서는 아름다움을 경험할 수 있는 장소가 거의 없기 때문에 깊고 의미 있는 관계를 만들기 어렵다.

이것은 또 다른 기회다. 진정 멋진 식재는 자연의 강력한 순간을 떠올리게 한다. 정원식물이 한데 어우러져 있으면 마치 초지를 걷거나, 어두운 숲을 감상하며 거닐거나, 숲의 빈터로 들어가는 듯한 느낌을 준다.

이 책은 도시와 교외 환경 모두에 적용할 수

있는 식물군락 디자인 방법을 제안한다. 1장은 식물군락 디자인의 개념을 설명하고 핵심 원칙을 소개한다. 2장에서는 자연에서 받은 영감으로 야생 식물군락의 역동성을 이해한다. 3장에서는 디자인 과정을 설명한다. 대상지 이해, 식물 목록 개발, 식물 배치와 층위를 이루게 하는 방법을 소개한다. 마지막으로 4장은 디자인된 식물군락을 조성하고 관리하는 방법을 알아본다.

지금은 그 어느 때보다도 회복탄력적이고, 생태적으로 기능하면서도 아름다운 식재 해법이 필요하다. 단순히 더 기능적인 식재를 하는 데 그치지 않고, 사람들이 다시 찾게 하고, 기억을 되살릴 수 있게 해 주려는 것이다. 우리는 식재로 짧은 순간의 경험을 상기할 수 있게 만들고자 한다. 힘이 있는 것은 식물 그 자체가 아니라 야생성을 암시하는 식물의 패턴과 질감, 색채다. 그것들에 빛과 생명이 스며들면 비로소 생동감을 얻는다.

← 피츠버그컨벤션센터 옥상에 담아낸 야생 초지의 정취. 펜스테몬 디기탈리스*Penstemon digitalis*와 그라스 사이에서 리아트리스 스피카타*Liatris spicata*가 조화를 이루고 있다.

↑ 맨하튼 옥상 초지는 뉴욕 마천루에 자생 그라스와 광엽초본의 따뜻한 색채를 선사한다.
↓ 번집한 거리보다 높은 곳에서 자유로운 프레리의 본질을 경험한다.

잃어버린 자연, 다시 찾은 자연

사라 프라이스Sarah Price와 나이절 더닛Nigel Dunnett이 디자인 한 런던의 엘리자베스 2세 올림픽 공원 내 유럽정원은 저지대 야생화와 약간 습기가 있는 여름 건초 초지에서 영감을 얻었다.

식물군락 디자인의 원칙

PRINCIPLES OF DESIGNED PLANT COMMUNITIES

2.

식물 배치에 관한 기존의 사고를 유연하게 유지하면서, 자연과 충돌하지 않는 협력적 관계로 바꾸어 나가야 한다. 가로변 띠 녹지의 건조한 자갈밭은 퇴비를 넣어 비옥하게 개량한 후 회양목과 호스타를 심어 풍성한 공간으로 만들 수 있다. 반면, 건조한 기존 환경을 고려해 내건성 지중해 식물인 서양박하, 키 낮은 초지 그라스, 사막의 한해살이풀, 세덤, 알리움을 위한 서식처를 조성할 수도 있다. 대상지를 면밀하게 파악하는 일은 분명 어렵지만, 공존할 수 있는 식물을 깊이 이해하기 위해 반드시 수행되어야 할 큰 과제다.

여러해살이풀이 지면을 빽빽하게 덮고 있는 로이 디블릭Roy Diblik이 설계한 시카고의 셰드 아쿠아리움 정원. 베르바스쿰 니그룸Verbascum nigrum, 차이브Allium schoenoprasum, 살비아 네모로사 '카라돈나'Salvia nemorosa 'Caradonna', 플라카사초Carex flacca가 바위 주변을 촘촘하게 채우고 있다.

식물군락에 대한 이해

식물군락은 특정 장소에 서식하는 식물 집단을 체계적으로 설명하기 위한 개념이다. 이 개념은 생태학적 용어에서 출발해 다양한 식재디자인 분야에서 활용되고 있다. 지난 세기 동안 과학자들의 연구는 식물과 식물, 그리고 식물과 장소 사이의 상호작용에 대한 새로운 통찰력에 힘입어 식물군락 개념을 발전시켜 왔다. 생태학적 원리에 기반한 식물군락은 실용적이고 적합한 식재디자인을 위한 개념으로도 자리 잡았다. 한때 많은 생태학자가 믿었던 것처럼 식물군락은 자연 속에서 별개의 유기체처럼 존재하지 않는다. 20세기 초 이론가들은 식물군락을 일종의 초유기체superorganism로 이상화했는데, 이는 개미나 벌의 군집처럼 개별 종들이 집단의 이익을 위해 협력한다고 여겼기 때문이다. 또 초기에는 식물군락을 구성하는 식물들 사이에 전이영역ecotone이 있는 뚜렷한 경계가 존재한다고 믿었다. 그러나 오늘날 식물군락에 대한 이해는 크게 달라졌다. 생태학자들은 군락 구성과 경계의 대부분은 유동적이며, 각 종이 개별적으로 위치한 환경에 반응하기 때문에 이러한 변화가 일어난다는 사실에 동의하고 있다. 물론 균근과 뿌리처럼 일부 생물학적 상호작용은 상호 이익에 기반한 것이 사실이다. 하지만 여러 연구가 군락이 긴밀하게 연결된 초유기체라기보다 공존하며 상호작용하는 중첩된 개체군으로 이루어져 있다는 견해를 뒷받침하고 있다.

식물군락은 식물을 설명하고 연구하는 데 사용되는 추상적인 개념으로, 명명 규칙을 통해 정의된다. 이러한 규칙은 서로 다른 특성을 설명하는 다양한 분류 체계를 바탕으로 형성되었다. 어떤 분류 체계는 지리적·기후적 경계를 기준으로 삼고, 또 다른 체계는 우점식물dominant plant에 기준을 맞춘다. 이들 분류 체계는 큰 생물군계에서부터 매우 특수한 식생 패턴에 이르기까지 다양한 규모를 다룬다. 각각의 분류 체계는 장단점이 있으며, 필요에 따라 서로 조합하여 사용할 수 있다. 식물군락이라는 개념 자체가 인간이 만들어 낸 것이기 때문에, 그것을 어떻게 분류하든지 옳고 그름이 정해져 있는 것은 아니다. 디자이너에게 더 적합한 '식물군락'이라는 용어는 주로 작은 범위에 초점이 맞추어져 있고, 광범위한 생물군계의 분류에서부터 지역 식물군락의 세부 분석에 이르기까지 다양한 체계와 규모로 그룹을 나눌 수 있다.

식물들은 식물군락이라는 개념적 틀 안에서 특정 시점에 함께 보이는 스냅사진에 불과하다. 계절에 따라 식물들은 서로 자유롭게 합쳐지기도 하고 분리되기도 한다. 실제로 야생에서 흔히 볼 수 있는 식물들의 조합은 빙하기 이전이나 100여 년 전에는 함께 발견되지 않았던 것들이 대부분이다. 예를 들어 지난 500년 동안에는 스트로브잣나무, 솔송나무, 밤나무, 단풍나무가 흔히 함께 발견되었지만, 빙하가 미국 중서부를 통과하기 전에는 그렇지 않았을 것이다. 매일 새로운 식물군락이 등장한다.

외래종의 유입으로 이전에 없던 새로운 식물 조합이 나타나기도 한다. 함께 발견되지 않던 식물들이 새로운 식물군락으로 불리며 번성하는 경우도

→ 군락을 장악한 아쿠일리눔고사리Pteridium aquilinum는 가을에 금빛을 띠며 계절주제층을 이루고, 사초Carex와 산앵도나무Vaccinium는 바탕식물군을 형성한다.

식물군락 디자인의 원칙

→ 오리새Dactylis glomerata, 큰조아재비Phleum pratense, 큰김의털Festuca arundinacea 사이에서 자라는 미국 자생 시리아관백미꽃Asclepias syriaca은 성공적이고 안정적인 새로운 유형의 식물군락을 형성한다.

있다. 미국 동부의 시골 목초지에서 추위에 강한 유럽의 한지형cool season 그라스와 섞여 자라는 금관화속Asclepias 식물이 그러한 사례에 해당한다. 식물군락은 저마다 변화 속도가 다르다. 식물군락의 안정성은 주변 기후와 서식처의 안정성과 깊은 관련이 있다. 산불생태계에서는 불과 몇 달 만에 하나의 식생에서 다른 식생 패턴으로 빠르게 변화할 수 있다. 반면, 생애주기가 짧은 최북단 식물군락은 놀라울 정도로 안정적이다. 기후변화와 천이에 따른 느린 변화는 관찰하기 어렵지만, 단기간의 변화는 분명히 눈에 띄게 나타난다.

지구상에서 구현될 수 있는 식물군락의 수는 무궁무진하다. 지금 우리가 보고 있는 식물군락의 모습은 하나의 예시에 불과하며, 야생이나 경작지에서는 셀 수 없이 많은 식물이 뒤엉켜 살아가고 있다. 일부 종자나 뿌리는 자연의 힘, 동물이나 사람의 힘을 빌려 날아가거나 운반된 경우에만 어떤 장소에서 개체군을 형성할 수 있다. 식물 개체군이 함께 자라는 것은 적응력만큼이나 우연의 영향도 크다. 개체군은 습한 곳에서 건조한 곳까지 토양 수분 정도, 또는 깊은 계곡에서 높은 산꼭대기까지 지형적 고도 차이 같은 환경 조건의 변화에 따라 분포한다. 하지만 전체 변화에 비례하여 균등하게 모두 잘 자라는 것은 아니다. 예를 들어 내습성습기에 견디는 성질 여러해살이풀은 대상지 안에서 점차 건조한 부분으로 이동하면서 사라진다. 내음성 식물은 숲으로 깊숙이 들어갈수록 더 넓게 분포한다. 식물 종은 변화하는 조건 속 최적지에서 번성하며 분포도의 극단으로 갈수록 점점 더 불리한 생육 조건에서 고군분투한다. 예를 들어,

↑ 해안가 숲은 화재가 자주 발생한다. 초본 바닥층은 불이 날 때마다 변화한다. 어떤 종은 화재로 자극을 받아 빠르게 회복하지만, 어떤 종은 영원히 사라진다.

↓ 암석군계formation(같은 ㅈ·연환경에 속한 지역의 생물군)의 안정적인 식물군락은 수십 년 전에도 거의 똑같은 모습이었을 것이다.

안정적인 극상 상태 혹은 지속적인 변화?

과거의 이론은 식물군락이 예측 가능한 단계적 천이를 거쳐 안정적인 '극상' 상태에 도달한다고 설명했다. 그러나 지난 수십 년간의 연구 결과, 군락 대부분은 극상이나 안정된 균형 상태에 도달하지 않는다는 관점이 지배적이다. 식물의 고사, 화재, 기상 현상(바람, 얼음, 물), 인간 활동 등 다양한 교란 요인이 원인이 되어 식물군락은 끊임없이 변화한다. 숲에서 나무가 쓰러지거나, 외래종이 자생종을 대체하거나, 야생 지역을 관통하는 도로가 건설되면 새로운 천이 과정이 시작된다. 이처럼 식물군락은 지속적으로 변화하고 있다.

식물 개체군 분포 곡선

식물은 그늘, 가뭄 또는 척박한 토양 같은 환경 제약 조건에 대한 내성이 다르기 때문에 개체별로 장소에 따라 다르게 분포한다. 식물의 개체 수는 최적의 범위에서 번성하고 이상적인 조건에서 멀어질수록 감소한다.

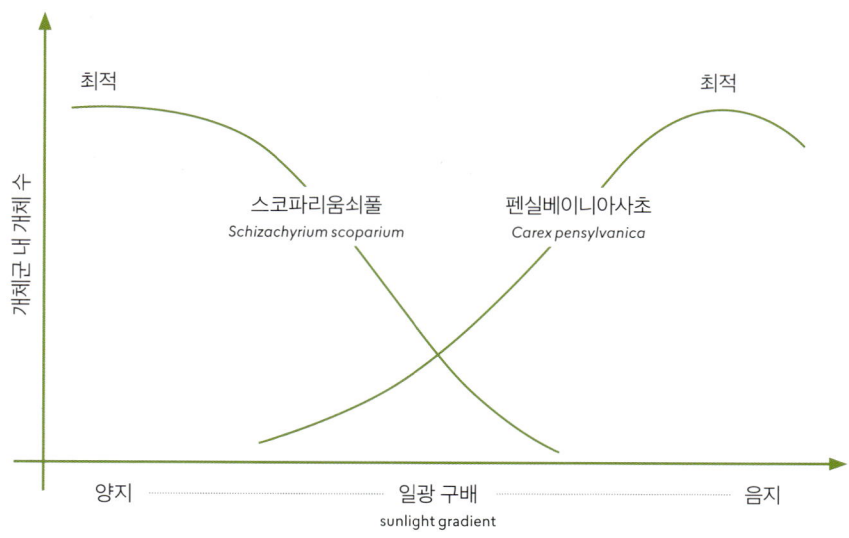

공존하는 개체군

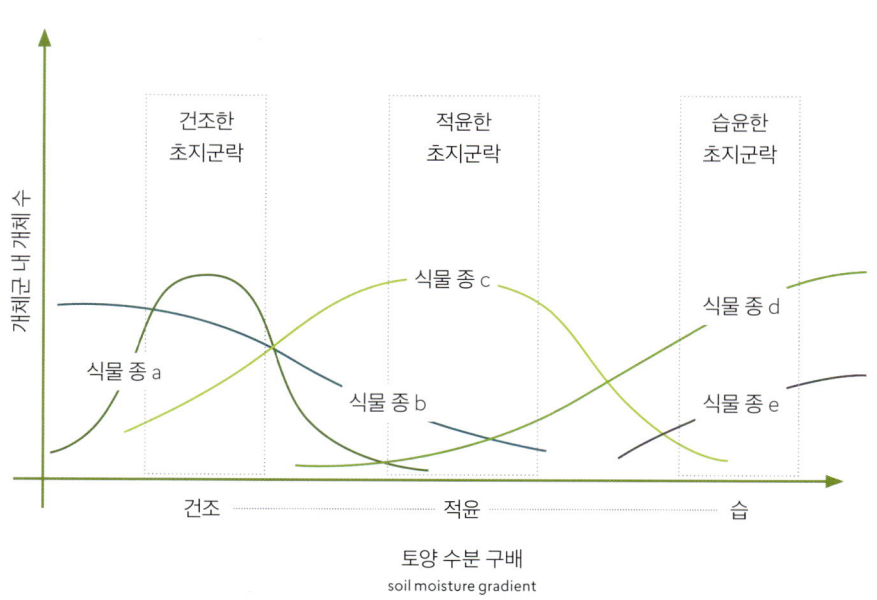

식물군락 분류 체계

분류 체계	특성	예시
상관相觀 (밖으로 보이는 식생의 외관)	상관에 기반한 대규모 생물군계biomes ǀ 전 세계의 식생	열대우림, 온대 우림, 타이가 -Taiga (북방수림, 아한대 기후에 냉대림이 펼쳐져 있는 생물군계), 냉대림 유형
상층부의 우점종	군락 구분에 사용되는 상층부의 우점종 ǀ 지역적으로 발생하는 군락	참나무-히코리Carya숲, 참꽃단풍숲
각 층의 우점종	보다 작은 규모로, 각 층의 우점종을 포함한 식물군락의 이름 ǀ 매우 구체적인 지역의 식물군락	몬타나참나무Quercus montana, 로부시블루베리Vaccinium ar gustifolium, 건초 향이 나는 고사리 숲

뿌리 형태학

식물 종마다 뿌리 형태가 다르기 때문에 토양 내 서로 다른 곳에서 수분과 영양분을 흡수할 수 있다. 각 뿌리 체계는 서로 다른 땅속 지위를 차지하므로 종간 경쟁이 제한된다. 예를 들어, 키가 큰 광엽초본의 곧은뿌리는 키 작은 그라스와 광엽초본의 얕은 수염뿌리 체계와 직접적으로 경쟁하지 않는다.

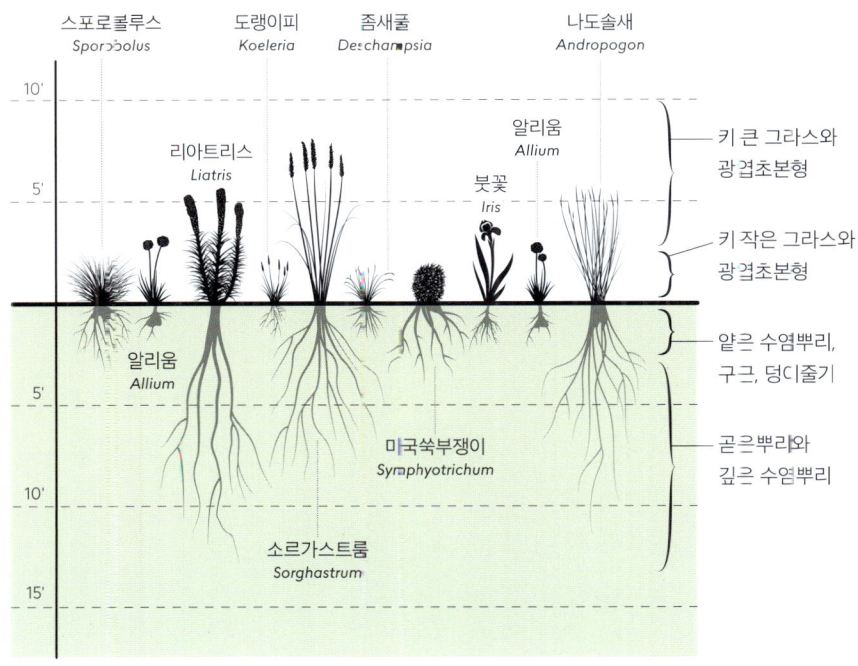

식물군락 디자인의 원칙 35

→ 목초지의 보다 습윤한 지대를 따라 베르노니아 노베보라센시스 *Vernonia noveboracensis*와 페르폴리아툼등골나물 *Eupatorium perfoliatum*이 무리를 이루고 있다.

스트릭타사초*Carex stricta*, 에푸수스골풀*Juncus effusus*, 베르노니아 노베보라센시스*Vernonia noveboracensis*는 습지의 적윤한moist, 토양건습도를 표현할 때 꽉 쥐었을 때 손바닥 전체에 물기가 묻고 쉽게 떨어지지 않는 상태 중심부에서는 번성하지만, 주변의 건조한 지역에서는 생존에 어려움을 겪는다.

식물은 적응을 넘어, 생존하기 위해 다른 개체군과 경쟁할 수 있어야 한다. 식물은 한정된 빛, 수분, 영양분을 놓고 생존과 번식을 위해 투쟁한다. 한 장소 내 어린 식물은 다른 개체군과 경쟁할 수 있어야만 성공적으로 정착할 수 있다. 모든 개체군이 같이 어우러질 수 있는 것은 아니다. 식물은 환경 내에서 다양한 생태적 지위ecological niches, 생태계에서 각 개체군들이 차지하는 생태적 역할. 개개의 종이 이용하는 자원과 환경조건의 특정한 집합를 차지하면서 공존한다. 이렇게 특화된 지위를 갖는 서로 다른 식물은 정확히 같은 장소에서도 제한된 자원을 활용할 수 있다. 식물은 뿌리 깊이, 크기, 내습성, 광내성빛을 견디는 성질을 달리하거나 미생물과 협력하여 토양 대신 공기에서 질소를 얻는 등 여러 가지 놀라운 변화를 통해 서로 다른 공간을 이용한다. 같은 지위를 차지하는 식물은 직접적으로 경쟁한다. 직접 경쟁의 예는 식재에서 흔히 볼 수 있다. 큰개기장*Panicum virgatum*은 야생에서 쉽게 180센티미터 높이까지 자라는 그라스지만, 밀집된 단일 식재지에 심으면 키가 120센티미터에 불과하고, 스트레스 때문에 잎녹병에 걸릴 수 있다. 직접 경쟁은 식물 발달과 건강을 저해할 뿐만 아니라 성장 장애를 일으킬 수 있다.

오늘날 식물군락에 대한 이해는 식물과 장소 사이의 복잡한 관계망을 드러낸다. 심지어 현대

식물군락의 시각적 다양성

밀도 : 무성하거나 드문
← 식물군락은 식생이 무성하거나 밀도가 낮을 수 있다. 습기가 적당한 초지를 두꺼운 융단처럼 덮고 있는 초본을 떠올려 보자.
→ 극한의 부지 조건과 잦은 교란 탓에 노출된 지면이 많은 사문암 불모지의 희박한 식생과 비교해 보자.

종다양성 : 적거나 많은
← 식물군락의 다양성 수준은 제각기 다르다. 염습지에는 갈대Phragmites australis나 갯줄풀Spartina 같은 몇 가지 종만이 우점한다.
→ 반대로 초지군락에는 제곱미터당 수십 종의 식물이 공존한다. 식생 패턴 대부분은 겹쳐 있는 식물 개체군에 의해 형성된다.

외관 : 다양한 형태적 발현
← 식물군락은 무수히 많은 형태로 표현된다. 실유카Yucca filamentosa의 뾰족한 잎이 그 중 하나다.
→ 또 다른 표현은 부드러운 그사리의 길게 갈라진 잎으로 나타난다.

식물군락 디자인의 원칙 **37**

생태학에서도 식물 상호작용의 복잡성을 완전히 밝혀 내지 못하고 있다. 하지만 보다 자연스러운 식재를 위해 모든 것을 완벽하게 이해할 필요는 없다. 중요한 것은 식물군락을 정의하는 필수 요소를 이해하고 이러한 요소를 활용해 보다 회복탄력성 있는 식재를 하는 것이다.

디자인된 식물군락의 차별점

식물군락을 디자인한다는 것은 야생 식물군락을 문화적 언어로 재해석하는 과정이다. 야생 식물군락을 재해석해야 하는 이유는 무엇일까? 도시와 교외의 경관이 과거에 존재했던 생태계와 크게 달라졌기 때문이다. 당신의 집이 있는 곳의 천년 전 풍경을 상상해 보자. 도시화는 환경 조건을 완전히 변화시켰고, 이러한 변화가 반영된 식물군락 디자인은 새로운 환경 조건에 잘 적응할 수 있는 종을 엄선하여 구성한다. 구하기 어려운 자생종의 경우에는 다양한 서식처의 식물을 도입해 자생식물 목록을 보완할 수도 있다.

또 다른 이유는 사람들이 식재로부터 즐거움과 의미를 얻게 하기 위해서 야생 식물군락의 재해석이 필요하기 때문이다. 그러려면 군락을 더 다채롭게 만들어 줄 개화 식물의 수를 늘리거나 식재 목록을 단순하게 하고, 자연 패턴을 과장하여 보다 정돈된 느낌을 주어 가독성을 부여한다. 초원에서 영감을 받은 디자인은 여러해살이풀을 보다 촘촘하게 배치하여 띠무리drift가 보다 눈에 띄도록 한다. 혹은 수목 하층에 단일 종을 반복 배치하여 봄에 극적인 효과를 연출한다. 식물군락의 특징적인 패턴을 증폭시켜 가독성과 재미를 높인다.

식물군락 디자인은 원예와 생태 사이의 융합을 의미한다. 그렇기 때문에 생태 복원과는 구분된다. 디자인된 식물군락이 실제로 많은 생태 서비스를 제공할 수 있지만, 이것은 진정한 생태계라 할 수는 없다. 우리는 식물군락 디자인이 지닌 생태적 잠재력을 낙관적으로 보지만 겸손한 태도를 가질 필요가 있다. 자연 상태의 식물군락은 수백만 년에 걸친 자연선택과 천이의 결과물이다. 식재디자인이 실제 생태계의 모든 역학을 온전히 재현할 수 있을지는 의문이며, 여전히 배울 것이 많이 남아 있다. 따라서 연구가 더 발전할 때까지 디자인된 식물군락은 생태의 영역보다는 원예의 영역에 더 가깝다고 보는 것이 타당할 것이다.

↑ 초지 패턴을 양식화한 트렌템 에스테이트Trentham Estate의 몰리니아 세룰레아Molinia caerulea 매트릭스를 기반으로 넓은잎범꼬리Persicaria bistorta와 시베리아붓꽃Iris sibirica이 높은 밀도의 띠무리를 이루며 마치 공중에 떠 있는 듯하다.

↓ 네덜란드의 리안 포트Lianne Pot가 조성한 쇼가든에는 프레리에서 영감을 받은 여러해살이풀 초지가 펼쳐져 있다. 이 정원은 모듈식 접근법을 적용해 우세종인 주제식물과 동반식물을 혼합해 반복 배치한 것이 특징이다. 이러한 식물군락은 야생에서처럼 오랜 시간에 걸쳐 점진적으로 진화한 것이 아닌, 인간의 세심한 설계와 지속적인 관리로 만들어진 것이다.

식물군락 디자인의 원츠 **39**

↑ 유사한 환경에서 진화해 온 자생식물을 함께 사용했을 때 미세한 색상과 질감이 어우러져 독특한 결과물을 얻을 수 있다.
↓ 셰넌도어Shenandoah국립공원의 바위 틈새에는 이끼, 지의류, 그라스 그리고 어린나무가 군락을 이룬다.

↑ 전 세계에 자생하는 수백 종의 송이풀속Pedicularis 식물 중 하나다.
↓ 북미 자생식물은 선택의 폭이 넓고 색상이 다채롭다. 사라 프라이스와 제임스 히치모James Hitchmough가 조성한 올림픽파크의 북미정원에서 선보인 루드베키아Rudbeckia와 빌로사털휴케라Heuchera villosa var. villosa 조합이 그 예다.

자생종의 중요성

식물군락 디자인은 식물이 어디에서 왔는가에 전혀 구애받지 않는다. 세계 각지에서 유래한 식물의 혼합이거나 자생식물만으로도 조합이 가능하다. 모두 외래종만으로 구성되었더라도 자연발생한 군락과 유사한 생태적 기능을 한다. 이러한 관점은 비자생종이 생태계의 일부로 역할을 하지 못한다고 주장하는 일부 '자생식물 보존 운동'의 시각과 다르다. 그런 주장은 사실이 아니다. 자생종과 외래종을 막론하고 모든 종은 특정한 생태적 지위를 가지고 있으며 환경과 식물 간 상호작용을 한다. 자생식물이 우세하다는 주장은 오늘날 우리의 마을과 도시가 비자생종 식상이 늘어나는 환경 속에서 살아가고 있다는 점을 간과한 것이다. 실제로 어떤 자생종은 특정 장소에 더 잘 맞는 생태적 이점이 있을 수는 있지만, 외래종 역시 식물군락을 만드는 데 있어서 중요한 역할을 할 수 있다. 그러나 외래종이 대상지를 벗어나 번져 나가면서 지역 자생 식물군락을 대체하게 되거나 교란할 가능성이 있는 경우는 명백한 예외다. 우리는 특정 장소에 자연스럽게 적응한 식물에 주목한다. 우리가 개선하려는 것은 식물과 장소의 관계다. 바로 이러한 이유로 자생종은 우수한 식물군락 디자인을 위한 출발점이 될 수 있고, 또 그래야만 한다. 여러 가지 면에서 자생 식물군락을 기준점으로 삼아 시작하면 디자인 과정이 훨씬 수월해진다.

식재디자이너가 하나의 군락을 이루려면 두 가지 조건이 충족되어야 한다. 첫째, 선택한 모든 식물은 비슷한 환경 조건에서 생존할 수 있어야 한다. 예를 들어 사막용설란 Agave deserti과 습지에 서식하는 붓꽃 Iris은 서로 필요로 하는 환경이 달라 자립적인 군락을 형성할 수 없을 것이다. 함께 구성될 수 있는 종은 동일한 환경 스트레스와 교란 체제 내에서 성장하고 번식할 수 있어야 한다. 둘째, 식물군락의 경쟁 전략은 양립 가능해야 한다. 이러한 다양한 경쟁 전략을 이해하는 것이 지속 가능한 식재의 핵심이다.

자생 식물군락은 두 가지 조건을 모두 충족한다. 간단히 말해 야생에서 함께 자라는 식물은 비슷한 환경에서 함께 성장할 가능성이 크다. 물론 동일한 조건에 적응할 수 있는 외래식물로 대체할 수도 있지만, 기존 식물군락의 범위를 벗어난 식물을 선택하면 디자이너가 새로운 군락에서 식물이 어떻게 적응할지 이해해야 하는 부담이 높아진다. 자연에 이미 존재하는 조합은 어느 정도 검증된 경우가 많으며, 이러한 조합은 수천 년 동안 지속되어 왔다. 따라서 우리의 조합이 자연의 조합과 다를수록 그만큼 위험도 커진다.

자생 식물군락에서 출발해야 하는 가장 설득력 있는 이유는 장소에 진정성을 부여하기 때문이다. 오랜 시간 동안 식물이 장소와 유기적인 관계를 맺으면서 만들어 내는 조화로운 관계를 디자이너가 완벽하게 복제하기는 어렵다. 아주 찰나의 순간이라도 야생에는 아름다움이 깃들어 있다 암석 노두지표에 드러난 부분를 둘러싼 지의류·이끼의 밝은 색상과 마른 그라스의 중성적 색상이 어떻게 균형을 이루는지, 축축한 초원에 울퉁불퉁한 히스 heath 관목과 고사리의 대조적인 질감이 어떻게 생동감 넘치는 리듬을 만들어 내는지, 흐릿한 꽃차례 사이로 마른 씨송이의 실루엣이 어떻게 가로지르는지. 이러한 모든 세세한 것들이 모여 한 장소만의 분위기를 형성하는 것이다.

물론 잘 디자인해서 이국적인 조화를 끌어낸다면 자연에 대한 우리의 기억을 되살릴 수 있으며, 이는 전적으로 디자이너의 역량에 달려 있다. 자연적으로 어우러져 살아가는 식물을 식재에 우선 고려하는 것은 우리의 작업을 수월하게 만든다. 자생 식물군락은 회복탄력적이고 안정적인 디자인에 필요한 모든 다양한 요소들, 즉 완전한 식물 목록을 가지고 있다.

식물군락 디자인은 식물의 원산지가 아닌 생태적 기능에 중점을 둔다. 우리는 이념적 신조가 아닌 실용적인 해결 방안에 관심이 있다. 적응된 외래종과 지역 자생종의 조합은 디자이너가 할 수 있는 선택 폭을 넓히고 생태적 기능까지 확장할 수 있다. 디자이너는 다양한 종을 혼합하여 자연 식물군락과 유사한 형태를 만들 수 있는 큰 유연성을 갖게 된다. 실제로 자연에서 함께 자라지 않을 수도 있는 조합도 시도할 수 있다.

← 식물은 홀로 자라는 것이 아니라 다른 식물과 함께 진화해 왔다. 연못 가장자리에서는 큰잎부들 Typha latifolia, 여러 종의 고랭이 Scirpus, 사초 Carex, 데르폴리아툼등골나물 Eupatorium perfoliatum이 함께 어우러져 살아간다.

필수 원칙

단순하고 실용적인 이 방법론은 식물군락 디자인의 본질을 정의하는 다섯 가지 필수 원칙을 토대로 한다. 이러한 원칙은 정원 양식에 관계없이 모든 식재디자인에 적용할 수 있다. 정원 양식에 대한 선호는 정형적인 것부터 자연주의적인 것까지 다양하다. 우리의 목적은 특정 양식의 지지가 아니다. 디자인된 식물군락은 매우 자연주의적일 수 있지만 정형적이거나 모던한 양식에도 적용할 수 있다. 어떤 양식의 정원이든 식물을 자연에 존재하는 방식대로 결합하면 더 많은 이점을 얻을 수 있다. 중요한 것은 식물이 장소에 적응하고 운명에 순응하여 주어진 역할을 할 수 있도록 하는 것이다.

원칙 1 : 개별 개체가 아닌 관련 개체군

관행적인 식재 개념에서 식물군락 디자인으로 전환하려면 식물을 가구처럼 배치해야 할 물체라는 생각을 버리는 것에서 시작해야 한다. 대신 식물을 장소와 상호작용하며 서로 어우러지는 종의 그룹으로 생각해야 한다. 이 차이를 이해하기 위해 먼저 야생종과 재배종을 살펴보자.

야생식물은 스스로 자란다. 이는 인근 식물에서 나온 종자로 번식하거나 인접한 식물을 통해 영양번식한 것이다. 어린 식물이 성장하는 과정에는 많은 위험이 도사리고 있다. 키 큰 식물이 빛을 가리거나, 충분하지 못한 수분과 영양분 때문에 많은 개체가 고사한다. 살아남은 식물은 다른 식물이 살지 않는 틈새를 찾아야단 한다. 생존에 위협을 느낀 식물은 나름의 전략을 구사한다. 다른 식물 사이의 틈새로 파고들거나, 구근식물 또는 한지형·난지형 warm season 그라스같이 적절한 시기가 될 때까지 성장을 지연시키기도 한다. 아니면 다른 식물 사이에 들어갈 수 있도록 형태를 바꾸거나, 더 큰 식물과 경쟁할 수 있는 뿌리 구조를 만들어 내기도 한다. 이 과정은 느리고 반복적이다. 시간이 지남에 따라 최종적으로 식물은 서로 복잡하게 얽혀 있는 다채로운 모습으로 살아간다.

반면 재배식물은 빛·영양분·온도를 인위적으로 조절하는 양묘장에서 번식된다. 양묘장에서는 식물을 이탄 기반의 토양 혼합물에 넣고 판매할 준비가 될 때까지 물과 비료를 준다. 그런 다음 정원사가 식물을 가져와 개량된 토양에 식물을 심는데, 종종 토양의 pH나 비옥도가 식물에 어떤 영향을 미치는지 이해하지 못한 채로 진행된다. 식물의 배치는 대부분 어디에 심으면 좋아 보일지, 색상이 주제가 되는 장식적인 목적으로 결정된다. 일반적으로 경쟁을 피하기 위해 식물을 멀리 떨어뜨려 배치하며, 잡초를 방지하려고 두껍게 멀칭한다. 정원사가 식물의 재배 조건을 잘 알지 못한다면 일반적으로 다양한 서식처에서 온 식물들을 무작위로 전시하는 결과를 낳는다.

← 관행적인 원예에서는 식물을 개별 개체로 배치한다. 적절한 식물과 함께 심는다면, 아칸투스 몰리스*Acanthus mollis*의 장점이 더욱 돋보일 수 있다.

→ 식물 구성에 대한 회화적 접근 방식은 식물을 컬러 칩처럼 배치한다. 개별 식물 간, 식물과 자연환경 사이의 모든 연관성이 사라진다. 선명하게 대비되는 잎사귀가 자칫 산만해 보이기 십상이다.

이것은 두 식물 그룹이 장소에 반응하는 방식의 명확한 차이를 보여 준다. 첫 번째는 특정 장소에 순응하여 자신의 운명을 개척하는 식물의 이야기다. 분산·정착·경쟁·적응에 관한 놀라운 이야기는 식물과 장소의 관계를 강조한다. 두 번째는 인간이 정원에 식물을 배치하는 다소 자의적인 방식을 조명한다. 이 경우에 식물은 자신의 운명을 거의 통제할 수 없다.

식물 그룹을 대상지의 특성에 맞춘다는 것은 상식적인 접근 방식이다. 하지만 전문 디자이너들은 이 간단한 원칙을 놀라울 정도로 신경 쓰지 않는다. 조경계에서는 관습적으로 식물 대부분을 특정 장소에 무계획적으로 맞추어 버리곤 한다. 식물생태학의 기본 원칙을 무시한 채 추상적 형태 구성의 언어로 식재디자인을 가르치는 경우가 많다. 식재를 그림에 비유하는 것은 식물(물감)과 대상지(도화지)의 2차원적 관계를 암시한다. 미국 조경학과 대부분에서는 '식물 소재' 과목에서 과도하게 사용되는 몇 가지 목본에 초점을 맞추고 있는데, 이 용어는 식물을 바라보는 다소 정적인 관점을 드러낸다. 이러한 과정은 주로 장식적 특성을 강조하지만, 식물이 어떻게 섞이는지, 어떤 종류의 뿌리를 가지고 있는지, 어떻게 경쟁하는지에 관한 정보는 거의 제공하지 않는다. 디자인 교육학 외에도 정원 관련 서적은 개별적인 식물 배치, 이질적인 식물 혼합에 맞는 토양 개량법, 그리고 멀칭·관개·비료에 의지하여 식물을 살리는 방법을 가르친다. 역설적으로 식물의 생태적 특성을 배제한 장식적 측면에만 집중하기 때문에 디자인 효과를 위해 필요한 식물 조합 능력이 향상되지 못하고 있다.

자유로운 식재를 위해 식물을 매우 큰 퍼즐의 한 조각으로 생각해 보자. 사실 퍼즐이라는 비유는 식물의 형태가 환경 조건이나 다른 식물과 어떻게 반응하여 형성되는지 가장 쉽게 설명해 준다. 잠시 잡초밭을 생각해 보자. 맨땅을 장악하기 위해 초기 개척식물은 놀랍도록 다양한 모양과 질감을 선보인다. 톱풀의 고사리 같은 질감, 큰질경이

→ 잡초가 무성한 잔디밭은 식물군락 내 식물들이 서로 얽혀 있는 특성을 연구하기에 좋은 장소다. 기는미나리아재비 *Ranunculus repens* 군락이 봄의 분위기를 한껏 자아내고 있다.

아랫부분의 넓은 잎, 왕포아풀의 곧게 뻗은 잎, 아이비의 두꺼운 매트가 서로 맞물려 놀라운 밀도로 식물들이 공존의 퍼즐을 완성한다. 식물의 잎뿐만 아니라 뿌리도 맞물려 있다. 많은 종은 뿌리 가소성可塑性, 즉 다른 뿌리와 경쟁하지 않으려고 토양의 다른 부분으로 이동하는 능력이 높다고 알려져 있다. 다양한 잎과 뿌리 모양이 지상과 지하에 겹겹이 쌓여 있어 퍼즐을 성공적으로 완성해 준다.

자연에서 식물의 삶은 본디 공동체적이다. 식물은 때로는 다른 식물에 의존하기도 하고 공생관계를 맺기도 하며, 경쟁 관계에 놓이기도 한다. 관행적인 식재에서는 식물이 상호작용하는 것을 막으려고 멀리 떨어뜨려 식재하고 정원사가 통제했다. 그러나 디자이너가 올바른 식물군락 디자인을 한 경우, 식물의 경쟁 전략을 이용한 꽃의 연속성, 질감의 다양성, 오래 지속되는 지피층 같은 더 큰 효과를 기대할 수 있다. 디자인된 식물군락은 '많으면 많을수록 좋다'는 원칙에 따라 작동한다. 식물은 서로 어우러지는 종과 짝을 이루면 미적·기능적 이점이 배가되고 식물은 전반적으로 더 건강해진다.

원칙 2 : 스트레스를 자산으로

비옥한 토양을 가진 온대 기후의 단점은 어떤 식물이든 자랄 수 있는 조건이라는 점이다. 풍부한 장소성을 지닌 군락을 만들려는 디자이너에게 첫 번째 단계는 간단하다. 부지의 환경적 제약을 받아들이는 것이다. 토양을 더 비옥하게 만들거나 그늘을 없애거나 관수를 위해 많은 노력과 비용을 들이지 않는다. 대신 이러한 조건에 잘 견디고 자랄 수 있는 제한된 식물 목록을 선정한다.

← 시뮬라타에키나세아
*Echinacea simulata*는
이례적으로 칼슘이 풍부한
프레리에서 꽃을 피운다.
이 토양은 일반적인
기준에서는 문제가 될 수
있지만, 이 독특한 특성
때문에 40여 종의 희귀·
멸종위기 동식물이 서식한다.

야생의 식물은 환경과 긴밀하게 연결되어 있다. 초지의 미세한 지형 굴곡이 어떻게 한 식물 종의 띠무리를 만들어 나가는지, 숲의 쓰러진 나무 사이로 들어온 빛이 숲바닥에 도달해 어떻게 새로운 식물 종이 출현하게 되는지를 생각해 보자. 식물과 식물이 만들어 내는 패턴은 땅의 가장 미묘한 변화까지도 표현한다.

장소마다 토양과 빛 조건이 다르기 때문에 특정 형태와 기능을 가진 식물이 서식한다. 겉으로 보이는 식물과 환경 사이의 균형은 다소 냉혹한 자연선택의 결과다. 식물의 개체군은 생존할 수 있는 개체 수보다 더 많은 자손을 번식한다. 적자適者만이 살아남기 때문에 새로운 식물은 모개체보다 지역의 생태적 지위에 더 잘 적응한다. 오랜 세월에 걸쳐 발생하는 자연선택은 놀라운 장소적 특징을 가진 식물을 만들어 낸다. 프레리 그라스는 그 뿌리가 3미터 이상 깊이로 뻗어 화재 후에도 재생할 수 있다. 일부 모래 사구 식물은 긴 곧은뿌리와 떠다니는 종자를 가지고 있어 척박한 모래 언덕에서 서식할 수 있다. 건조한 기후의 식물은 일부 잎의 털이 수분을 가두고 경계층을 형성해 가뭄으로부터 식물체를 보호한다. 식물의 형태, 뿌리계, 잎, 번식 전략 등 식물의 모든 것은 특정 장소에 적응한 결과다.

디자인적 관점에서 자연적으로 발생한 식물군락의 가장 이상적인 점은 특정 장소에 대한 식물의 적응력이다. 우리는 참나무 뿌리 사이에 연영초가 모여 있는 모습이나 초원에 에키나세아가 흩날리는 모습을 보며 감탄한다. 이러한 군락을 통해 식물 스스로 버텨 낼 수 있는 환경에 자리 잡은 결과 자발성과 조화로움을 갖는다. 역설적이지만 잘 적응한 행복한 식물의 모습은 풍부하기보다는 부족한 조건의 결과인 경우가 더 많다.

식물이 특정 장소에 자리 잡은 것은 그 장소의 환경 조건에 대한 내성耐性, 즉 환경 조건의 변화에 견딜 수 있는 생물의 성질에 따른 결과다. 여기서 내성은 제한된 자원 조건 하에서 이루어지는 식물의 적응을 설명하는 핵심 개념이다. 모든 식물은 영양분, 물, 빛, 이산화탄소 등 기본적인 자원이 필요하다. 이러한 요소의 공급은 온도, pH, 습도 수준, 토양의 호기성好氣性에 따라 크게 영향을 받는다.

먹이나 물을 구하기 위해 이동할 수 있는 동물과는 달리 움직일 수 없는 식물은 고착생활을 하는 생명체다. 식물이 필요한 자원을 얻지 못할 경우 생존을 위해 식물의 형태, 광합성 대사 또는 영양소 흡수 상태에 적응해 가야 한다. 따라서 숲바닥에 있는 식물이 더 많은 빛을 흡수하려면 자원의 더 많은 부분을 줄기나 잎의 발달에 할당하거나 세포에 엽록소를 더 많이 공급해야 한다. 식물이 제한된 자원을 얻기 위해 스스로 적응할 때, 다른 자원을 얻는 능력을 희생하는 대가를 치르게 된다. 식물이 자원과 떨어져 있기 때문에 이런 상충하는 상황은 불가피하다.

따라서 식물의 분포를 결정하는 것은 부지 자원의 가용성이 아니라 자원의 결핍이다. 어떻게 보면 각 부지의 빛 조건과 토양 자원은 그곳에서 자랄 식물을 미리 결정한다. 그러한 장소는 특정 형태와 광합성 적응 능력이 있는 식물을 선호한다. 낮은 빛 조건, 수분, 영양분 등 다양한 스트레스에 대한

↑ 극복해야 하는 장소의 특성이 바로 멋진 식재를 만들어 내는 요인이다. 혹독한 가뭄과 척박한 환경은 애리조나 사막의 아름다움을 더욱 돋보이게 하는 식물 목록을 만든다.

↓ 세로나 레펜스 *Serona repens*, 안드로포곤 비르기니쿠스 글라우쿠스 *Andropogon virginicus* var. *glaucus*, 대왕소나무 *Pinus palustris*의 수직적 형태와 색상의 조화는 걸프만 연안의 척박한 모래 토양, 가뭄, 기수(바닷물과 민물이 섞여 염분이 적은 물)에 잘 적응한 결과물이다.

→ 함께 어우러지는 식물들이 촘촘하게 얽혀 있는 것은 관행적인 식재에서 볼 수 없는 식물군락의 특징이다. 민들레, 풀협죽도Phlox, 숙근제라늄Geranium, 연영초Trillium 그리고 그라스가 나무 밑동에 밀집된 군락을 형성하고 있다.

내성은 식물의 분포에 큰 영향을 미친다. 이것이 디자이너에게 시사하는 바는 간단하다. 스트레스는 자산이다. 초기에 부지를 준비할 때 우리는 식물의 성장을 제한할 것이라 여겨지는 제약 조건을 제거하려 한다. 흙을 부수어 유기물을 추가하고, 더 많은 빛이 들어올 수 있도록 그늘을 제거한다. 또 식물에 일정한 수분을 공급하기 위해 관수 시설을 설치한다. 하지만 이런 일들은 여러 가지 면에서 강한 장소성을 만들어 낼 수 있는 부지 고유의 특성을 사라지게 한다. 관행적인 정원 정설에 따르면 비옥하지 않은 검은 양토는 개량해야 한다. 세계에서 가장 척박한 토양에서 번식하는 야생화에게 이런 이야기는 소용없다. 개량된 토양에서 이 야생화는 불과 몇 년 만에 고사할 수 있다. 장소성이 강한 정원이 종종 극한의 제약이 있는 부지를 가지고 있는 것은 우연이

아니다. 영국의 베스 차토Beth Chatto가 조성한 상징적인 자갈정원은 멋진 장소성으로 세계적인 관심을 받고 있다. 이 정원은 인위적으로 물을 주지 않는 척박한 자갈밭에 조성되어 있다. 그녀의 정원은 해안 사구, 고산 암석, 지중해 절벽, 그리고 건조한 초지의 식물을 혼합하여 매력적이고 풍부한 지속적인 군락을 연출한다.

원칙 3 : 식물을 수직으로 중첩하여 밀도 높게 지면 피복
피복에 대한 접근 방식은 기능적인 식물군락을 만드는 데 있어 가장 중요한 개념이다. 야성에 존재하는 식물을 떠올려 보자. 맨땅은 거의 없다. 사막이나 기타 극한 환경을 제외하면 맨땅은 일시적인 상태다. 하지만 우리의 정원과 조경 공간에는 맨땅이 어디에나 존재한다. 직립형

그린 멀칭. 수목의 그늘 아래는 빛의 양이 적어지면서 그라스에서 양치류 무리로 변하는 경관을 만들어 낸다.

관목이 심긴 화단의 하부도 맨땅인 경우가 많다. 이러한 정원을 그대로 두면 더 흥미로운 일이 벌어진다. 자연발생적인 식물들이 빈틈을 빠르게 메우고 야생에서 볼 수 있는 것과 같이 빼곡하게 땅을 덮는다.

노출된 토양은 미적인 측면뿐만 아니라 기능적인 측면에서도 문제가 될 수 있다. 모든 빈 땅은 식물이 자리할 수 있는 틈새이며, 야생에서 모든 틈새는 식물로 채워진다. 이러한 공간을 채우지 않으면 잡초가 자라게 되고, 이를 제거하려면 많은 노동력이 필요하거나 더 심한 경우 화학 처리가 필요하게 된다. 멀칭은 잡초를 방지하고 땅을 덮는 보다 친환경적인 방법 중 하나지만, 비용이 많이 들고 식물의 잠재력을 제한할 수 있다.

특히 시공업체가 설계한 상업용 조경은 빈약한 식재와 과도한 멀칭으로 악명이 높다. 과도한 멀칭은 유기물의 축적을 초래하여 식물 대부분이 필요로 하는 것보다 훨씬 더 비옥한 토양을 만든다. 매년 봄에 추가되는 멀칭은 식물을 정착 초기 단계에 영구적으로 머물게 한다. 멀칭은 맨땅을 보호하고 함께 자랄 수 있는 식물이 자리 잡지 못하게 한다.

멀칭재의 대안으로 식물을 사용하는 그린 멀칭green mulching이 있다. 노출된 공간을 풍성하게 채울 수 있는 식물 종을 추가로 식재해 잡초의 침입을 1년 내내 줄이는 방식이다. 군락을 기반으로 한

↗ 식물 기저부 주변의 모든 공간은 채워져야 한다. 스포로볼루스 헤테롤레피스 *Sporobolus heterolepis* 같은 키 작은 식물도 그 하부에 프라가리오이데스뱀무*Geum fragarioides* 같은 포복성 식물로 지면을 채우면 이로울 수 있다.
↘ 관행적으로 수목 하부는 많은 양의 멀칭을 하는 경우가 많지만, 이를 대신해 식물로 채울 수 있다. 그레이사초*Carex grayi*는 한 줌의 흙에서도 서식한다.

식물군락 디자인의 원칙 51

지피식물의 이용 방식은 아이비나 빈카 같은 일반적인 지피식물을 사용하는 것과는 매우 다르다. 기존의 방식은 생물다양성을 제한하는 공격적인 종을 단독으로 식재하는 것이다. 디자인된 식물군락에서는 한 가지 공격적인 식물 대신 서로 잘 어우러지는 키 작은 여러해살이풀과 그라스를 이용해 풍부한 모자이크를 완성한다. 식물군락의 핵심은 서로 다른 종을 나란히 배치하는 것뿐만 아니라 겹쳐서 쌓아 올리는layering 것에 있다. 시공간의 서로 다른 지위에 서식할 수 있도록 식물을 수직으로 쌓아 올려서 이러한 결과를 얻을 수 있다. 낙엽수 하부의 여러해살이풀 사이에 식재한 봄 구근이 대표적인 예다. 초본층 자체도 음지성 지피식물, 중간 키의 덤불 식물, 줄기 윗부분에 잎이 적어 빛 투과성이 높은 키가 큰 식물을 겹쳐 식재할 수 있다. 식물이 수직적으로 층을 이루도록 설계하는 방법은 디자인 과정을 다루는 장에서 더 자세히 설명할 것이다.

평면도 상에서 디자인하는 것이 익숙한 디자이너에게 여러 층의 식재를 표현하는 일은 때로는 어렵다. 원과 해치특정 영역을 구분하기 위해 도면에 넣는 패턴로 채워 표현한 식재 도면은 가득 차 보이지만, 실제로는 관목과 교목 아래에 넓은 면적의 맨땅이 노출되어 있는 경우가 많다. 사실상 조경디자이너들이 사용하는 그래픽 기법은 전형적인 대규모 단일 매스mass 식재를 표현하는 데 적합하다. 식재디자인을 할 때 평면도뿐만 아니라 단면도 또는 투시도를 이용하면 식물을 수직으로 배치하는 방법을 보다 주의 깊게 생각할 수 있다. 또 각기 다른 식물의 개체들을 어떻게 중첩시킬layering 수 있는지 보여 주는 평면 다이어그램은 디자이너가 여러 층의 식물을 디자인하는 데 도움이 될 수 있다.

지면ground은 식물군락 구성에 필요한 여러 수직 층 중 하나에 불과하지만, 여기에서 강조하는 이유는 관행적인 식재에서 놓치기 쉬운 부분이기 때문이다. 다른 식물에 비해 지면을 덮는 역할에 중점을 두는 특정 종류의 식물이 있다. 토양을 더 효율적으로 덮는 일에 도움이 되는 형태와 습성을 가진 식물을 우선시한다. 이러한 식물은 주로 낮게 자라며 복제형으로 확산하는 종들이다. 이런 종들은 다른 식물 하부에서 자라기 때문에 그늘을 잘 견디는 경우가 많다. 항상 꽃을 많이 피우는 편은 아니지만, 디자인된 식물군락의 중요한 구성요소로 작동한다. 조밀하게 심지 않고 형태에 따라 다른 공간을 차지하는 식물을 이용해 수직적 구성을 하는 것이다.

→ 큰개기장*Panicum virgatum*이나 아스클레피아스 투베로사*Asclepias tuberosa*같이 뿌리가 깊은 초지식물은 토심이 얕고 관수가 되지 않는 옥상에서 재배하기 어렵다(아래). 그러나 지표면 틈새niche가 세덤*Sedum*으로 조밀하게 채워진다면 식물군락은 원활하게 자리 잡을 수 있다(위).

모든 틈새를 식물로 채우기

관행적인 식재에서는 틈새가 메워지지 않고 토양이 노출되어 있어 햇빛이 지면에 쉽게 도달한다. 이는 토양 온도를 급격히 상승시키고 식물에 필수적인 토양 내 수분을 빠르게 증발시킬 수 있기 때문에 문제가 된다. 노출된 토양은 더 까다로운 종에게 불리한 환경이다. 옥상에서 식물이 직면하는 극한 조건을 생각해 보자. 옥상 녹화용 인공토가 노출되면 빠르게 건조해지고, 표면 온도가 70도 이상까지 올라갈 수 있다. 기존의 방식처럼 매스로 심거나 개체 간 간격을 벌려 식재한다면 극한 조건에서 살아남기 어려울 것이다. 그러나 키가 큰 식물 사이의 틈새를 세덤 같은 견고한 지피식물로 채우면 미기후와 생육 조건이 크게 개선된다. 틈새를 채우는 것은 보다 까다로운 종이 더 잘 자랄 수 있는 환경을 만들며, 표면 온도를 낮게 유지하고 뿌리에 수분을 지속적으로 공급한다. 지면의 틈새를 채우면 전반적으로 식재에 도움이 된다.

식물군락 디자인의 원칙

노출된 지피층

기존 방식의 식재 계획 평면도는 완전히 피복된 것처럼 보인다. 이를 단면도나 투시도로 보면 토양이 노출되어 있고 소량의 지피식물 식재를 계획했다는 사실을 알 수 있다.

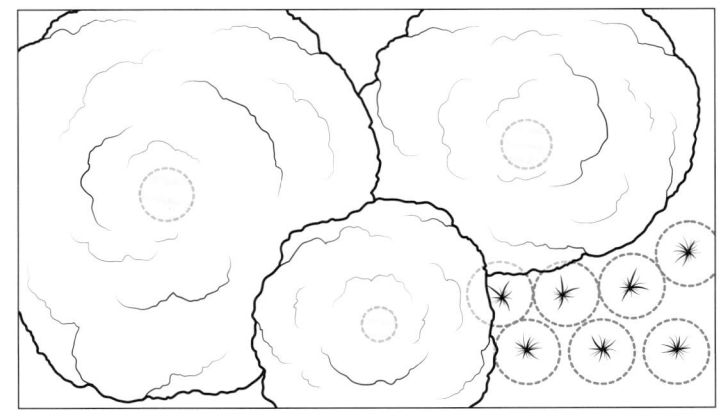

평면도: 밀도 높게 피복되어 있는 것처럼 보임

단면도: 노출된 지면이 드러남

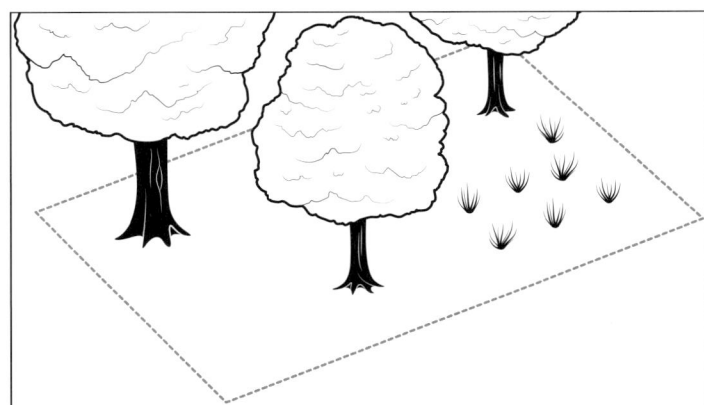

투시도: 노출된 범위를 보여 줌

원칙 4 : 매력적이고 가독성 있게

서구 세계의 대부분은 18세기 영국의 픽쳐레스크 picturesque 개념을 이어받아 왔다. 이 개념은 긴 전망, 탁 트인 풍경, 깨끗한 가장자리, 약간의 신비감을 선호하는 경향을 조경의 모든 측면에 반영했다. 그 결과 일반 대중은 마을과 도시에 존재하는 야생의 무질서한 조경과 식재에 큰 거부감을 느끼게 되었다. 사람들은 복잡한 혼합식재를 보면 보통 버려진 들판, 더 이상 사용하지 않는 산업 현장, 도시의 쇠락하고 방치된 장소를 떠올린다. 자연 경관에 대한 우리의 반응은 문화적 요인뿐만 아니라 타고난 생물학적 반응에 기인한다.

깔끔한 경관을 선호하는 문화적 편견은 종종 생태적 식재의 잠재력을 제한할 수 있지만, 자연 경관에 대한 생물학적 반응은 이를 확장할 수 있다. 환경심리학자들은 오랫동안 특정 경관에 대한 우리의 선호가 쉼터와 식량 같은 기본적인 욕구를 충족시키려는 데 기반한다고 이론화해 왔다. 여러 연구에 따르면 사람들은 쉽게 인식할 수 있고 생산적인 사바나 경관을 선호하며, 이는 잔디밭 형태의 영국식 조경 양식의 남용에 영향을 미쳤다는 가설을 제시했다. 그러나 잔디밭과 수목만으로 사바나를 해석하는 것이 유일한 방법은 아니다. 사바나는 생태적으로 가치 있고 매력적인 식재로 재창조될 수 있다. 가독성, 개방성, 신비함 같은 사바나와 유사한 특성을 가진 다른 유형의 경관도 식물군락 디자인에 효과적으로 영감을 줄 수 있다. 디자이너가 매력적인 참조 식물군락에서 영감을 받아 식물을 구성하는 것은 대중이 아름답다고 받아들이는 디자인을 창출하는 중요한 방법이다.

경관의 아름다움에 대한 사회적 통념이 보다 자연주의적인 양식으로 확대되기를 바라지만, 우리는 현실을 직시해야 한다. 결국 생태적 기능을 미학적 형태로 전환해야 할 책임은 디자이너에게 있다. 이를 위한 방법에는 본질적으로 두 가지가 있다. 첫째, 디자인된 식물군락은 이해하기 쉽고, 질서 있으며, 매력적인 방식으로 패턴화·양식화할 수 있다. 잘 디자인된 식물군락은 자연을 완벽하게 재현하지 않더라도 그 본질을 담아 낼 수 있다. 따라서 디자인된 식물군락은 야생 식물군락에서 추출한 필수적인 층과 패턴으로 구성되어야 한다. 보다 매력적인 디자인을 위해 특정 종과 배열을 과장할 수 있으며, 야생식물의 일부 요소를 배제할 수도 있다. 매우 무작위적인 혼합식재는 대규모 매스 블록과 대조를 이룰 수 있다. 자연적으로 번식하는 혼합식생군락은 단일 종을 무리로 섞는 것보다 기대 이상의 결과를 도출할 수 있다.

둘째, 층위를 이룬 식재를 더 매력적이고 일관성 있게 만드는 방법은 질서정연한 틀을 만드는 것이다. 조경가 조앤 아이버슨 나사우어 Joan Iverson Nassauer가 1998년에 발표한 '어수선한 생태계, 질서 있는 틀 Messy Ecosystems, Orderly Frames'이라는 글에서 처음 제시한 이 개념은 특히 도시와 교외의 맥락에서 생태적인 경관이 복잡해 보일 수 있음을 지적한다. 생태적 기능 면에서 좋은 것들은 다소 무질서하게 보일 수 있으며, 깔끔하고 정돈된 것들(예: 잔디밭과 잘린 울타리)은 종종 지속 가능하지 않다는 것이 문제다. 자연주의 식재가 추구하는 풍부한 생물다양성은 종종 사람들이 정돈되지 않았다고 오해하는 요소다. 나사우어는 생태조경이 '관리의 신호 cue to care'를 활용해야 한다고 주장한다. 그 신호란 하나의 경관 속에서 드러나는 관리, 유지·보수, 의도의 징후를 의미한다.

↓ 루치아노 기벨레이Luciano Guibbelei가 2014년 로랑-페리에정원에 선보인 디자인은 자연의 숲속 빈터가 지닌 질감과 색채를 정원에 옮겨 놓은 듯한 인상을 준다(위). 이 정원의 주요 식재는 루피너스 '샹들리에'*Lupinus* 'Chandelier', 플록스 디바리카타 '클라우즈 오브 퍼퓸'*Phlox divaricata* 'Clouds of Perfume', 칠엽도깨비부채*Rodgersia aesculifolia*, 시베리아붓꽃*Iris sibirica* 등으로 구성되어 있다(아래).

↓ 잔디밭은 현대 주거지 조경의 핵심 요소다(위). 이러한 광범위한 잔디 사용의 배경에는 인간이 사냥감이 풍부하고 시야가 탁 트인 사바나 풍경에 대한 선호가 있기 때문인지도 모른다(아래).

↓ 패셰크어소시에이츠Pashek Associates가 정교하게 설계한 피츠버그 데이비드 로렌스David Lawrence 컨벤션 센터의 옥상정원. 다양하게 혼합식재한 자생 초지가 질서정연한 경관으로 읽힌다. 초지의 높이는 키가 작은 종을 선별해 높이를 제어했으며(왼쪽 아래), 앞쪽에는 키가 작은 종을, 후면에는 안정적이고 키가 큰 종을 배치하여 경계부가 흐트러지는 것을 방지했다(오른쪽 위). 또 혼합초지와 구조물, 세덤 단일 식재가 대비를 이루게 해 복잡함과 단순함이 균형을 이루게 했다(오른쪽 아래).

식물군락 디자인의 원칙

↑ 숲바닥에는 봄맞이순간 개화식물(spring ephemerals, 눈이 녹기 시작하는 시점부터 나무 상층부 수관이 덮이기 전까지 빛이 숲의 하부까지 들어오는 기간에 생활사를 마치는 초본)이 무작위로 섞여 있다.

↓ 볼프강 외메Wolfgang Oehme와 제임스 밴스위든 James van Sweden이 예술적으로 해석된 숲바닥은 다양성을 단순화하여 대부분 꽃이 피는 종을 이용했고, 패턴을 강조하여 눈에 띄는 띠무리를 만들어 냈다.

사실 예술적으로 해석된 야생 식물군락도 경우에 따라 지저분해 보일 수 있다. 작가 노엘 킹스버리 Noel Kingsbury가 '최악의 상태bad hair day'라고 부르는 순간이 디자인된 식물군락에도 발생할 수 있다는 의미다. 디자이너는 작은 정원부터 넓은 업무지구 녹지, 마을 광장, 고속도로 중앙분리대에 이르기까지 다양한 장소에 적합한 식물군락을 디자인하기 위해 여러 가지 기법을 사용할 수 있다. 질서 있는 틀의 필수 원칙 중 하나는 흐트러진 식물을 깔끔한 틀로 둘러싸는 것이다. 예를 들어 잘 깎은 잔디밭을 초원 가장자리에 배치하거나, 다듬은 생울타리로 혼합식재한 곳을 둘러싸거나, 길 또는 울타리, 벽 같은 구조물을 활용하여 정돈되지 않은 상태를 통제하는 방법이 있다.

대중이 식재를 어떻게 수용하는지는 중요하다. 아름답다고 인식되는 식재는 받아들여지고 가꾸어질 뿐만 아니라 심지어 모방될 가능성도 높다. 반면 지저분하거나 매력적이지 않다고 여겨지는 식재는 무시당하거나 최악의 경우 적대시하는 대상이 될 수 있다. 자연주의 식재의 분명한 목표 중 하나는 불편함이나 흔란을 일으키는 것이 아니라, 야생에 대한 즐거운 연상을 불러일으키는 것이다. 나사우어는 "생태적 기능이 문화적 언어로 표현될 때, 그것은 지워지거나 은폐되거나 손상되지 않는다. 오히려 사람들이 새로운 방식으로 볼 수 있도록 한다"라고 말한다.

원칙 5 : 유지·보수가 아닌 관리

많은 교외 지역에서는 여름 주말마다 잔디 깎는 기계와 낙엽 청소기에서 나오는 소음을 흔히 들을 수 있다. 이러한 가스 구동 기계들의 소리는 변화에 저항하는 이상적인 경관을 향한 집념을 보여 준다. 이 같은 갈망은 식재 화단을 소중히 여기는 유지·보수 관행을 만들어 낸다. 예를 들어 멀칭재를 반복적으로 추가하고, 여러해살이풀을 자주 전정하며, 시든 꽃을 제거하고, 정기적으로 관수하는 등의 일이다. 모든 작업은 식물들을 한결같은 상태로 유지하려는 노력의 일환이다. 디자인된 식물군락은 기존의 유지·보수 방식에서 완전히 벗어난다. 식물과 식물 그리고 장소와 잘 어우러지는 경우, 개별 식물 관리가 아닌 식물군락 전체를 관리할 수 있다. 이 새로운 관점은 기본적으로 디자인 전환(원칙 1)에 뿌리를 두고 있다. 개별적으로 식물을 배치할 때는 개별적인 유지·보수가 필요하지만, 군락 기반의 식재는 전체 군락을 관리해야 한다. 따라서 한 그룹의 식물에 더 많은 물을 주고 다른 그룹에 더 많은 비료를 주는 방식은 더 이상 필요하지 않다. 이제 우리는 개별 식물의 생존을 목표로 하지 않고, 군락 자체를 보존하기 위해 모든 개체군에 일관된 작업을 적용한다.

관리 방식은 시간과 비용이 많이 드는 유지·보수 활동을 배제한다. 특히 관수, 멀칭, 비료 살포, 전정, 낙엽 제거 등은 식물이 활착한 후에는 가급적 피하는 것이 좋다. 대신 식물의 구조를

제임스 골든James Golden이 설계한 이 정원처럼 식물이
군락으로 자라는 경우, 식물이 개별적으로 관리되지 않고
전체 식물군락이 통합적으로 관리된다.

보존하기 위해 예초, 태우기, 선택적 제거 또는 선택적 추가 같은 대규모 작업을 활용한다. 이러한 관리는 필수적인 기능 층과 종의 균형을 유지하며, 식물군락의 완결성 보존에 중점을 둔다.

여러 관점으로 볼 때 유지·보수에서 관리로 전환하는 과정이 단지 디자인 초기 단계에서만 일어나지 않는다는 것이 명확해졌다. 정원사라면 누구나 디자인이 정원이 조성되면 끝나는 것이 아니라, 식물의 생애주기 동안 이루어지는 일련의 결정 과정에서 계속 이루어진다는 사실을 알고 있다. 디자인은 정원 가꾸기와 분리될 수 없으며, 그 연장선 위에 있다. 인간의 모든 개입은 식재 과정의 변화를 이끄는 매 순간의 결정인 셈이다. 관리는 변화를 수용한다. 디자인된 식물군락은 역동적이기 때문에 경쟁·천이·교란 같은 다양한 자연 과정을 통해 유지된다. 식물이 고사했을 때 단순히 보식하는 대신, 스스로 번식한 새로운 식물로 그 자리를 메우도록 한다. 식물은 정원을 돌아다니며 씨를 퍼뜨리고, 일정 부분 다른 식물과 경쟁하기도 한다. 이처럼 식물 스스로 군락을 형성하고 발전해 나갈 수 있도록 허용할 때, 더욱 건강한 식재가 될 수 있다.

유지·보수에서 관리로 전환하기 위해 디자이너는 더 겸손한 자세를 가져야 한다. 식물군락은 대상지와 다른 식물과의 상호작용으로 형성된 복잡하고 적응력 있는 체계라는 점을 인식해야 한다. 따라서 관리는 식물의 특성을 보존하기 위해 선박의 방향타를 약간 조정하는 것과 같은 일련의 소극적인 개입만 필요하다.

식물군락 대부분은 그대로 두면 번성하지만, 어느 시점이 되면 원래의 디자인 의도를 잃을 정도로 변질될 수 있다. 따라서 식재의 아름다움을 유지하고 공격적인 식물이 온순한 식물의 성장을 저해하지 않도록 지속적으로 지면을 채워 주는 관리가 필요하다. 관리자는 교도관이 아닌

심판처럼 필요할 때만 개입하여 방향을 수정해야 한다.

이 과정은 디자인 목표에 따라 형성되어야 한다. 관행적인 원예의 유지·보수 문제 중 하나는 실제적인 필요와 관계없이 고정된 작업으로 구성된다는 점이다. 예를 들어 멀칭, 해충 방제, 전정, 관수 등의 작업이 일정한 스케줄에 따라 이루어지며, 실제로 필요한지 평가하지 않는 경우가 많다. 이에 반해 관리는 목표 중심으로 이루어진다. 정원사의 개입은 오직 디자인 목표를 달성하기 위해 식물을 유도하기 위한 목적으로만 이루어진다. 이러한 목표는 프로젝트 기간 내내 지속된다. 예를 들어 수많은 꽃이 피는 종을 혼합하여 심는 것처럼 미적인 목표일 수도 있고, 잡초가 자라지 못하도록 밀식한 지면을 유지하려는 기능적 목표일 수도 있다. 또 식물의 수명과 식재 존치 기간에 따라 목적이 달라질 수 있다. 눈에 잘 띄는 공공공간의 경우에 더 많은 개입이 필요할 수 있으며, 자연주의적인 환경에서는 덜 필요할 수도 있다. 이 과정에서 '얼마나 많은 변화를 허용할 것인가'라는 질문이 핵심적이다. 이 다섯 가지 원칙을 종합하여 관행적인 식재 방식에 효과적인 대안을 제시할 수 있다.

이제는 사고의 전환이 필요할 때다. 21세기의 식재디자인은 식물의 역할에 대한 기대치가 높아진 새로운 시대를 맞이하고 있다. 디자이너들은 단순히 아름다운 경관을 조성하는 것을 넘어, 환경적 기능도 수행하는 식재를 해야 한다는 압박을 그 어느 때보다 많이 받고 있다. 예를 들어 식재는 빗물을 여과하고, 오염 물질과 탄소를 격리하며, 도시의 온도를 낮추고, 서식처를 제공할 수 있어야 한다. 하지만 현실은 고객 대부분이 복잡한 식재를 관리할 수 없어 이러한 기대치를 더욱 복잡하게 만든다. 공공 조경은 유지·보수를 위한 예산이나 인력이 부족한 경우가 많으며, 주택 소유주는 충분한 시간이나 지식이 부족한 경우가 많다. 그래서 디자이너들은 제한된 예산과 자원으로도 이러한 기대치를 충족할 수 있도록 식재해야 하는 어려움에 직면하게 된다. 이러한 부담은 디자이너에게 매우 현실적인 도전 과제를 안겨 주며, 실용적이면서도 기능적이고 지속 가능한 식재를 설계해야 하는 필요성을 강조한다. 이러한 과제를 해결하기 위해서는 기존과 다른 방식으로 디자인해야 한다. 식물이 대상지와 서로 자연스럽게 상호작용하는 방식을 이해하고, 이에 기반한 새로운 도구와 기술이 필요하다.

이를 위해 식물과 식물 간 역학관계를 깊이 이해해야 한다. 다음 장에서는 자연에서 얻은 영감을 탐구하고, 이를 통해 식재디자인의 새로운 시대를 열어 갈 수 있는 핵심 교훈을 도출할 것이다. 주의를 기울인다면 식물이 우리에게 길을 안내해 줄 것이다.

→ 프레리의 강건한 식물인 자주프레리클로버 *Dalea purpurea*는 뿌리가 깊고 가느다란 형태의 콩과식물이다. 다른 키 작은 그라스, 광엽초본과 잘 어우러질 수 있다.

야생에서 받은 영감

THE INSPIRATION OF THE WILD

3.

자연 경관을 경험하는 것은 감각적이고 감정적인 일이다. 숲속을 걷고 나뭇가지에 스치며 열린 경관으로 빠져나오는 감각적인 경험은 우리가 야생을 연상할 때 더욱 풍부해진다. 자연과 문화적 연상이 가장 절묘하게 조합된 순간들은 종종 동화적인 분위기를 자아낸다. 예를 들어 애팔래치아 산지의 좁고 비옥한 골짜기 숲은 그림 형제 이야기의 배경이 될 수 있으며, 해안가 참나무숲은 고딕풍의 장엄함을 지니면서도, 마치 쥐라기 시대의 원시적인 놀이터를 떠올리게 한다. 이러한 장소들의 매력은 단순히 지역적 특색에만 있는 것이 아니라, 각각의 풍경이 발산하는 어떤 '익숙함의 감각' 속에 있다. 그것은 특정한 풍경을 통해 드러나고 확대되는 보편적인 순간이라 할 수 있다.

이러한 열린 소나무숲은 훌륭한 식재 아이디어의 원천이다. 디자인된 것은 아니지만, 이 자연 식물군락은 좋은 디자인의 본질을 담고 있다. 그 매력은 오늘날에도 여전히 유효하며, 깊은 진화의 결과다.

야생의 울림

식물과 경관의 감정적 연결을 이해할 수 있다는 것은 디자이너나 정원사가 가진 엄청난 잠재력이다. 식물은 두 가지 방식으로 감정적 반응을 유발할 수 있다. 하나는 개인적인 기억, 나머지 하나는 깊은 잠재의식 속에 공유된 보다 일반적인 경관 패턴에 대한 기억을 통해서다. 여기서 강조하고자 하는 것은 후자다. 식물에 관한 개인적인 기억은 매우 강력할 수 있지만, 그에 따른 디자인에 대한 반응은 대개 주관적이다. 예를 들어 오렌지꽃의 향기는 겨울 동안 정원 온실에서 보낸 오후를 떠올리게 할 수 있고, 커다란 참나무는 어린 시절의 특별한 장소를 상기시킨다. 식물·사람·장소와 개인의 이러한 연결은 감동적이지만, 다수의 사람이 사용하는 공공장소에서 이를 재현하기는 어렵다. 식재가 개인적인 기억을 넘어 자연에 대한 더 깊고 집단적인 기억을 촉발할 수 있다는 점에 주목해야 한다.

감정은 본질적으로 주관적인 것이지만, 모두 환경에 대한 공통된 진화적 반응을 공유한다. 어둡고 뒤엉킨 덤불이 굽이치는 길을 걷고 있다고 상상해 보자. 어떤 느낌이 드는가? 두려움? 경계? 혹은 약간의 호기심? 세부적인 감정들은 사람마다 다를 수 있지만, 유사한 특징을 갖는다. 산 정상에 올라 탁 트인 광활한 경관을 내려다보는 경험을 떠올려 보자. 그 풍경에서 느끼는 쾌감은 영국의 지리학자 제이 애플턴Jay Appleton이 제시한 조망-은신처prospect-refuge 이론에서 설명한다.

그는 우리가 쉽게 볼 수 있고 이동할 수 있는 환경을 본능적으로 선호한다고 지적했다. 심리학자들은 특정 경관을 선호하는 것이 진화론적 근거가 있다고 오랫동안 이야기해 왔지만, 이러한 논리를 미시적 관점의 식재디자인으로 확장한 사람은 거의 없다. 생각해 보자. 우리 선조들은 수천 년 동안 들판과 숲을 누비며 살아왔고 식물과 밀접한 관계를 맺어 왔다. 그들이 환경을 탐색하고, 상처를 치료하며, 먹이를 구할 때 식물은 중요한 역할을 했다. 어떤 식물을 먹을 수 있는지 구분하는 것은 곧 생사의 문제였다. 더 이상 선조들처럼 식물에 의존하지 않지만, 여전히 우리 안에 식물과 관련한 기억과 감정의 흔적이 남아 있다. 정확한 기억은 사라졌을지 모르지만, 여전히 안전함을 추구하거나 기회를 감지할 때 반응하는 원시적인 회로를 가지고 있다. 특정 식물이나 식물군락을 마주했을 때, 자연스럽게 보다 큰 자연 경관을 떠올린다. 키 작은 그라스는 넓고 햇빛이 잘 드는 공간을 연상시켜 개방감을 느끼게 하며 기운을 북돋워 준다. 커다란 잎은 습하고 무성한 여름철 숲과 같은 장소를 떠올리게 한다. 식물과 식물이 연상시키는 경관의 연관성은 다소 직관적이다. 식물생태학 학위가 없어도 이미 본능적으로 큰 잎이 있는 식물이 습지에, 잎이 없는 다육식물은 건조한 경관에 속한다는 사실을 알 수 있다. 이러한 식물과 장소의 연결을 본능적으로 인식하는 것은 어색하게 느껴지는 특정한 조합과 조화로운 어떤 조합에 대한 느낌을 설명해 준다. 예를 들어 미국 조경업자가 초화류를 일렬로 심을 때, 이 인위적인 선형 패턴은 마치 밭에 작물을 억지로 심은 것처럼 부자연스럽게 느껴질 수 있지만, 식물이 자연의 흐름처럼 느슨하게 군락을 이루며 배치되어 있다면, 이는 식물이 장소에 정착하고 자리 잡아가는 과정과 같은 시간적 감각을 이끌어 낸다.

↓ 애덤 우드러프Adam Woodruff가 디자인한 스포로볼루스 헤테롤레피스Sporobolus heterolepis 매스 식재는 일리노이 프레리의 광활한 초원을 연상시킨다(위). 스포로블루스 헤테롤레피스는 자연 초원에서 다른 광엽초본의 바탕이 되어 주기 때문이다(아래).

↓ 페티두스앉은부채Symplocarpus foetidus는 개별 식물로 도입될 때는 범람원의 초지를(위), 무리 지어 식재했을 때는 수분이 풍부하고 그늘진 숲 아래의 하층 식생을 연상시킨다(아래).

↑ 접시정원dish garden의 여러해살이풀은 토심의 차이에 따라 층위를 이루고 있다. 상부의 움푹 파인 공간을 따라 디아모르파 스말리이Diamorpha smallii의 분홍색 물결이 흐르고, 중심부에는 털이 많은 파케라 토멘토사Packera tomentosa가 채우고 있다.

↓ 2012년에 사라 프라이스가 디자인한 텔레그래프 정원Telegraph Garden 내 수경시설은 여러해살이풀, 골풀, 그라스, 초지의 꽃들로 더욱 돋보인다. 노스웨일스North Wales와 다트무어Dartmoor의 미네랄이 풍부한 고지대 수계를 멋지게 재해석했다.

식재로 생겨나는 정확한 감정보다 더 중요한 것은 사람들이 그 순간에 몰입하고 반응하게 만드는 것, 즉 관여의 순간을 유도하는 일이다. 사람들은 하나의 경관 안에서 다양하고 복잡하며 때로는 모순된 감정을 동시에 갖는다. 어두운 숲길이 어떤 이에게는 위협적으로, 또 다른 이에게는 매혹적으로 느껴질 수 있다. 이러한 상반된 반응에서도 공통으로 나타나는 것이 있다. 사람들이 자신의 내면을 열고 경관과 마주했을 때 울림의 순간을 경험한다는 것이다. 디자이너가 사람들이 느끼는 것을 통제하기는 어렵지만, 이러한 감정을 경험할 수 있는 무대를 마련할 수는 있다. 실제로 감정이 겹겹이 쌓이는 경험을 갖게 하는 경관은 사람들이 여러 번 다시 찾게 만드는

경사진 구릉지는 서로 다른 초본과 그라스의 수평적 식재 패턴으로 표현되는데, 중경에는 갈대가, 원경의 건조한 사면에는 작은 키의 스키자키리움 스코파리움Schizachyrium scoparium이 자리 잡고 있다.

힘이 있다. 정서적 연상 활용법을 디자인에 적극 활용하면 식재디자인을 단순한 장식성을 넘어 의미 있는 예술적 형태로 끌어올릴 수 있다. 사람들은 경관과 정서적으로 연결될 때, 그 공간을 향한 더 많은 관심과 애정을 갖고 적극적으로 돌보는 경향이 있다.

원형경관 Landscape Archetypes

식재로 정서적 연상을 이끌어 내기 위해서는 사람들이 인식할 수 있는 패턴을 만들어야 한다. 야생 식물군락의 알기 어려운 본질을 찾아 재해석하려는 작업은 전 세계에 수천 개의 식물군락이 존재하기 때문에 결코 단순한 일이 아니다. 각각의 군락에 개별적으로 집중하는 일은 평생이 걸릴 수 있고, 목표가 명확해지기보다 오히려 혼란을 줄 수 있다. 결국 버지니아의 참나무-히코리숲은 영국 남부에 사는 누군가에게는 의미가 없을 수 있지만, '삼림'이라는 개념은 모두 이해할 수 있을 것이다. 정서적 공감을 불러일으키는 식재를 위해 폭넓은 공감대를 얻는 것을 우선으로 시작하고자 한다.

여기서 참조하려는 식생군락은 원형경관이다. 원형은 집단적으로 유전되는 개념으로, 다른 더 구체적인 모델이 파생되는 일종의 보편적 틀을 의미한다. 경관에 적용될 때, 원형은 장소의 정수를 나타내며, 가장 기본적이고 기억에 남는 식생 패턴을 의미한다. 삼림은 활엽수림일 수도 침엽수림일 수도 있으며, 열대나 온대일 수도, 건조하거나 습할 수도 있다. 이러한 지역적 기후적

차이는 분명 중요하지만, 모든 삼림을 연결하는 본질적인 층위를 이해하기 위해 잠시 이러한 요소들은 제쳐 두기로 한다.

디자인의 영감을 얻기 위해 원형에 집중하는 것은 중요하다. 물리적인 식물군락이 우리의 감정, 기억, 연상되는 이미지와 어떻게 연결되는지를 설명할 수 있기 때문이다. 식재디자인에 영감을 주는 것은 우리의 감정적 경험과 실제 경관의 융합이며, 이를 통해 식물의 조합을 단순한 장식적 배치가 아닌 감성적 경험으로 읽히게 하는 데 도움이 된다.

원형에 초점을 맞추면 보편적으로 적용할 수 있는 디자인과 식재 방법을 개발할 수 있다. 자생식물에 관한 많은 자료들이 지역적으로 한정되어 있지만, 삼림이나 초원의 본질적인 패턴과 역동성을 이해한다면 그 지식을 다양한 지역에 적용할 수 있다. 이러한 고전적인 경관들은 디자이너에게 고객이나 현장의 요구에 부응하는 식재를 구현할 수 있는 유연성을 제공한다.

야생에서 영감을 받은 식재는 자연을 그대로 모방하기보다는 디자이너가 재해석해서 적용할 때 가장 효과가 있다. 야생을 향한 우리의 애정은 종종 수려한 식물과 매력적인 복잡성에

← 콜로라도 초지meadow의 개방적인 느낌은 그 자체로 자연스럽고 매력적이다.
→ 형태가 명확하고 확 트인 시야를 제공하는, 낮은 키 식물이 자리한 초원은 매우 매력적이다.

주의를 빼앗겨 전체적인 경관을 놓치게 한다. 예를 들어 큰꽃연영초Trillium grandiflorum 하나에만 집중하다가 숲 전체를 보지 못하는 경우다. 자생식물군락을 단순히 모방해 자연스러운 경관을 만들려는 시도는 종종 원래의 모습과는 거리가 먼 결과를 낳게 된다. 많은 사람이 정원을 서식처 복원의 형태로 조성하려 하지만, 자생식물들을 위한 안식처를 만드는 과정에서 원래 경관의 본질을 잃어버리곤 한다. 자연을 그대로 옮기는 일은 문제가 될 수 있다. 단순히 적합한 식물을 가져오는 것만으로 충분하지 않으며, 그 식재에 맥락을 부여하는 패턴과 구조를 재창조해야 한다. 원형경관은 우리에게 그러한 작업을 할 수 있도록 영감을 준다.

세계적으로 통용될 수 있는 디자인 과정을 설명하기 위해, 이 장에서는 초원grassland, 소림woodland과 관목림shrubland, 삼림forest의 세 가지 원형경관 군락을 다룬다. 다양한 군락이 이러한 범주에 속할 수 있지만, 각 원형군락은 특정 기능을 수행하는 단순한 식물의 층위로 구성된다. 우리는 온대 지역 대부분에 적합한 세 가지 원형을 선택했다.

초원

남극을 제외한 모든 대륙에는 초원이 존재한다. 북미에서는 프레리prairies, 남미에서는 팜파스pampas라 불린다. 유럽과 아시아에서는 스텝steppes, 아프리카에서는 사바나savannas 또는 벨트veldts로 알려져 있다. 온대 소림이 우세한 지역에서도 초원은 흩어져 있는 초지, 삼림 속 빈터, 그리고 산 정상부 등에서 나타난다.

초원은 대륙의 건조한 내륙 지역 내 숲과 사막

사이에 위치한다. 초원은 낮은 평균 강수량과 화재, 방목, 벌채, 고산지대의 산사태 같은 정기적인 외부 교란, 이 두 가지 주요 환경 요인으로 형성된다. 이러한 환경은 뿌리가 깊은 그라스가 생존할 만큼 충분히 습하지만, 숲이 쉽게 형성되기에는 충분하지 않다. 일반적으로 건조한 지역에서는 키가 작은 식물이 우세하고, 습윤한 지역에서는 키가 크거나 강한 번식력을 가진 복제종이 우점한다. 초원의 식생은 대개 자연적으로 형성되어 외부 교란 때문에 지속된다.

초원의 경험

지난 반세기 동안 식물 애호가와 디자이너의 상상력을 사로잡은 원형경관은 초원이다. 초원은 여러 면에서 이상적인 디자인 요소의 조합을 제시한다. 큰 규모에서는 웅장하고 균일하여 강력한 정서적 인상을 주며, 작은 규모에서는 정교하고 복잡한 층을 이루어 놀라울 정도로 다양한 동식물의 서식처를 형성한다. 새로운 미국정원운동New American Garden, 새로운여러해살이풀운동New Perennial movement, 그리고 독일의 혼합 여러해살이풀 식재Staudenmischpflanzung 등 여러 자연주의 식재 운동은 자연적으로 발생하는 초원에서 깊은 영감을 받아 발전했다. 점점 도시화 되어 가는 세상에서 초원은 개방감과 자유로움을 제공한다. 광활한 공간과 압도적인 하늘 속에서 바람에 흔들리는 그라스의 이미지는 여전히 수많은 디자이너에게 영감을 주고 있다.

이상적으로 생각하는 초원의 고전적인 특징은 식물의 키가 크지 않아 그 너머를 쉽게 볼 수 있다는 점이다. 명확하게 인식할 수 있는 풍경을 선호하는 이유는 멀리서도 포식자나 침략군 같은 위협을 식별하려는 본능에서 비롯되었다. 멀리 보이는 통경축vista, 조망을 확보할 수 있는 시각적으로 열린 공간은 우리에게 안정감을 준다. 이러한 단순한 사실은 조경디자인 역사에 많은 영향을 미쳤다. 방목초지를 바라보는 구도적인 조망은 영국 픽처레스크Picturesque 운동 18세기 후반에서 19세기 초 영국에서 특히 유행한 미학적 조경·예술 운동. '그림처럼 아름다운' 풍경을 추구하는 것이 핵심이다의 핵심 요소였다.

멀리서 보면 태피스트리tapestry, 여러 가지 색실로 그림을 짜 넣은 직물 같은 초원은 하나의 단일한 녹색 배경으로 주변 경관과 조화를 이룬다. 초원은 꽃이 피거나 열매를 맺을 때 비로소 계절에 따른 주제와 색상, 질감과 패턴을 만들어 낸다. 이 순간 초원은 마치 화가가 색의 흐름을 풍경 속에 펼쳐 놓은 듯한 모습으로 보일 수 있다. 그러나 멀리서 보면 초원의 주제종들은 더 큰 색과 질감의 띠무리로 스며들어 경계와 세부적인 요소들은 사라진다. 그라스 매트릭스 내에서 두드러지는 광엽초본과 키 작은 관목의 선형적인 형태는 습도와 해발고도의 미묘한 변화에 따라 형성된다. 물이 고이는 들판의 미묘한 지형 주름은 뚜렷한 식생의 변화를 드러내는 경우가 많다. 이러한 선형 형태의 단순함과 명료함에서 매력을 느낄 수 있다.

전 세계적으로 초원 식물군락은 기후 조건, 기저

→ 이 웅장한 풍경은 남부 애팔래치아산맥의 희귀한 고지대 초원으로, 산 정상부가 그라스로 덮여 있다. 이 초원은 일반적으로 추운 기온 때문에 나무가 자라지 못하는 고산 초원과 달리, 나무가 자랄 수 있을 정도로 따뜻하다. 이러한 현상에 관한 여러 이론이 존재하지만, 그 정확한 기원은 여전히 미스터리로 남아 있다.

토양, 수문학지구상의 물을 연구하는 학문, 그리고 교란의 빈도에 직접적으로 반응하면서 다양한 형태를 띤다. 식물의 키가 작은 초원은 건조 토양, 적윤 토양, 또는 습윤 토양 등 다양한 환경에서 발견될 수 있다.

초원은 이러한 다양한 조건 때문에 식물군락 안에서 일관된 고유의 색과 질감을 가지며, 각 장소에 따라 달라진다. 예를 들어, 건조한 초원에서 군락을 구성하는 종들은 종종 수분 증발을 최소화하기 위해 두꺼운 큐티클생물의 체표 세포에서 분비하여 생긴 딱딱한 층이 있거나 잎 표면에 털이 있다. 이러한 적응 과정에서 식물의 잎은 푸른빛, 회색빛, 또는 은빛을 띤 녹색으로 보인다. 또 아주 미세한 잎 구조는 표면적을 줄여 주어 수분 증발을 최소화한다. 반면 수분이 풍부한 초원군락에서는 잎이 무성하고 넓은 구조를 띠는 것이 일반적이다. 물을 보존할 필요가 없기 때문에 물에 희석된 영양분을 흡수하려면 식물들은 잎을 통해 다량의 수분을 수증기로 공기 중에 내보내야증산 한다. 따라서 습한 초원에 속한 식물의 잎은 가장 깊고, 선명하며, 진한 녹색을 띠고 있다. 이들은 항상 습한 환경에서 자라기 때문에 보호용 큐티클이 필요하지 않다.

자생 초원의 독특한 특징 중 하나는 질감과 녹색이

자연의 녹색 범위

초원 식물군락은 환경에 따라 다양한 녹색 색상 범위를 나타낸다. 이러한 색상 차이는 잎의 형태와 색깔로 결정된다. 건조한 서식처의 잎은 푸른색이나 은회색을 띠는 반면, 습윤한 환경에서 자라는 식물의 잎은 윤기가 나고 짙은 녹색을 띤다.

건조한 초원의 식물군락

녹색의 색상 범위

시각적으로 유사하다는 점이다. 그래서 이러한 식물군락은 강한 가독성과 고유성을 지니게 된다. 조화로운 색상과 질감의 범위는 그 식물이 오랜 세월 동안 그 장소와 함께 진화해 왔음을 암시한다. 느린 경쟁과 진화 과정을 겪으며 식물과 장소 사이에 풍부한 관계가 형성되며, 해당 지역의 식물들은 서로 비슷한 색과 질감을 공유한다. 우리는 무의식적으로 이러한 조화를 인지할 수 있지만, 항상 그것을 명확하게 자각하는 것은 아니다. 일부 식재가 어색하게 느껴질 때가 간혹 있는데, 그 원인은 색상과 질감의 차이에서 비롯한다. 예를 들어 도입된 외래식물은 자생식물과 색상이 미묘하게 다를 수 있다. 인동덩굴 *Lonicera japonica*이나 털빕새귀리 *Bromus tectorum*

적윤한 초원의 식물군락 　　　　　　　　　습윤한 초원의 식물군락

같은 침입종은 1년 내내 상록을 유지하거나 자생종 난지형 그라스보다 일찍 발아하기 때문이다. 특히 봄철에 선명한 녹색을 띠는 도입식물원예나 재배 등 특정한 목적을 가지고 들여온 식물과 휴면 상태의 자생식물 사이의 차이가 명확하게 드러난다.

가을 초지의 색상 범위는 배경 숲과 조화를 이루어 장소성을 더욱 돋보이게 한다. 윤세아미역취 *Solidago juncea*는 전경에서 지배적인 띠무리를 이루며, 중경에는 스코파리움쇠풀 *Schizachyrium scoparium*과 나도솔새 *Andropogon virginicus*가 눈에 띄는 매스를 형성한다.

← 아스클레피아스 투베로사 *Asclepias tuberosa*의 선명한 주황색 꽃조차도 여름철 지배적인 녹색 그라스의 우세를 약화시키지 못한다.
→ 페르폴리아툼등골나물 *Eupatorium perfoliatum*은 이 초원에서 계절에 따른 주제 장면을 연출한다.
↓ 파케라 아우레아 *Packera aurea*는 거의 한 해 동안 땅에 붙어 자라는 낮은 기저 잎으로 큰 군락을 형성하고, 봄에는 화려한 노란 꽃을 장기간 피워 낸다.

필수 층위

초원의 원형경관을 결정짓는 시각적 본질은 수평선이다. 초원은 교목이나 관목 같은 높은 수직 구조가 없으며, 가장 높은 수직적 요소는 키 큰 그라스와 광엽초본이다. 드물게 낮은 관목이 존재하지만 대개 여러해살이풀과 같은 높이를 이룬다. 초원이 수직 구조가 제한적이라고 해서 식생이 조밀하지 않은 것은 아니다. 오히려 그 반대다. 환경조건이 좋은 곳에서는 수평적인 층이 매우 조밀하여 맨땅이 거의 보이지 않을 정도다. 초원의 식물군락은 일반적인 삼림에 비해 단위 면적당 더 많은 종을 포함하고 있다. 어떻게 이런 일이 가능할까?

자세히 살펴보면 하나의 수평층이 전혀 균일하지 않다는 사실을 알 수 있다. 대신 초원의 식물군락은 여러 개의 아층substrata이나 층layer으로 구성되어 있으며, 이는 지구상의 어떤 다른 식물군락보다도 복잡할 수 있다는

→ 붓꽃, 민들레, 몬타나갯활량나물Thermopsis montana은 토양의 미묘한 수분 차이 때문에 이 아고산(저산대와 고산대 사이에 있는) 초원에서 선형 패턴을 만들어 낸다.

사실을 드러낸다. 이러한 층은 지상뿐만 아니라 뿌리 영역에도 존재한다. 식물군락 대부분과 마찬가지로 초원의 계층화된 구성은 생태적 지위에 의해 형성된다. 이는 여러 종이 직접 경쟁을 줄이며 공존할 수 있도록 하는 전략이다. 서로 다른 줄기와 뿌리 형태 덕분에 식물들은 서로 겹치는 공간에서 자라면서도 직접적인 경쟁을 피할 수 있다. 이 놀라운 형태적 다양성 덕분에 식물들은 서로 다른 층에서 영양분과 수분을 흡수하고, 지상의 서로 다른 높이에서 공기와 햇빛을 받아들인다. 예를 들어 동일한 위치에서 키가 큰 여러해살이 식물과 지피식물이 함께 자랄 수 있다. 하나는 토양 상부 10센티미터에서 다른 하나는 123센티미터에서 빛과 공기를 흡수해 성장한다. 토양 단면을 분석하면 지하에서도 동일한 형태적 다양성이 나타난다. 깊게 뻗은 곧은뿌리taproots는 얕은 수염뿌리계fibrous root system를 통과하며 자라기 때문에, 서로 다른 위치에서

야생에서 받은 영감

← 이른 계절에도 실피움 테르빈티나세움Silphium terebinthinaceum의 큰 기저 잎은 스포로볼루스 헤테롤레피스Sporobolus heterolepis와 흰프레리클로버 Dalea candida 사이에서 구조식물 역할을 한다.
→ 구조적인 초원 식물은 겨울에도 형태를 유지하는 편이다. 여기에는 모나르다 피스툴로사Monarda fistulosa 무리가 리아트리스Liatris와 섞여 있다.

영양분과 수분을 공유할 수 있다.
이러한 군락은 층위를 이루고 있지만, 그 층위의 정확한 경계는 유동적이고 중첩되어 있다.
이 복잡한 구조를 더 쉽게 이해하고, 나중에 디자인 원칙으로 전환할 수 있도록, 디자이너에게 가장 유용한 방식으로 층위를 구분해야 한다. 가장 눈에 띄는 상층부를 '디자인층'이라고 하고, 그 아래에서 넓게 지면을 덮고 있는 층을 '기능층'이라고 정의한다. 이러한 구분은 관행적인 생태학적 분류는 아니다. 여기서 다루는 식물들은 다양한 적응 방식과 전략을 구사하기 때문에 우리는 디자인 관점에서 가장 의미 있는 방식으로 층을 분류했다.

구조층

구조층은 키가 큰 광엽초본과 그라스로 형성된다. 이 범주에 속하는 식물들은 구근식물이나 단명하는 종과 달리 1년 중 많은 기간 동안 그 형태가 지속되기 때문에 '구조적'이라 부른다. 겨울을 견딜 수 있을 만큼 줄기가 튼튼하기 때문에 이러한 요소는 겨울정원에 필수적이다. 이들은 식물군락의 중추 역할을 한다. 예를 들면 큰개기장Panicum virgatum, 인디언그래스Sorghastrum nutans, 유카잎에린지움Eryngium yuccifolium, 실피움 페르폴리아툼Silphium perfoliatum, 유트로키움 피스툴로숨Eutrochium fistulosum, 안드로포곤 게라르디이Andropogon gerardii 등이 있다.
미역취Solidago, 리아트리스Liatris 같은 일부 식물들은 계절에 따라 화려한 꽃을 피우지만, 초원에서 이들의 가장 큰 역할은 구조적 특성을 보여 주는 것이다. 그중 많은 식물이 치열한 경쟁 속에서 키 작은 종들 위로 우뚝 솟아 생존한다. 키가 큰 식물들은 그 무게를 지탱하기 위해 더 두껍고 강한 줄기를 가진다. 이 층의 식물들은 얼마나

디자인층과 기능층

초원 상부 디자인층의 화려한 종들은 디자이너에게 가장 익숙한 식물로, 색상과 질감의 패턴을 만드는 데 사용된다. 그 아래에는 기능적 가치가 높은 종들이 있다. 이들은 종종 키가 크고 화려한 식물 아래에서 침식 방지, 토양 형성, 잡초 억제 같은 필수적인 역할을 조용히 수행한다.

구조층

초원 식물군락의 구조층은 작은 식물 위에 우뚝 솟은 키 큰 종들이 형성한다.

야생에서 받은 영감

→ 유트로키움 피스툴로숨 *Eutrochium fistulosum*(왼쪽), 인디언그래스 '수 블루' *Sorghastrum nutans* 'Sioux Blue'(가운데), 그리고 센나 헤베카르파 *Senna hebecarpa*(오른쪽)는 모두 훌륭한 구조식물이다.

가깝게 빽빽하게 그룹을 이루는지에 따라 다르다. 예를 들어 큰개기장*Panicum*은 개별적인 덩어리를 형성하는 반면, 유트로키움*Eutrochium*은 영양번식으로 더 큰 띠무리를 형성하기 때문에 멀리서도 볼 수 있는 패턴을 만들어 낸다. 이 범주에 속하는 수명이 길고 다발을 이루는 여러해살이풀과 그라스는 디자인 요소로 가치가 있다. 이들의 안정적이며 단정한 특성은 훌륭한 시각적 중심이 되는 앵커anchor 역할을 한다. 식재의 다른 부분은 1년 내내 변하지만, 구조식물은 몇 년 동안 눈에 띄고 안정적인 디자인을 유지한다. 구조적 여러해살이풀은 다른 여러해살이풀과 동시에 나타나며 최종 높이에 도달하기까지 몇 달이 걸린다. 야생에서 이들은 결코 단일종으로만 이루어지지 않는다. 구조적 여러해살이풀은 마치 삼림의 지붕층처럼 식물군락의 하부에 잎이 거의 없다. 그래서 키가 작은 종들이 아래에서 자라 낮은 줄기 쪽을 덮을 수 있다.

계절주제층

이 층의 식물들은 꽃이나 질감으로 계절별 주제를 연출한다. 계절주제층의 여러해살이풀은 초원에서 많은 양으로 나타나 꽃이 피거나 열매를 맺을 때 며칠에서 몇 주 동안 시각적으로 지배적인 위치를 차지한다. 개화 후에는 다른 녹색 식물들과 섞여 자연스럽게 녹아든다. 초원의 식물군락은 일반적으로 1년에 여러 차례 색의 변화를 보여 주며, 일부는 규칙적으로 발생한다. 예를 들어 습한 초지에서는 가을마다 베르노니아 노베보라센시스*Vernonia noveboracensis*의 꽃이 개화하면서 강렬한 보라색 장관을 이룬다. 이러한 식물의 재현과 반복은 초원 식물군락의 시각적인 안정을 가져와 다양성 속에서 질서와 가독성을 부여한다. 계절주제층에 속하는 식물들은 일반적으로 수명이 길며, 레우칸테뭄*Leucanthemum*, 앵초*Primula*, 원추리*Hemerocallis*, 미나리아재비*Ranunculus*,

↑ 유트로키움 Eutrochium과 미역취 Solidago는 아침 햇살에 빛나는 초지에서 계절적 주제를 강조한다.

→ 나이절 더닛과 사라 프라이스가 디자인한 런던 엘리자베스 2세 올림픽공원 유럽정원의 콘셉트는 건조한 여름 초지다. 이곳에서는 레우칸테뭄 Leucanthemum, 좀새풀 Deschampsia, 오이풀 Sanguisorba이 드라마틱한 계절주제를 형성한다.

물레나물Hypericum, 살비아Salvia, 붓꽃Iris 같은 여러해살이풀들이 포함된다. 또 이 층에는 화려한 그라스인 좀새풀Deschampsia cespitos, 스코파리움쇠풀Schizachyrium scoparium, 안드로포곤 테르나리우스Andropogon ternarius도 포함될 수 있다. 일부 계절별 개화는 날씨에 따라 달라지거나 들불 때문에 촉발되기도 한다. 예를 들어 금영화Eschscholzia californica나 가자니아Gazania 같은 사막 한해살이풀은 드물게 내리는 비가 그친 후에 꽃을 피운다.

여기서 셰필드대학교의 나이절 더닛과 제임스 히치모 교수의 연구는 언급할 만한 가치가 있다. 두 사람 모두 초원 식재에서 계절별 주제 식물의 특별한 디자인 잠재력을 활용했다. 나이절 더닛의 픽토리얼 메도pictorial meadow 개념은 다양한 여러해살이풀과 한해살이풀의 종자를 함께 파종하여 성장기 내내 다양한 색상의 블록을 형성하는 것이다. 현재 런던 올림픽파크의 여러해살이풀 정원은 계절별 주제층의 극적인 변화를 통해 화려한 색채의 물결을 연출하고 있다. 세심하게 디자인된 혼합식재의 강렬한 미적 특성은 자연주의 식생을 향한 대중의 공감을 높이는 데 기여했다. 독일의 조경가 하이너 루츠Heiner Luz 역시 계절별 주제를 교묘하게 사용하여 놀라운 효과를 보여 주는 식재를 만들어 냈다.

← 베르노니아 노베보라센시스Vernonia noveboracensis의 무리는 8월과 9월의 아름다운 보라색 주제를 만들어 낸다.
→ 아스클레피아스 푸르푸라센스Asclepias purpurascens(왼쪽), 모나르다 브라드부리아나Monarda bradburiana(오른쪽), 칼리르헤 인볼루크라타Callirhoe involucrata(아래)는 서로 다른 계절주제를 형성한다.

계절주제층

계절주제식물은 1년 중 특정 시기에 식물군락 안에서 색상이나 질감 효과를 연출한다. 이러한 종의 대부분은 화려한 꽃과 매력적인 잎이 있어 인기가 높은 정원식물이다.

야생에서 받은 영감 **85**

지피층

지피층은 지면을 감싸고, 침식을 방지하며, 잡초를 억제하기 때문에 디자인적 측면에서 매우 기능적이다. 초원 식물군락의 지피층은 사초Carex, 파케라Packera, 제비꽃Viola 같은 종으로 카펫을 형성한다. 많은 지피식물은 뿌리줄기나 기는줄기를 가지고 있어 키가 큰 종들 사이를 빠르게 이동하며 틈새를 메울 수 있다. 일부 지피식물은 잔디갈고리Desmodium, 싸리Lespedeza, 두메자운Oxytropis 같은 콩과식물로, 공기 중의 질소를 토양에 고정하는 능력이 있다. 또 지피식물은 자가 파종을 해서 식물군락의 틈을 점령할 수 있는 능력이 있다. 이러한 지면을 형성하는 특성은 이 층을 디자인의 필수 요소로 만든다.

지피층 식물은 1년 내내 변화하는 일조량에 적응한다. 봄과 초여름에는 햇빛을 충분히 받지만, 후반이 되면 키 큰 여러해살이풀이 지피층 위로 자라면서 이 식물들은 부분적 또는 전체적으로 그늘지게 되고, 햇빛으로부터 보호받는다. 일부 종은 여름과 가을의 짙은 그늘에서 살아남기 위해 부분적으로 휴면 상태가 된다. 이러한 현상이 발생하기 전에 꽃을 피우고 열매를 맺는 경우가 많으며, 삼림 식물군락의 봄맞이순간개화식물처럼 성장 가능한 기간을 활용한다. 트리텔레이아Triteleia와 크로커스Crocus 같은 일부 지중식물geophytes, 땅속 저장기관에 영양분을 저장한 채 겨울이나 건기를 나는 식물이 이 범주에 속한다. 이 식물들은 큰 지하 저장 기관을 가지고 있어 불리한 생육 조건에서도 야생에서 생존할 수 있다. 구근식물을 제외하면 이 층의 꽃이 적거나 화려하지 않은 경우가 대부분이다. 거의 화려한 꽃을 피우지 않는 그라스나 잎이 무성한 여러해살이풀들이다. 디자인 관점에서 볼 때 이러한 키 작은 식물들은 눈에 잘 띄지 않기 때문에 큰 문제가 되지 않는다. 하지만 상업적으로 이용할 수 있는 식물이 매우 적다는 점이 가장 큰 문제다. 예를 들어 뛰어난 적응력을 지닌 지피식물인 길골풀Juncus tenuis은 가든센터 진열대에서 사람들의 시선을 끌지 못한다. 이 층이 식재디자인에서 자주 누락되는 이유 중 하나다. 이 필수적인 지피층을 멀칭재로 대체하려는 시도는 대개 실패로 끝난다.

디자인된 조경에서는 표토층이 종종 심하게 교란되고 딱딱해져 수분 침투가 어렵고 표면에서 그냥 흘러가 버릴 수 있다. 지피식물은 시간이 지나면서 이렇게 답압이 심화된 토양을 풀어 주고 개선하는 데 도움이 될 수 있다. 매년 봄에 다시 자라는 얕은 뿌리계 식물 덕분에 단단해진 토양층을 뚫고 유기물을 제공해 토양을 비옥하게 만든다.

역동채움층

초원은 매우 역동적이고 기회주의적인 종들의 서식처다. 이 식물들은 키가 큰 여러해살이풀이나 그라스에 비해 경쟁력이 떨어지며, 대부분 수명이 짧다. 그러나 초원 식물군락 내의 틈새를 찾아 자리 잡는 데 강점이 있다. 한해살이풀, 두해살이풀, 그리고 수명이 짧은 여러해살이풀들은 많은 양의 종자를 생산하며, 이 종자들은 빠르게 번지며 이동한다. 식물이 덮이지 않은 곳이면 어디든지 역동적인 식물의 종자가 최적의 조건을 찾아 발아한다. 자라면서 종자를 만들어 토양에 저장하며, 향후 수년 동안 생존력을 유지한다.

↑ 이른 봄에는 지피층이 뚜렷하게 보인다. 키가 큰 여러해살이풀이 드러나기 전까지 다양한 질감과 색상이 주요 디자인 요소로 돋보인다. 파케라 아우레아*Packera aurea*는 꽃범의꼬리*Physostegia virginiana*와 좀새풀*Deschampsia cespitosa* 새싹 사이에서 개화한다.

↓ 길골풀*Juncus tenuis*(왼쪽), 암피볼라사초*Carex amphibola*(가운데), 좀새풀 '골트타우'*Deschampsia cespitosa* 'Goldtau'(오른쪽). 이 식물들은 특별히 눈에 띄지 않는 지피층의 세 가지 사례다.

지피층

지피식물은 초원 식물군락의 하부를 차지하며 햇빛이 닿는 곳이면 어디든 뿌리를 내린다. 지피층의 뿌리계는 일반적으로 얕아서 더 깊은 뿌리를 가진 키 큰 종들과 직접적으로 경쟁하지 않는다.

야생에서 받은 영감

← 지지아 아우레아 Zizia aurea와 캐나다매발톱꽃 Aquilegia canadensis은 사초가 우점한 식재지에서 단명하지만, 기회를 틈타 자가 파종으로 공백을 채운다.
→ 붉은숫잔대 Lobelia cardinalis(왼쪽), 이포몹시스 루브라 Ipomopsis rubra(가운데), 그리고 금영화 Eschscholzia californica(오른쪽). 역동적인 채움식물들은 모든 서식처에서 나타난다. 숫잔대 Lobelia는 적윤한 조건보다 습한 조건을 선호하는 반면, 이포몹시스와 금영화는 건조한 곳에서 잘 자란다.

채움식물은 식재 초기 단계에서 큰 가치를 지닌다. 첫해나 이듬해에 빠르게 성장하여 꽃과 열매를 맺어서 새로운 식재를 안정시키고 의도한 종들로 빠르게 토양을 덮는 데 도움이 된다. 역동적인 종들이 수명을 다하면, 성장 속도는 느리지만 수명이 긴 여러해살이풀들이 그 자리를 대신할 수 있다.

또 다른 층 : 시간

초원은 다양한 신진대사와 생애주기 life cycle를 보여 주는 종들로 구성되어 있다. 모든 종이 항상 존재하는 것은 아니다. 어떤 종은 1년 중 특정 시기에 휴면 상태에 들어가고, 어떤 종은 수명을 다해 사라지기도 한다. 즉, 종들은 끊임없이 나타났다가 사라지면서 공간을 차지하거나 비운다. 예를 들어 한지형 식물은 이른 봄에 활발하게 성장하지만, 기온이 일정 수준에 도달하면 여름 휴면기에 들어간다. 한지형 식물의 신진대사는 뜨거운 온도에서 광합성을 허용하지 않기 때문에, 여름 휴면기를 통해 불리한 시기를 견딘다.

이 시기에 난지형 식물은 식물군락 내에서 거의 유사한 자리를 차지한다. 여름철 무더위에 적응하여 가을철 생산주기 productive cycle가 끝날 때까지 빈틈을 채운다. 이러한 시간적 층위 구성은 어떤 공간도 비어 있지 않고, 토양도 노출되지 않게 한다. 작은 면적에서도 종다양성이 높을 수 있는 이유다.

실제로 초원 식물군락 내에서 일부 종은 일시적인 동반종 없이는 생존할 수 없다. 예를 들어 파케라 아우레아 Packera aurea는 봄에 습초지의 지면을 차지하지만, 종자를 맺은 직후 6월 말에 여름 휴면기에 들어간다. 여름철 더위를 막아 주는 키 큰 여러해살이풀이 없다면, 파케라 아우레아는

여러 층위에서 작동하는 식물

일부 초원 종은 동반식물companions과 식물군락의 전체 높이에 따라 여러 범주로 나뉠 수 있다. 예를 들어 리아트리스 스피카타*Liatris spicata*는 60센티미터 높이의 초원 식물군락에서 구조적 중추 역할을 할 수 있다. 그러나 키 큰 안드로포곤 게라르디이*Andropogon gerardii*와 큰루드베키아*Rudbeckia maxima*를 구조적 요소로 사용하는 2.4미터 높이의 초원 식물군락에서는 계절별 색상과 질감 주제를 만들 수 있다. 모든 식물 유형이 항상 존재하는 것은 아니며, 다양한 비율로 나타날 수 있다. 일부 초원 식물군락은 구조적 종의 수가 매우 적어 식별하기 어려울 수 있지만, 다른 군락은 잘 발달한 구조적 골격을 가지고 있어 겨울철에 특색 있는 경관을 만들어 낸다.

↑ 키가 큰 유트로키움 피스툴로숨*Eutrochium fistulosum* 바로 아래에서 자라는 파케라 아우레아*Packera aurea*(아래). 서로 더 나은 성장 조건을 만들어 주며, 유트로키움 피스툴로숨은 여름에 파케라 아우레아에게 그늘을 제공하고, 겨울에는 파케라 아우레아가 토양을 덮어 보온해 준다.

→ 시각적으로 지배하며 초지를 덮는 종은 결국 키가 큰 종이다(왼쪽). 몇 달 후 같은 초지에서, 밥티시아 아우스트랄리스 *Baptisia australis*와 자주달개비 *Tradescantia ohiensis*는 키다리금계국 *Coreopsis tripteris*과 실피움퍼르폴리아툼 *Silphium perfoliatum*의 그늘에서 더위를 견뎌 낸다(오른쪽).

7월과 8월의 건조한 환경과 강한 햇빛을 견디지 못할 것이다. 6월 중순이 되면 유트로키움 피스툴로숨 *Eutrochium fistulosum*과 베르노니아 노베보라센시스 *Vernonia noveboracensis* 같은 구조적 여러해살이풀들이 더 높은 층으로 자라기 시작하여, 파케라 아우레아와 다른 바닥층 식물들에게 필요한 그늘을 제공한다. 이들 식물은 서로 직접적으로 경쟁하지 않으며 같은 장소에서 공존한다.

더 나은 식재디자인을 위해 자연이 우리에게 주는 가장 중요한 영감 중 하나는 공간뿐만 아니라 시간적으로도 식물을 배치하는 것이다. 이는 매우 기능적인 경관을 만들어 낸다. 일시적으로 조밀한 층위를 구성하면 관리 비용을 줄일 수 있다. 토양이 항상 조밀하게 덮여 있어 잡초가 자랄 공간이 줄어들며, 오염물질과 영양분 격리를 위한 바이오매스 특정한 어떤 시점에서 특정한 공간 안에 존재하는 생물의 양 생성도 증가한다. 또 빗물을 처리하기 위해 보다 조밀한 뿌리계를 형성하여 침식을 억제하고 토양 구조 기능도 향상시킨다. 시간적 층위를 통해 지속적으로 유지되는 식물 덮개는 모든 형태의 생명체에게 안정적인 서식처, 먹이, 그리고 보호를 제공한다.

초원 소재 설계 시 피해야 할 점

원형초원에 우리가 주목하는 이유는 많은 사람이 선호하는 야생 식물군락의 특징을 강조하기 금영화*Eschscholzia californica*는 조건이 맞을 때만 나타나는 전형적인 식물이다. 종자가 휴면 상태에 있는 사막 한해살이풀 대부분처럼 꽃이 폭발적으로 피어나기 위한 연중 우기rain events가 오기를 기다린다.

위함이다. 하지만 초원이 이러한 원형에서 벗어날 경우, 그 매력이 떨어질 수 있다. 이는 디자이너가 이해하고 피해야 할 중요한 문제로, 다음과 같은 요소들이 포함된다.

키 큰 식물 towering plants 사람들은 쉽게 탐색할 수 있는 경관을 선호하기 때문에 특히 도심에서는 눈높이 이상의 초원이 위협적으로 느껴진다. 키가 큰 초원은 주로 멀리서 바라볼 때만 허용될 수 있다. 따라서 소규모 주거지나 도시의 공원이라면 허리 높이 이하의 식물을 사용하는 것이 초원에서 영감을 받은 식재를 더 매력적이고 수용 가능한 방식으로 만드는 한 가지 방법이다.

부족한 시각적 흥미 too little visual interest 초원이 시각적으로 그라스만 무성할 경우, 단조롭고 공허하며 지루하게 느껴질 수 있다. 꽃이 부족하거나 다양한 질감 요소가 부족하면 식재가 지나치게 그라스로만 채워졌다는 인상을 줄 수 있다. 색채는 중요한 요소이기 때문에 계절에 따라 다양한 색감의 변화를 주어 식재가 1년 내내 여러 차례 색의 물결을 만들어 낼 수 있도록 계절주제층의 풍부한 잠재력을 적극 활용해야 한다.

조화롭지 못한 조합 jarring combinations 서로 다른 서식처나 세계 각지의 종을 혼합하면 색상과 질감이 충돌하여 잠재적인 아름다운 조화를 잃을 수 있다. 초원 이외의 식물은 가급적 혼합하지 않는 것이 좋다. 초원 서식처에 적응하지 않은 식물들은 눈에 띄기 쉬워, 식재의 내부 일관성을 해치고 부지와의 조화도 떨어뜨릴 수 있다.

야생에서 받은 영감

← 교목, 관목, 키 작은 목본,
양치류와 그라스의 눈에 띄는
패턴은 놀랍도록 명확하게
읽히는 식물군락을 형성한다.

소림과 관목림

소림과 관목림은 전 세계에 흩어져 있으며, 종종 초원와 삼림 사이에 위치한다. 이는 드물게 분포한 나무들 사이에 관목과 그라스가 섞여 있는 지표면으로 구성되어 있다. 대표적인 예로, 지중해성 기후를 가진 중위도 대륙의 서해안에서 이러한 생태계를 찾을 수 있다. 이러한 지역은 차파랄chaparral, 마토랄matorral, 세하두cerrado, 스크럽랜드scrubland 등으로도 불린다. 그러나 더 작은 규모의 소림과 관목림은 수독한계선 위의 바람이 강하게 부는 산악 지역montane zones을 포함해 대륙 내부 곳곳에도 분포한다. 이러한 경관은 일반적으로 사막이나 초원보다 더 많은 비가 내리지만, 삼림보다는 적은 양의 비가 내린다. 비의 예측 불가능성은 이러한 생태계의 주요 특징이며, 식물들은 건조한 여름과 습한 겨울의 주기에 적응하여 생존한다.

지피층에는 건조한 토양 조건과 강한 햇빛에 적응한 미세한 질감의 식물들이 자란다. 관목과 교목은 일반적으로 비슷한 형태를 가지며, 얇은 잎이나 바늘 같은 잎을 가지고 있다. 바닥층과 지붕층의 질감이 일치하여 이 원형경관에 일관성과 조화를 제공한다. 소림과 관목림의 식물들은 덥고 건조한 여름을 견디기 위해 사막 식물들의 생존 전략을 채택했다. 예를 들어, 세이지 덤불은 물을 절약하기 위해 잎이 작은 바늘 모양이다. 일부 종의 잎은 왁스 코팅이 되어 있거나 햇빛을 반사하는 잎이다. 많은 한해살이풀은 봄비가 내린 후에 꽃을 피우고, 건조한 여름 동안 휴면 상태의 종자로 생존한다.

지속적인 숲지붕층 부족 현상은 소림과 관목림을 정의하는 중요한 요소다. 나무는 강수량 부족이나 비옥하지 않은 토양 때문에 삼림에 있는 나무들보다 작게 자라는 경우가 많다. 토양과 기후 조건이 나무의 성장을 가능하게 하지만, 높은 교란 때문에 영구적인 삼림은 형성되지 못한다. 산불은 이러한 생태 지역의 특성을 형성하는 중요한 요인으로, 그라스나 세이지 덤불은 땅속뿌리를 발달시키고, 스크럽참나무키 작은 참나무의 일종, 소나무, 코르크참나무Quercus suber는 두꺼운 수피를 형성하면서 잦은 산불에 적응해 왔다. 열린 소림과 관목림에는 다양한 동식물이 서식하며, 여러 빛 조건과 미기후를 포함하고 있다. 이 서식지는 삼림의 가장자리와 열린 초원의 일부를 포함하여, 두 생태계의 종들이 공존할 수 있는 경관을 제공한다.

경험

원형소림은 키가 크지 않은 식물로 이루어진 초원의 시각적 선명도와 산재한 교목과 관목이 제공하는 은신처를 결합한다. 시각적으로 열려 있는 모습이 매우 매력적이다. 낮은 관목과 교목의 도입은 복잡함과 신비로움을 더하지만, 식생의 넓은 간격과 개방적인 특성 덕분에 이 복잡함이 부담스럽지 않다.

이런 풍경은 리듬감을 경험하게 한다. 흩어져 있는 교목과 관목은 휴먼스케일인간의 신체 크기나

↑ 다수의 소림이 지닌 사바나 같은 특성은 교외 규모의 경관에 이상적인 영감을 제공하며, 수목, 울타리, 잔디의 패턴으로 모방되곤 한다.
↓ 초겨울에도 그라스, 관목, 교목 사이의 경계에서 발견되는 소림 식물군락의 자연적 층위는 뚜렷하다.

경험을 기준으로 한 척도의 공간을 형성한다. 소림을 걷다 보면 방처럼 둘러싸인 공간에서 넓은 공간으로 열리고, 다시 조밀한 관목 식생지로 닫히는 흐름이 반복된다. 열림과 닫힘, 밝음과 어둠, 따뜻함과 차가움, 양지와 음지가 번갈아 나타나는 대조적인 경관이다. 빛의 조건은 빠르게 변하기 때문에 눈이 적응할 시간이 충분하지 않다. 그래서 삼림에 비해 밝은 곳은 더 밝게, 어두운 곳은 더 어둡게 느껴진다. 오래된 장엄한 삼림과는 달리, 에워싼 나무들 때문에 탁 트인 풍경을 길게 조망할 수 있는 둘러싸인 공간이 조성된다. 키가 작은 나무들은 공간에 비밀스럽고 보호받는 느낌을 부여한다.

초원의 획일적인 특성과는 대조적으로 소림과

관목림의 식생은 매우 다양한 패턴이 있다. 풀밭의 가장자리, 키 작은 나무가 우거진 식생의 흐름, 그리고 조밀하게 모인 나무들이 뚜렷하게 구분되곤 한다. 이러한 구역들은 토양의 깊이나 수분의 변화를 반영하기도 한다. 여기서 만들어지는 패턴은 서정적인 느낌을 준다. 마치 길게 이어지는 선율 같은 그라스 띠무리가 조화롭게 반복되는 관목 덩어리와 교목 무리와 함께 표현되어 있다. 이러한 층위 구조는 시각적 혼란을 방지하고, 이 원형경관에 명확성을 더해 준다. 오늘날의 식재디자인은 초원을 주요한 영감의 원천으로 삼고 있지만, 소림과 관목림은 다소 활용되지 않고 있다. 소림과 관목림은 휴먼스케일의 공간을 식물로 구현한 모델로, 매우 매력적인 경관 중 하나다. 초원과 삼림의 거대한 규모는 소규모 도시나 교외 경관에 적용하기 어렵다. 그러나 소림과 관목림으로 둘러싸여 있는 듯한 공간감, 특히 열린 들판에 인접한 조밀한 나무 군락은 교외 환경에 매우 잘 어울린다. 이는 식재와 길을 통해 열린 잔디밭을 구성하는 방식에도 적용할 수 있다. 잘 활용되지 않는 또 다른 영감의 원천은 식생의 뚜렷한 패턴 특성이다. 이러한 패턴은 그라스, 관목, 교목이 대조적으로 혼합되어 만들어진다. 이 생태계의 각 층은 많은 하위 층으로 구성되어 있지만 시각적으로는 명확하게 구분된다.

↓ 나무들은 종종 소림과 관목림에서 열리거나 닫힌 식생 패턴으로 군락을 이룬다.

소림과 관목림의 필수 층위

열린 소림과 관목림에는 수평적인 초본 식생 외에도 교목과 관목 같은 수직적인 요소가 있다. 이 원형경관은 시각적으로 두 개의 주요 층위를 가지고 있다. 대부분 초본성 식물로 이루어진 바닥층과 더 높고 무리 지어 있는 지붕층이다. 후자는 개별적인 나무, 덩어리, 또는 소교목이나 관목 그룹으로 형성된다. 그늘이 삼림만큼 깊지 않기 때문에 식물들은 조밀한 지붕층 아래에서도 1년 내내 자랄 수 있다. 풍부한 햇빛 덕분에 초본류의 생육 기간이 길어지며, 삼림에서 봄철에만 개화하는 식물과 같은 생존 전략에만 의존하지 않는다. 봄맞이순간개화식물은 열린 소림에도 존재할 수 있지만, 일반적으로 삼림의 식물군락만큼 풍부하지는 않다.

소림의 바닥층은 초원의 식물군락만큼이나 복잡하다. 하지만 흩어져 있는 교목과 관목이 만들어 내는 미기후의 다양성은 더 큰 계절적 다양성을 가져온다. 수관으로 보호된 일부 구역에서는 노출된 구역보다 훨씬 일찍 봄의 첫 새잎을 볼 수 있다. 초원이 크고 균일한 군락을 형성하는 반면, 소림은 훨씬 작은 규모의 식생패치 patches of vegetation를 형성한다. 예를 들어 북사면의 관목 그늘에서는 바닥층의 일부가 여전히 얼어 있을 수 있지만, 같은 관목의 남사면에는 섬세한 봄의 첫 꽃이 피어나는 모습을 볼 수 있다.

← 교목, 낮게 우거진 관목, 여러해살이풀, 그라스가 소림의 지면층에 뚜렷하게 구분된 구역을 형성한다. 여름에는 녹색의 식생이 주를 이루지만, 가을과 겨울이 되면 다른 층이 눈에 띈다.

→ 대왕소나무 사바나
Pinus palustris savanna(대왕소나무 군락과 초원이 있는 생태계 유형)는 스림에서 흔히 볼 수 있는 지붕층의 단순함을 보여 주며, 바닥층의 높은 다양성으로 균형을 이룬다.

지붕층

소수의 종이 지붕층에서 시각적 주도권을 차지해 이 경관에 독특한 느낌과 장소성을 부여한다. 일부 대표적인 수종의 반복은 소림과 관목림을 가장 뚜렷하게 구분하는 요소일 수 있다. 예를 들어 소나무 지붕층은 사문석 불모지나 웅장한 사바나를 연상시키고, 잡목이 우거진 참나무림은 중산간지대의 소림을 떠올리게 할 수 있다. 울창한 삼림에서는 지붕층을 이루는 수종 간 강한 경쟁 때문에 교목은 빛을 향해 뻗어 자라며, 이 과정에서 고유한 성장 방식 일부를 잃게 된다. 그러나 열린 소림에서는 교목과 관목이 같은 종의 다른 나무에 직접 둘러싸여 있지 않다. 이 공간적 특성 덕분에 교목과 관목은 독특한 형태와 실루엣을 가진 '폭목wolf trees, 수관이 다른 나무의 지붕층보다 위로 자라고 넓게 발달해 이웃 나무의 생장에 방해가 되는 나무'으로 성장할 수 있다. 바람에 저항하는 소나무, 또는 무성한 목초지나 건초지 한가운데 장엄하게 서 있는 참나무를 상상해 보라. 그곳은 여러 형태의 교목과 관목이 어우러진 하나의 수목원처럼 보인다.

목본층

많은 소림과 관목림에서 키가 작은 목본은 실제로 초본 지피식물처럼 기능한다. 이 층에서는 목본과 초본의 구분이 모호해지는 경우가 많다. 페로브스키아Perovskia, 쑥Artemisia, 층꽃나무Caryopteris 같은 식물들은 초본으로도 목본으로도 분류된다.

이들은 낮게 자라며 복제하여 번식한다. 예를 들어 히스heath, 건조하고 낮은 덤불 중심의 황야, 황무지moors, 고지대 습하고 배수가 좋지 않은 황야, 이탄지대peatlands 같은 침엽수 식물군락에서는 칼루나Calluna, 산앵도나무Vaccinium, 장지석남Andromeda 등의 낮은 목본이 빽빽하게 군락을 이룬다. 캘리포니아 차파랄chaparral이나 포르투갈 마타스matas 같은 건조한 관목지에서는 향나무Juniperus, 쑥Artemisia, 로즈마리Rosmarinus 같은 키 작은 소관목들이 지표면을 지배한다. 이들 식물은 비옥도가 낮은 토양과 건조한 조건에 잘 적응하며, 이 층에 있는 많은 관목이 심근성이다. 열악한 환경조건과 잦은 산불은 소림 식물군락의 수직적 층을 형성하는 주요 요인이다. 줄기와 가느다란 가지, 특히 지면에 가까운 나뭇가지들이 산불로 손상된다. 이 과정은 하부층이 빽빽해지는 것을 막고, 소림을 열린 상태로 유지되게 한다. 나무줄기는 산불 때문에 종종 검게 그을리며, 숯으로 탄 그루터기들이 이 풍경 곳곳에 흩어져 있다. 식물군락 전체는 산불에 적응해 왔다. 교목과 관목은 일부 가지를 잃을 수 있지만, 산불 후에도 쉽게 다시 자라난다. 예를 들어, 리기다소나무Pinus

↓ 세로나 레펜스Serenoa repens(소팔메토)가 대왕소나무 군락에서 수목층을 이루고 있다.

← 소림 내 초본의 다양성은 개방된 초원만큼이나 다양하다. 이곳에서는 그라스, 아스테르Aster, 미역취Solidago, 금관화Asclepias의 단풍이 저 너머 나무의 잎들과 어우러진다.
→ 열려 있는 소림 지붕층의 특성 때문에 그라스가 지면을 우점한다. 낚시귀리 Chasmanthium latifolium는 이 척박한 강가의 지면을 조밀하게 덮고 있다.

rigida는 수피가 매우 두꺼우며, 산불 후에도 주 줄기에서 다시 싹을 틔우는 능력이 있다. 초본류는 나무의 수관crown 아래에서 보호받거나 깊은 뿌리계에서 새잎을 밀어 올리며, 일부 종은 땅속에서 종자 상태로 생존한다.

초본층

초본층은 반음지에서 완전한 양지까지 다양한 빛 조건을 견디는 식물 종으로 구성된다. 교목과 관목 하부는 대개 그늘에 강한 식물군락으로 빽빽하게 덮여 있다. 초원의 식물군락과 유사하게 초본층은 지피층과 더 키가 큰 구조층으로 나뉜다. 하지만 구조적 광엽초본과 그라스는 소림과 각목림의 수직 구조에서 작은 부분을 차지할 뿐이다. 더 우세한 수직적 요소는 겨울에도 원형을 유지하는 고목과 관목으로, 이들이 전체적인 구조의 틀을 형성한다. 따라서 구조적 여러해살이풀과 그라스는 키가 큰 목본에 비해 시각적으로 덜 중요하게 느껴진다.

초본층 대부분은 하나로 통합된 형태처럼 보이지만, 때때로 수목 군락 때문에 짙은 그늘이 생기면 그 구성이 변한다. 이러한 짙은 그늘은 삼림과 유사한 환경을 만들어, 그늘에 강한 사초와 여러해살이풀이 더 많이 서식할 수 있는 조건을 제공한다.

피해야 할 문제

소림이 매력적인 이유는 풍부한 층위, 서로 다른 식물 유형 사이의 명확한 경계, 그리고 열린 식생과 닫힌 식생이 상호작용하는 모습 때문이다. 이러한 구조가 사라지면 소림은 식물이 밀집한 폐쇄적인 덤불처럼 보이며, 접근하기 어렵다는 인상을 줄 수 있다. 따라서 구조의 명확성을 유지하는 것이 매우 중요하다.

↑ 인동덩굴 Lonicera japonica, 은엽보리수나무 Elaeagnus angustifolia 같은 침입식물이 소림을 가득 채워, 층위 구조의 구분이 어렵다.

경계가 불분명한 층위

관목림과 소림은 본질적으로 관리되지 않은 땅이나 실패한 정원 프로젝트를 연상시키는 불편한 요소를 포함하고 있다. 이러한 불편한 형태는 종종 전환기에 있는 풍경, 특히 매우 혼합된 천이 초기 단계의 풍경을 떠올리게 한다. 예를 들어 무성하게 풀이 자란 농경지가 초기 소림으로 변화하는 모습이나, 침입성 덩굴과 나무로 뒤덮인 관리되지 않은 공원이나 정원이 그 예다.

소림과 관목림의 식물군락은 식생이 과도하게 혼합될 경우, 방문자에게 덜 매력적으로 보일 수 있다. 소림은 다양한 높이의 식생으로 구성되어 있는데, 이는 장점이 될 수 있지만 동시에 시야를 가리거나 경관 인식을 혼란스럽게 할 수도 있다. 특히 지면이 지나치게 복잡할 때 이러한 문제가 두드러진다. 얽힌 덩굴, 무성한 관목, 어린나무로 빽빽하게 덮인 하부층은 탐방하기 어려울 뿐만 아니라 위협적으로 느껴질 수 있다. 외래종 문제는 모든 식물군락에서 발생할 수 있지만, 소림은 다양한 식생 유형 덕분에 침입종이 정착할 수 있는 서식처가 많아져 추가적인 관리와 신속한 개입이 필요하다. 예초나 태우기 같은 대규모 관리 기법은 도움이 될 수 있지만, 이는 교목과 관목의 어린나무의 성장을 촉진하여 더 높고, 덜 개방된 식재로 이어질 수 있다. 이를 위한 대안으로는 교목·관목·초본을 각각 명확하게 구분된 영역에 배치하고, 영역별로 호환 가능한 종들로 수직적 층위를 구성하는 방식이 있다.

관행적인 식재 기법, 예를 들어 매스 식재 또는 몇 가지 주제 식물을 반복적으로 사용하는 방식은 층 구분에 도움이 될 수 있다. 단일 종 식재를 하지 않는 대신 지배적인 식물의 매트릭스를 특징으로 할 수 있다. 예를 들어 단일 종의 사초나 지피식물의 블록을 구성하면 더욱 다양하고 회복탄력성을 갖게 할 수 있다. 블록 간 명확한 경계가 있을 때, 그 구성은 명확하게 전달될 것이다. 고려해야 할 또 다른 전략은 주도 자생 소림과 각목림 식물군락으로 구성된 식물목록을 사용하는 것이다. 서로 다른 소림이나 전형적인 경관에서 어색하게 결합한 종들은 인위적인 혼합물처럼 보일 수 있으며, 색채와 질감의 섬세한 균형을 방해하여 군락에 부여하려는 진정성 있는 느낌을 해칠 수 있다.

명확하지 않은 공간 구성

가장 감동적인 자연 속 소림과 관목림은 매우 균형 잡힌 경관이 특징이다. 키가 큰 지붕층 수종, 중간 키의 관목, 그리고 낮은 초본이 적절한 비율로 어우러져 있다. 지붕층 수종이 너무 적으면 소림보다 사바나 관목림처럼 느껴지고 더 노출된 듯한 느낌을 줄 수 있다. 중간 키의 관목이 너무 많으면 시야가 차단되어 혼란스럽고 미로 같은 공간이 될 수 있다. 또 교목이 너무 가깝거나 멀리 배치되면 식재가 지나치게 조밀하거나 황량해 보일 수 있다. 따라서 공간 구성의 명확성이 핵심이다. 이를 위해서는 기존 식재, 특히 중간 높이의 식물을 신중하게 조정하여, 효과적으로 경원을 구분하고 틀을 구성하는 작업이 필요하다.

삼림

삼림은 지구상에서 가장 풍부하고 생태적으로 복잡한 생물군계 중 하나다. 북미 동부, 유럽 대부분, 그리고 아시아의 넓은 지역 등 온대 지역에 광범위하게 분포하며, 토심이 충분히 깊고 교란이 적은 곳에서 번성한다. 삼림은 북반구의 상록수림, 중위도의 낙엽수림, 적도의 열대림 등 다양한 형태를 띤다. 높이는 키가 낮은 해안 덤불에서부터 거대한 미국 삼나무까지 범위가 다양하다. 또 삼림의 나무들은 습지나 건조한 토양에서도 자라며, 수령은 수십 년에서 수천 년까지 다양하다.

← 높은 지붕층과 관목층의 부재, 그리고 복잡한 초본층이 이 열린 삼림을 더욱 매력적으로 만든다.

삼림은 다양한 그늘에 대한 내성을 가진 식물군락의 모자이크와 같다. 삼림은 일반적으로 일정한 상록수 또는 낙엽수 숲지붕이 있어 하부에 그늘을 드리운다는 점에서 소림과 다르다. 소림의 지붕층은 보통 넓게 펼쳐져 있지만, 삼림의 수목은 서로 맞닿은 수관 아래 그늘을 형성한다. 그늘의 정도는 수관과 계절에 따라 변화하며, 다양한 수준의 밀도를 만들어 낸다. 낙엽수들의 경우 가을에는 그늘이 점차 줄어들고 늦봄에는 다시 증가하는 등 연중 그늘의 변화가 크다. 토양의 이상 현상, 바람이나 병충해 때문에 일시적으로 지붕층이 열리면 더 많은 빛이 숲바닥林床, 숲의 가장 아래층으로 지표면에서 가장 가까운 식생층에 닿아 내음성이 약한 식물군락이 번성할 수 있다. 이러한 이유로 서식처와 종의 다양성이 증가한다. 열린 지붕층은 극장 무대의 스포트라이트와 비슷하여 강력한 디자인 도구로 활용될 수 있다. 지붕층을 뚫고 들어온 빛이 양치식물을 비추면 극적인 키아로스쿠로chiaroscuro, 빛과 어둠의 강한 대비를 통해 입체감과 깊이를 표현하는 기법 효과를 연출할 수 있다.

숲의 경험

숲은 모순적인 감정을 불러일으킨다. 이는 숲이 지닌 의미의 복잡성이 정서적 공감을 이끌어 낸다는 증거다. 숲은 고대 신화, 동화, 그리고 현대 소설의 배경으로 자주 등장하며, 자비로운 요정과 사악한 마녀의 집, 피난처이자 위험이 도사린 장소로 묘사된다. 숲은 친숙하면서도 신비롭고, 풍요로우면서도 불길한 기운을 띤다. 우리가 숲에 투영하는 이러한 이중적인 감정은 아마도 숲의 공간적 특성을 향한 반응일 것이다. 조밀한 덤불은 접근하기 어려워 위협적으로 느껴지는 반면, 열려 있는 작은 숲은 신성한 분위기를 자아낸다. 특정 나무나 숲 숭배는 많은 문화에서 널리 퍼져 있었으며, 이는 아마도 삼림 식물군락이 지닌 시대를 초월한 매력을 증명하는 것이다.

왜 어떤 숲은 매력적으로 느껴지고, 어떤 숲은 위협적으로 느껴질까? 우리는 하층 식생이 거의 없고 나무 사이의 간격이 넓은 삼림을 선호하는 경향이 있다. 시각적으로 아름다운 숲은 탁 트인 공간감을 주며, 키 큰 나무들이 마치 대성당의 지붕처럼 지붕층을 형성하고 있다. 관목이나 어린나무가 시야를 가리는 경우는 드물며, 숲바닥은 이끼나 무성한 지피식물, 혹은 갓 떨어진 낙엽이 두껍게 덮여 있는 경우가 많다. 이러한 숲은 쉽게 탐험할 수 있고, 나무 아래에서 멀리까지 시야가 확장된다. 어린나무보다 크고 오래된 나무가 더 선호되는 이유는 아마도 은신처, 목재, 식량 등 큰 나무가 지닌 가치에 대한 인간의 직관적 인식이 진화한 결과일 것이다.

원형삼림은 어둡고 그늘진 분위기를 조성하며, 독특한 미기후 때문에 우리에게 여러 긍정적인 영향을 미친다. 울창한 지붕층은 바람과 햇볕을 피할 수 있는 쉼터를 제공하여 여름에는 시원하고 겨울에는 온화한 환경을 만든다. 숲 생태계는 우리로 하여금 깊이 호흡하게 하고 심박수를 낮추어 준다. 숲속 공기는 식생으로 정화되어 이끼와 흙냄새가 난다. 고대 치유정원이 열린 숲에서 영감을 받은 것은 결코 우연이 아니며, 소나무·잣나무·삼나무에서 추출한 오일이 입욕제,

야생에서 받은 영감

← 열린 숲의 본질은 수목의 반복과 숲바닥에서 드러난다. 자작나무와 펜실베이니아사초 *Carex pensylvanica*가 깔려 있는 숲의 빈터가 마치 방과 같은 공간을 형성하고 있다.
→ 새로 돋아나는 설탕단풍 *Acer saccharum*의 봄철 새순.

아로마테라피, 마사지에 사용되는 것도 마찬가지다. 치료 효과 외에도, 열린 숲에서 하는 하이킹은 우리의 감각을 깨우고 주의력을 예리하게 한다. 걷다 보면 멀리서 들려오는 새소리, 바람에 흔들리는 나뭇가지 소리, 그리고 낙엽 위를 걸을 때 나는 바스락거리는 소리까지 감지하게 된다. 비가 촉촉이 내린 후에는 이끼·곰팡이·양치류의 향기가 퍼지고, 선선한 가을날에는 따뜻한 불꽃 같은 가을빛 색채가 눈을 즐겁게 한다. 이러한 감각적 몰입은 보다 원초적인 자아 경험을 제공하며, 오늘날 빠르게 돌아가는 세상에서 쉽게 느끼지 못하는 자연과의 일체감을 선사한다.

삼림의 필수 층위

수직선은 삼림을 정의한다. 숲에 들어서면 우리의 눈은 자동으로 교목과 관목의 밑동부터 지붕층까지 이어지는 선을 따라가게 된다. 하늘은 지붕층 사이로 겨우 비칠 뿐이며, 여름에는 반짝이는 녹색 잎사귀 뒤에 완전히 가려져 보이지 않기도 한다. 삼림은 앞서 언급한 그 어떤 자연의 원형보다도 더 높은 곳에 다다르며, 그래서 가장 다양한 식물 층위를 형성하고 있다. 삼림은 단순히 개별 나무들의 집합이 아니다. 그 안의 식물들은 우리가 이제 막 이해하기 시작한 방식으로 서로 연결되어 있다. 서로 소통하고, 균근균 네트워크로 어린나무를 보호하며, 다른 종과 화학전을 벌이기도 한다.

닫힌 지붕층 울폐 鬱閉

지붕층은 수목이 햇빛을 받기 위해 최대한 곧고 빠르게 자라면서 형성된다. 수목이 지붕층의 높이에 도달하면, 최대한 햇빛을 많이 받으려고 잎을 넓게 펼친다. 지붕층을 형성하는 수종은 하부에 가지가 거의 없고, 잎 대부분이 나무 윗부분에 집중되어 있다. 지붕층을 형성하는 수종은 산불생태계에서 낮은 온도의 지상 산불로부터 나무를 보호하기 위한 두꺼운 수피를 가지고 있다. 많은 수목은 포식자가 종자를 모두 먹거나, 극한의 환경조건 때문에 종자가 파괴되는 위험을 줄이기 위해 불규칙적으로 열매를 맺는다. 지붕층은 흔히 '임관canopy'이라 부르며, 실제로 지붕처럼 여러 기능을 수행한다. 지붕층은 빛뿐만 아니라 공기의 흐름도 조절한다. 어린나무는 어두운 숲바닥에서 얇고 그늘에 잘 견디는 잎을 만들고, 자라나 더 높은 곳에 오르게 되면 햇빛에 잘 견딜 수 있는 왁스 칠을 한 것 같은 두꺼운 잎을 만들어 다양한 빛 환경에 적응한다.

드둘거나 없는 하부층과 관목층

울창한 숲지붕 바로 아래에는 하부층이 드문드문 열린 숲이 있다. 이 층은 내음성 관목, 소교목, 그리고 지붕층을 형성하는 어린나무들이 흩어져 있는 그룹으로 형성된다. 이들은 제한된 햇빛에서 생존하기 위해, 지붕층 수종의 잎이 돋아나면서 변화되는 빛 조건에 맞추어 계절별 생장주기growth cycle를 조절한다. 이 식물들은 지면에 가까운

캐나다박태기나무Cercis canadensis가 솔송나무Tsuga 숲 가장자리에서 계절주제층을 형성한다. 절제된 하부 원형삼림을 매력적으로 느끼게 하는 눈높이에 열려 있는 식생을 만든다.

더 보호된 영역에서 자라며, 서리로부터 보호받는다. 이 보호 덕분에 하부층의 관목과 교목은 지붕층 수종보다 먼저 꽃을 피우고 잎을 낼 수 있다. 예를 들어 때죽생강나무Lindera benzoin는 참나무, 물푸레나무, 단풍나무의 지붕층보다 훨씬 전에 잎을 내어, 초기 성장기에 햇빛을 이용해 꽃과 종자를 생산한다. 그늘진 여름철에 때죽생강나무를 비롯한 많은 식물이 적은 양의 햇빛을 최대한 활용하기 위해 잎에 대량의 엽록소를 생성한다. 그 결과, 잎은 매우 짙은 녹색을 띠어 빛이 적은 환경에서도 생존할 수 있게 된다.

하부층은 바람과 햇빛으로부터 보호받는 공간이다. 이곳의 습도는 지붕층보다 훨씬 높으며, 깊은 그늘과 높은 습도의 조합 때문에 잎이 커진다. 그중 가장 눈에 띄는 예는 참오동나무Paulownia tomentosa의 잎이다. 어린 참오동나무의 잎은 지름이 약 40센티미터에 이를 정도로 크지만, 성숙하여 지붕층에 도달한 나무의 잎은 지름이 약 15센티미터에 불과하다. 이러한 적응 전략은 지붕층 수종에게 필수적이다. 이러한 수종은 바닥층과 하부층에서 살아남기 위해, 어린 시기에 강한 그늘을 견뎌야 한다. 그리고 지붕층의 수목이 쓰러져 햇빛이 들어오는 자리가 생길 때까지 기다린다. 이러한 기회가 오기까지 수년이 걸릴

수도 있다. 그 기간 동안 어린나무는 사슴에게 뜯어 먹히거나, 불에 타거나, 떨어지는 가지나 는·얼음 때문에 부러지는 등 다양한 위험에 처한다. 하지만 이러한 교란 후에도 다시 싹을 틔우는 능력 덕분에 살아남는다. 예를 들어 루브라참나무 Quercus rubra의 어린나무는 몇십 년 된 뿌리계를 갖추고도 키는 불과 몇 센티미터에 그칠 수 있다. 지붕층의 수목이 쓰러지고 충분한 햇빛이 들어오면 어린 루브라참나무는 빛을 향해 싹을 틔운다. 지붕층을 향한 경주에서, 오랜 기간 깊이 뻗은 뿌리계는 중요한 이점이 된다.

지피초화층

원형삼림에서 가장 눈에 띄는 요소는 바닥층일 것이다. 우리는 자연스럽게 어우러진 형형색색의 구근식물과 순간개화식물 ephemerals, 빨리 개화하고 사라지는 식물에 쉽게 감탄하지만, 이 자연 서식처가 실제로 얼마나 가혹한지 잊기 쉽다. 지피층 식물은 짙은 그늘 아래에서 생존하고, 수목의 거대한 뿌리져와 경쟁하기 위해 인상적인 형태와 생애주기 적응으로 진화해 왔다. 생존을 위해 초본은 타이밍의 달인이 된다. 봄맞이순간개화식물은 하부층 식물과 마찬가지로, 지붕층이 닫히며 짙은 그늘을 드리우기 훨씬 전에 잎을 내고 꽃을 피운다. 원형삼림은 이른 봄부터 늦봄까지 피어나는 버지니아갯지치 Mertensia virginica, 큰꽃연영초 Trillium grandiflorum, 포도필룸 펠타툼 Podophyllum peltatum 같은 봄맞이순간개화식물이 만들어 내는 풍성한 꽃

많은 숲바닥의
여러해살이풀은 키가 작아
지저분해 보이지 않으면서도
쉽게 혼합하여 배치할 수
있다. 캐나다족도리풀
*Asarum canadense*과
단풍매화헐떡이풀*Tiarella
cordifolia*이 함께 어우러져
있는 모습.

양탄자로 유명하다. 이러한 식물들은 커다란 지하 저장기관 덕분에 이 생애주기가 가능해진다. 예를 들어 얼레지*Erythronium*, 크로커스, 수선화 같은 봄맞이지중식물*spring geophyte*은 오랜 휴면기를 이어 나가기 위해 필요한 자원을 저장하는 구근이 있어, 다음 봄에 다시 자라난다. 봄맞이순간개화식물은 봄의 중후반에 생애주기를 마치고 완전히 휴면 상태로 들어간다.

바닥층에는 여름에 부분적으로 휴면하는 종이 있다. 여름휴면식물 역시 봄맞이순간개화식물처럼 주요 성장 시기가 봄에 집중된다. 그러나 개화와 종자 생산이 끝난 후에도 잎을 유지하며 서리가 내릴 때까지 바닥층에 남아 있다. 플록스 스톨로니페라*Phlox stolonifera*와 제라늄 마쿨라툼*Geranium maculatum*이 이러한 전략을 잘 보여 주는 대표 식물이다. 이 식물들의 넓고 짙은 녹색 잎은 깊은 그늘 속에서도 광합성을 가능하게 하여, 여름과 초가을 동안의 성장기에 필요한 에너지를 생성한다.

세 번째 생애주기 적응 방식은 절제된 생장이다.

↑ 참나무 밑에 조밀하게 연영초Trillium 매트가 깔려 있고, 그 사이로 포도필룸 펠타툼Podophyllum peltatum이 돋아나고 있다.
↓ 초본층은 다양한 형태학적 적응을 거친 식물들로 풍성하게 층을 이룬다. 여기서 포도필룸 펠타툼은 버지니아갯지치Mertensia virginica, 가늘게 갈라진 잎을 지닌 콘카테나타냉이Cardamine concatenata, 연영초 같은 봄맞이순간개화식물들과 어우러져 있다.

↑ 미국수호초Pachysandra procumbens는 제한된 빛 환경에서 천천히 퍼지며 생존하는 절제된 생장 전략을 구사한다.
↓ 풀산달나무Cornus canadensis는 습한 산성 토양에서 번성하는 지피성 소관목이다.

← 숲바닥의 여러해살이풀은 타이밍의 달인이다. 여기에서 보이는 플록스 디바리카타 *Phlox divaricata*와 연영초처럼 봄에 꽃을 피우고 더운 여름 동안 휴면하는 식물들이 있다. 반면 뒤쪽에 보이는 폴리스티쿰 아크로스티코이데스 *Polystichum acrostichoides* 같은 식물들은 1년 내내 지속적으로 생존한다.

→ 울창하고 접근이 어려운 식생은 해안 숲의 매력을 감소시킨다. 중간층의 눈높이 식생이 우세하여 공간의 개방감과 선명도를 저해한다.

만년석송 *Lycopodium dendroideum*, 폴리스티쿰 아크로스티코이데스 *Polystichum acrostichoides*, 칼미아 *Kalmia latifolia* 같은 종들은 깊은 그늘 환경에 매우 잘 적응해 있다. 식물의 잎은 다량의 엽록소를 함유하고 있어 매우 짙은 그늘에서도 광합성을 할 수 있다. 이 생존 전략을 가진 종들은 계절마다 새로운 잎을 만들기보다는 대부분 상록성을 유지하여 에너지와 자원을 절약한다.

지층의 식물들은 얕은 나무 뿌리계로부터 강한 압력을 받는다. 일부 초본들은 더 얕은 뿌리계로 이러한 경쟁을 완전히 피하며, 이들은 주로 나무 뿌리 사이의 낙엽과 표토로 이루어진 얕은 층인 더프층 duff layer에 뿌리를 내리도록 진화했다. 애기괭이밥 *Oxalis acetosella*은 이러한 형태적 뿌리 적응의 대표적인 사례다.

또 다른 층 : 시간

낙엽수림 하층의 환경조건은 1년 동안 극적으로 변화한다. 봄철의 강한 햇빛 아래서 잘 자라는 식물들은 종종 여름의 깊은 그늘을 견디지 못한다. 봄맞이순간개화식물이 사라진 후에는 양치류와 사초류같이 그늘에 잘 견디는 종들이 나타나 토양을 덮고, 이듬해 가을이나 봄에 지붕층으로 빛이 다시 투과될 때까지 그 상태를 유지한다. 종의 시간적 순차성은 안정적인 식물군락을 형성하는 데 중요한 요소로, 지속적인 서식처, 생태계 기능, 그리고 매력적인 식물 피복을 가능하게 한다. 흥미롭게도 건강한 숲의 토양은 이러한 어려운 조건 속에서도 거의 항상 식물로 빽빽하게 덮여 있다. 다양한 광조건은 삼림 내 종다양성을 더욱 증가시키는 요인이 된다.

원형삼림은 계절마다 놀라운 색채를 선사한다.

봄철에는 봄맞이순간개화식물들이 조밀하게 피어나기 시작해, 마지막 서리가 내리기 훨씬 전부터 숲은 봄의 색으로 물든다. 여름이 되면 녹색이 주도적인 색이 되고, 그늘을 좋아하는 양치류와 사초류가 땅을 덮어 꽃은 거의 보이지 않는다. 가을에는 아스테르Aster, 미역취Solidago, 숲해바라기Helianthus divaricatus 같은 식물들의 꽃이 화려하게 피어난다. 겨울이 되면 땅은 낙엽으로 덮이고, 상록 양치류와 사초류만이 그 겨울철 덮개를 뚫고 모습을 드러낸다.

피해야 할 문제

조밀하게 얽힌 덤불, 뒤틀린 길, 그리고 통과하기 어려운 덩굴은 불안감을 유발할 수 있다. 식재디자인에서 원하는 효과를 얻으려면 숲을 위협적으로 느끼게 하거나 매력을 떨어뜨리게 하는 요소를 잘 파악하는 것이 중요하다.

차단된 시야

삼림에는 시야를 제한하고 탐색을 어렵게 만드는 우거진 하부층이 존재할 수 있다. 두꺼운 관목과 뒤엉킨 덩굴이 숲바닥을 덮으면 생태적으로나 시각적으로 쇠퇴한 식물군락을 형성한다. 찔레꽃Rosa multiflora과 인동덩굴Lonicera japonica이 열린 숲을 통과하기 어려운 울폐림으로 변화시킬 수 있다. 교란된 어린 숲은 지붕층이 덜 형성되어 더 많은 햇빛이 지표면에 도달하기 때문에 바닥층 식생이 쉽게 무성해진다. 숲의 지붕층이 충분히 형성되어 원치 않는 바닥층 식생을 차단할 때까지는 지속적인 관리가 필요하다. 열린 원형삼림의 건강과 감각적 요소를 회복하기 위해서는 우거진 하부층 일부를 수작업으로 솎아내거나 불을 이용해 제거해야 한다.

사라진 층

숲의 안정성은 모든 요소가 존재할 때 비로소 이루어진다. 하지만 환경 문제와 잘못된 설계 때문에 삼림 식물군락의 일부 층이 사라지기도 한다. 예를 들어, 사슴 개체 수가 지나치게 증가하면 지상층과 하부층을 대폭 감소시킬 수 있다. 어린나무가 부족해져 다음 세대의 지붕층 형성을 방해할 수도 있다. 또 다른 문제점은 바닥층에 수종이 너무 적으면, 빈 공간과 노출된 토양이 생겨 사슴이 먹지 않는 외래종이 침입할 수 있는 기회를 제공한다.

서로 다른 서식처의 식물 혼합

다양한 숲 유형의 수종을 결합하면 원형삼림의 조화로움을 잃은 집합체가 형성될 수 있다. 수목이 시각적으로 너무 다르면 결코 조화로운 지붕층을 이루지 못한다. 심지어 소위 '자연림'이라 불리는 많은 숲도 사람이 심거나 관리한 경우가 많다. 예를 들어 목재 생산을 위해 심은 가문비나무, 소나무, 참나무 조림지는 스스로 자란 히코리, 니사 실바티카 *Nyssa sylvatica*, 체리나무 *Prunus*들과 섞여 자라는 경우가 많은데, 이들은 자연 상태에서 함께 진화하지 않았을 수 있다. 도시의 공원은 이보다 더 극단적인 사례로, 이러한 집합체들은 완전히 인공적으로 보이고 느껴질 수 있다.

가장자리

지금까지 살펴본 세 가지 대표적인 경관의 가장자리는 모두 나름의 아름다움과 독특한 패턴을 지니고 있다. 가장자리는 특정한 경관 유형은 아니지만, 도시와 교외 지역에 널리 퍼져 있어 특별히 언급할 가치가 있다. 가장자리는 자연적으로 형성되기도 하고, 교란의 결과로 발생하기도 한다. 우리는 인위적으로 만든 날카로운 경계선보다 자연적으로 형성된 가장자리의 패턴·층위·깊이를 더욱 강조하고자 한다.

여러 면에서 도시와 교외의 자연 지역은 주로 가장자리 경관으로 이루어져 있다. 인간의 과도한 토지 사용 때문에 자연 지역은 좁은 가로수 띠, 배수로를 따라 자란 관목 덤불, 주차장 가장자리를 따라 자란 초본 등 광대한 선형 띠로 축소되었다. 이러한 자연 지역에는 깊이를 가질 여유가 거의 없다. 예를 들어 초원이나 숲의 동태적 상호작용은 특정 식물 개체군을 유지할 수 있는 충분한 깊이의 공간에 의존한다. 연영초는 주로 깊은 숲속에서만 발견된다. 식물군락이 자리한 장소가 좁아질수록, 가장자리의 역동성이 식물 종 구성과 생태를 더욱 크게 좌우하게 된다.

가장자리는 대지 조건의 변화로 발생한다. 이러한 변화 중 일부는 삼림 옆에 호수가 있거나 수목한계선 너머로 나무가 후퇴하는 것처럼 자연적으로 발생한다. 다른 경우는 농경지와 숲이 맞닿은 것과 같이 사람이 만든 것이다. 야생에서는 조건이 갑자기 변화하는 일이 거의 없으며, 한 유형에서 다른 유형으로 서서히 바뀐다. 예를 들어 물 가장자리의 토양은 경사가 있다. 호수 가장자리에서는 토양이 완전히 포화

상태지만, 둑을 따라 올라갈수록 촉촉해지고 더 위로 올라가면 건조해진다. 초본 식물군락의 가장자리는 고인 물에서 마른 초지로 점진적으로 변해 간다. 또 다른 예로는 삼림 지대의 가장자리를 들 수 있다. 화재나 바람으로 삼림이 교란되어 나무가 번성하던 지역이 초지로 변할 수 있다. 가장자리는 안정적일 수도 유동적일 수도 있다. 삼림 내 초본 개간지는 천이가 허용되면 결국 다시 삼림으로 복원될 수 있다. 안정적인 가장자리는 일반적으로 고속도로나 골프장 같은 인공 구조물 옆에서, 혹은 호수나 암석 같은 자연 경관의 장벽 옆에서 형성된다.

가장자리는 서로 다른 경관에서 온 종들이 중첩된다. 그 결과 종다양성이 높게 나타난다. 예를 들어 초원 종은 종종 소림의 밝은 가장자리로 뻗어나가고, 소림의 관목들은 종종 초지 가장자리에 종자를 퍼뜨린다. 소림의 가장자리에서 포도필룸 펠타툼 Podophyllum

자연적인 가장자리는 폭이 넓은 곳에서 점차 가늘어지며, 한 경관에서 다른 경관으로 전환되면서 식생의 높이도 완만하게 변화한다

peltatum이나 엑시미아금낭화 Dicentra eximia 같은 깊은 숲의 순간개화식물을 보는 것은 드문 일이 아니다. 이렇게 많은 종이 가장자리 군락에서 번성한다는 사실은 이곳을 특히 가치 있고 잘 관리할 필요가 있는 곳으로 만든다.

잘 발달한 가장자리에는 인접한 두 경관 사이에서 높이가 점차 변하는 식물들이 있다. 햇빛을 차지하기 위한 경쟁이 이러한 역동성의 많은 부분을 형성한다. 키가 작은 종들이 점점 가장 높은 지점까지 이어지며 서로 다른 식물군락 사이에 부드러우며 들쑥날쑥한 가장자리를 만든다. 이 점진적으로 전이되는 형태gentel tapering가 중요한 이유는 생태계를 위협할 수 있는 교란으로부터 생태계 내부를 보호하는 안정적이고 '봉인된sealed' 가장자리를 형성하기 때문이다. 이렇게 점진적으로 만들어지는 가장자리가 인공적으로 조성된 경관에서 너무 자주 사라지곤 한다. 공간을 최대한 활용하려는 인간의 욕망은 단조롭게 잘린 좁은 경계를 만들며, 햇빛과 맨땅이 주변 경관과 조화를 이루지 못한 채 노출되게 한다. 고속도로와 주택 개발을 위한 삼림 개간을 떠올려 보라. 건설이 완료된 후 새로운 기반 시설은 대개 날카롭고 불안정한 가장자리로 둘러싸인다. 키가 크고 나무줄기가 드러난 삼림 내부 나무들은 잔디와 주차장 사이의 경계를 형성한다. 직사광선에 노출된 적 없던 나무줄기들이 이제는 강한 햇빛과 마주하게 된다. 그 결과 많은 외래종이 이러한 가장자리에서 번성한다. 도로변 잔디 깎는 기계들은 마늘냉이 Alliaria petiolata나 나도바랭이새 Microstegium vimineum 같은 식물의 종자를 퍼뜨려, 이들이 가장자리에서 숲 하부층으로 침투하게 한다. 따라서 가장자리는 더 안정적인 경관 내부보다 더 많은 관심과 강도 높은 관리가 필요하다.

가장자리는 불안정해 보이지만, 식재디자인의 가능성은 무궁무진하다. 안정적이고 자연스러운 가장자리의 자연스러운 변화를 재구성하기 위해 후면에 층을 두어 가장자리를 개선하면, 경관을 연상시키는 특성이 높아지고 더 사실적인 느낌을 준다. 잘 디자인된 가장자리는 식물의 미기후와 성장 조건을 개선하고 안정화한다. 이러한 가장자리는 더 건강하고 회복력 있는 식물군락을 만들어 관리 비용을 줄여 준다. 또 우리와 지구를 공유하는 수많은 다른 생명체에게도 큰 혜택을 준다.

↑ 관목림은 풀밭과 사구dunes로 전환되면서 가장자리의 폭이 점차 줄어든다.
↓ 숲 가장자리를 따라 참나무 종류가 산발적으로 분포하며 점차 열린 초원으로 전환된다.

야생에서 받은 영감 117

암석 노두에서는 토양층이 충분한 깊이를 확보한 곳에 초본이 정착할 수 있다. 이러한 환경에서 피드몬트 암석 노두의 한해살이 고유종인 포르테리해바라기 *Helianthus porteri*가 초가을에 꽃을 피운다.

초원 가장자리

가장 매력적인 초원 가장자리는 깔끔하고 낮은 높이를 보여 준다. 예를 들어 호수나 개울에 접해 있으면 그 폭이 급격히 줄어들어 불과 몇 미터에 지나지 않을 수 있다. 다른 가장자리는 점차 낮아지며 식생의 높이가 변한다. 이는 주로 토양이 점차 척박해져 물과 영양분이 부족하거나, 극심한 염분 농도 때문에 식물의 발육이 부진하고 왜소해지기 때문이다. 예를 들어 초지군락은 암석 노두나 해안 사구로 점점 사라지게 된다.

초원의 가장자리가 모두 똑같이 매력적인 것은 아니다. 어떤 경우에는 식생의 키가 커서 하나의 경관을 다른 경관과 나누는 벽처럼 보이기도 한다. 물가에 있는 2미터가 넘는 갈대 벽이나 빗물받이와 주차장이 만나는 곳에 빽빽하게 자리 잡은 큰개기장Panicum virgatum은 매력적으로 보이지 않을 수 있다. 사실 이러한 그라스의 직립형 구조는 식재지 중앙에서 식물들이 빛을 더 잘 받을 수 있도록 적응한 결과다. 키가 큰 식상은 원형초원을 다른 경관으로 자연스럽게 연결하는 것이 아니라 경관들 사이의 장벽 역할을 한다. 야생에서는 식물군락의 가장자리에 있는 그라스와 광엽초본이 초지 중앙에서 자라는 것보다 잎이 지면 가까이에 위치한다. 많은 가장자리 식물은 우아한 아치형으로 자라는 습성을 가지고 있어 직립형 그라스보다 맨땅을 더 효과적으로 덮을 수 있기 때문에 가장자리에 이상적이다. 이러한 종들은 추후 디자인 과정에서 식재 주변에 질서 정연한 가장자리를 만들기 위한 훌륭한 경계식물frame species로 활용할 수 있다.

소림과 삼림의 가장자리

소림이나 삼림이 연못이나 초지와 맞닿는 경계에 독특한 가장자리 군락이 형성된다. 교목과 관목은 지붕층을 향해 성장할 뿐 아니라 물가나 초원의 열린 공간을 향해 수평으로도 성장한다. 일반적으로 수목은 숲의 중심부보다 가장자리에서 더 작게 자란다. 이는 바람에 노출되고 측면에서 햇빛이 풍부하게 들어오기 때문이다. 관목은 이러한 숲 가장자리에서 특히 중요한 군락 구성요소다. 아로니아Aronia, 갈채나무Cornus, 소귀나무Myrica, 바카리스Baccharis, 매화오리나무Clethra, 사사프라스Sassafras 같은 천이 관목 종은 다양한 동물들에게 밀집된 은신처와 먹이를 제공한다. 숲 가장자리에는 자주천인국Echinacea purpurea, 숲해바라기Helianthus divaricatus 같은 화려한 큰 꽃을 피우는 광엽초본이 자생하며, 이 식물들 역시 빛을 향해 뻗어나가면서 가장자리 군락은 그늘을 벗어나 나아가려는 듯한 역동성을 보인다. 반면 관리되지 않은 가장자리 군락은 산딸기Rubus, 독아이비Toxicodendron radicans 같은 가시덤불, 덩굴식물 그리고 찔레꽃 같은 침입종이 매우 빽빽하게 덮여 있어 시야가 제한되기 때문에 숲이나 초지 내부를 들여다볼 수 없게 된다.

조성되는 경관의 경계부는 어디에나 존재하기에 풍부한 디자인적 잠재력을 지닌다. 이러한 파편들을 연결하고 확장하면 미적·생태적 기능을 높일 수 있다. 예를 들어 소림 가장자리의 들쑥날쑥한 경계는 더 큰 임분林分, 균일한 수목으로 형성된 숲의 범위과 연결될 수 있다. 이러한 경계는 개발 지역 사이에서 완충 역할을 하며, 시각적 차단과 소음 완화뿐만 아니라 빗물과 오염물질을 여과하는 역할도 한다.

원형경관은 실제 식물군락과 그에 대한 우리의 정서적 인식이 교차하는 지점을 이해하게 해 준다. 가장 강력한 경관의 층위를 더 자세히 관찰하며 이들 군락의 본질을 파악하고 시각적·생태적 층위를 하나의 보편적인 표현으로 통합할 수 있다. 이러한 단순화는 자연적으로 발생하는 식물군락의 복잡성과 무한한 변이를 축소하지 않는다. 오히려 진정한 의미에서 지역 식물군락의 특성을 반영해 지역적 변이를 창출하는 것이 우리의 목표다. 이러한 원형을 도시와 교외 경관에서 의미 있게 만들기 위해 디자이너가 사용할 수 있는 필수 층위를 먼저 도출하고 확장해야 한다.

식재디자인의 과정

THE DESIGN PROCESS

4.

완성도 높은 식재디자인은 식물과 장소, 식물과 사람, 식물과 다른 식물의 관계, 이 세 가지 요소가 조화롭게 상호작용한 결과다. 첫 번째 관계는 식물이 서식처와 맺은 깊은 관계를 설명한다. 식물이 주변 환경과 조화를 이루면 그 식물의 잠재적 특성은 극대화 된다. 산속 바위 틈새에 무리 지어 자라는 양치식물을 통해 암석에서 흙이 만들어지는 느린 과정을 알 수 있다. 중요한 것은 우리를 사로잡고 매혹하는 식물의 힘이다. 연영초Trillium와 헐떡이풀Tarella이 가득 피어나는 숲바닥의 광경을 지켜보는 것은 사계절의 경이로운 순간처럼 우리의 눈뿐만 아니라 영혼까지 즐겁게 한다. 식물은 다른 식물과 관계 맺으며 정원에 생명력을 불어넣는다. 흐릿한 그라스 사이에서 모습을 드러낸 여러해살이풀 씨송이의 어두운 실루엣은 식물이 적합한 동반식물과 짝을 이룰 때, 식재가 기대 이상으로 새로운 가치를 만들어 낸다는 사실을 보여 준다.

세심하게 구성한 식재는 공간과 맥락의 한계를 뛰어넘는다. 샬럿 로Charlotte Rowe가 첼시플라워쇼에서 선보인 정원은 제1차 세계대전 이후 훼손된 풍경이 자연의 힘으로 회복되는 과정을 보여 준다.

→ 야자사초 *Carex muskingumensis*와 머위 *Petasites japonicus*는 자연적으로 발생하는 조합은 아니지만, 비슷한 서식처를 기반으로 형태가 서로 잘 맞물려 조화를 이룬다. 전문가가 아니더라도 이 풍경에서 조화와 진정성을 느낄 수 있다.

세 가지 필수 관계의 존중

많은 것이 그렇듯이 빈약한 식재는 종종 관계의 불균형에서 비롯된다. 관행적인 조경은 주로 식물과 사람의 관계에 초점을 맞추다 보니 주변 환경을 무시하는 경우가 많았다. 상업지역 안에 과도하게 심어 놓은 연둣빛이나 자줏빛 잎의 관목들을 떠올려 보자. 각각의 식물은 보기 좋은 색상을 강조하기 위해 육종되었지만, 색상 대비가 큰 관목들의 조합은 종종 눈에 거슬릴 수 있다. 반면 생태적 식재는 식물과 장소의 관계에 중점을 두고 있어 때로는 인간의 즐거움을 희생시키기도 한다. 학교 운동장에 조성한 나비정원에서 자생식물의 이점을 설명하는 표지판을 본 적이 있다면, 실제로 정원이 어디에 있는지 의아했을 수도 있다.

우리의 방법은 이 세 가지 관계를 모두 존중하고 균형을 맞춘다. 먼저 식물이 그 장소와 어떻게 연결되는지 이해하는 것부터 시작하며, 대상지를 관찰하고 분석하는 직관적인 과정을 거친다. 이 과정의 목표는 대상지를 그 원형적 형태로 해석하여, 식물과 우리의 감정적 경험을 연결하기 위한 영감을 제공하는 것이다. 다음 단계는 식물과 사람의 관계를 디자인 형식으로 발전시키는 것이다. 혼합식재에 구조적인 틀을 제공해 도시와 교외 환경에 잘 어울리도록 돕는다. 마지막으로 식물들이 다양한 생태적 지위에 따라 세심하게 배치되어 서로 관계를 맺으며, 최고의 생태적 가치를 지닌 진정한 기능적 군락을 형성하게 한다. 세부 사항에 들어가기 전에 몇 가지 중요한 점을 강조하려 한다. 첫째, 누구나 사용할 수 있는 방법을 개발하기 위해 간소화된 과정을 만들었다. 여기서 공유하는 지침들은 엄격하게 따라야 할 유일한 공식이 아니라, 창의성과 개별적 접근을

↑ 파니쿰 아마룸 '듀이 블루' *Panicum amarum* 'Dewey Blue', 풀협죽도 '데이비드' *Phlox paniculata* 'David', 자주천인국 *Echinacea purpurea*, 그리고 디스티쿠스사사 *Pleioblastus distichus*는 모두 서로 다른 서식처에서 유래했기 때문에 잎의 색상과 질감이 다르다. 이 구성은 '진짜'처럼 보이지 않는다.

↓ 이 초지 식물들은 비슷한 서식지에서 왔고, 색채와 질감 또한 잘 어우러진다. 하지만 디자인 구성이 미흡하면 식재는 어수선하고 무질서한 인상을 줄 수 있다.

장려하는 열린 과정이다. 반드시 따라야 할 지침이나 틀에 박힌 식물 도록, 특정 스타일을 강요하는 내용은 찾기 어려울 것이다. 대신 디자이너의 창의성에 기반한 접근 방식을 제안하며, 개개인마다 다양한 스타일을 만들어 내기를 바란다. 둘째, 디자인된 식물군락을 만들기 위해서는 디자이너의 신중한 참여가 필요하다. 이 과정은 충분히 학습 가능하며, 숙련될 수 있다고 믿는다. 그러나 성공하기 위해서는 대상지를 이해하고, 적합한 식물 팔레트를 구성해야 하며, 식재를 적절하게 관리할 줄 알아야 한다. 지름길은 없다. 빠르고 쉽게 정리할 수 있는 식물

→ 겨울철 경관은 더 이해하기 쉽고, 경관의 원형이 더욱 뚜렷하게 읽힌다. 눈 속에 서 있는 나무들은 소림을 떠올리게 하고, 배경에 자리한 더 조밀한 나무들은 숲의 원형을 더욱 부각시킨다.

목록이나 조합은 존재하지 않는다. 정원 관련 문헌 대부분에서 제공하는 조합된 식물 목록은 지역적 맥락을 벗어나면 종종 쓸모가 없다. 우리는 더 높은 목표를 향해 간다. 즉 식물을 장소에 맞게 배치해 완벽한 조화를 이루게 하는 것이다. 이를 위해서는 획일적인 식재디자인이 아닌, 특정 장소에 맞는 특화된 해결책이 필요하다. 그 노력은 충분한 가치가 있다. 기후변화의 시대에 식재디자인은 디자이너에게 그 어느 때보다 더 많은 것을 요구할 것이다. 이 과정을 제대로 습득하면 풍성하고 입체적이며 더욱 회복탄력적인 식재를 완성할 수 있다.

식물과 장소의 관계

성공적인 식재디자인은 대상지에 관한 큰 그림을 이해하는 것에서 시작한다. 먼저 맥락을 파악하자. 대상지의 위치는 어디이며, 어떠한 풍경이 대상지를 둘러싸고 있는가? 개발을 위해 개간된 숲 가장자리에 자리하고 있는가? 탁 트인 들판으로 둘러싸여 있는가? 혹은 광범위한 교외 숲 한가운데에 있는가? 이러한 큰 맥락을 먼저 이해하면, 원형 디자인 목표가 진정성 있게 느껴지고 주변 경관과 조화롭게 작동하는지 아닌지가 명확해진다. 예를 들어 주거 프로젝트의 대상지가 울창한 활엽수림에 조성된다면, 삼림이나 소림의 특성을 드러내는 멋진 디자인을 할 수 있다. 대상지의 큰 맥락을 파악하면 그 장소의 특성과 그 안에 숨겨진 원형경관을 자유롭게 탐색할 수

→ 대상지에 숨겨진 원형경관을 발견하는 일은 결코 쉽지 않다. 방향성이 없는 세부 사항에서 벗어나 초원과 숲 가장자리 같은 본질적인 형태에 집중하자. 경관의 명확성은 매우 매력적이며, 이는 디자인 과정에서 반드시 지켜 내야 할 중요한 개념이다.

있다. 이 과정은 마치 조각가가 대리석 덩어리 속에 숨어 있는 형상을 찾아내는 작업과도 같다. 포장재 등의 소재 선택, 식물 선정과 조합에 관한 모든 결정은 이 필수적인 첫 단계에 기반해야 한다. 이 단계를 생략하거나 대상지를 완전히 이해하지 않은 채로 세부 디자인을 시작하면, 혼란스럽고 정돈되지 않은 디자인으로 이어질 가능성이 매우 크다.

한 걸음 물러나서 어수선함 속에서도 경관의 본질을 파악하는 능력은 습득하고 개선할 수 있다. 여기서 제거해야 할 경관 요소는 고려 대상이 아니다. 여기에는 침입종, 안전을 위협하는 나무, 파손된 담장이나 울타리가 포함될 수 있다. 대상지 분석은 향후 조경디자인에 반영될 가능성이 높은 요소들을 기반으로 이루어져야 한다. 화려한 꽃, 기존의 보행로, 정원 장식물 같은 세부 요소에 현혹되어서는 안 된다. 때로는 방해 요소가 많지만 대상지의 진정한 특성에 집중하는 것이 올바른 디자인 결정을 이끌어 낸다.

이 과정의 최종 목표는 대상지가 지향하는 원형경관을 식별하는 것이다. 비록 도시의 작은 공간이 완전한 초원, 소림, 또는 삼림이 될 수는 없을지라도 그보다 응축된 형태처럼 보이게 하고 기능하게 만들 수 있다. 원형이라는 관점에서 대상지를 이해하면 적절한 식물 목록을 개발할 수 있고, 더 중요한 것은 자연이 주는 울림을 잘 반영하는 공간을 만들 수 있다는 점이다.

분석 전 탐색

대상지의 이해는 매우 중요하지만 조경가나 디자이너들이 일반적으로 선호하는 분석과는 다른 유형의 분석을 강조한다. 1970년대 조경가 이언 맥하그Ian McHarg 때문에 널리 알려진 대상지 분석, 특히 자연·인공시스템 목록 작성 기법은 오늘날까지도 전 세계 조경학과 수업에서 비중있게 다루어지고 있다. 이것은 지형, 수문학, 토양, 식물군락 등 표면적 분석에 중점을 둔다. 대상지를 이해하기 위해 생태학적 목록을 수집하는 일은 타당하다. 결국 이러한 구성요소 각각은 장소에 관한 더 큰 이야기의 일부를 형성하기 때문이다. 그러나 실질적으로 조경가들은 이를 효과적으로 수행할 시간과 과학적 전문성이 부족하다. 설령 이 작업이 잘 수행되더라도 그 결과를 명확한 디자인 방향으로 전환하는 일은 쉽지 않다. 이러한 데이터 중심의 과정은 대상지의 성격, 분위기, 질적 특성에 관해서는 거의 아무것도 알려 주지 않는 사소한 사실들로 축소될 수 있다. 디자이너들이 개선하려는 본질적인 요소들은 거의 언급하지 않는 정보라는 의미다.

과학적 대상지 분석의 중요성을 경시하는 것이 아니다. 여러 면에서 데이터 수집은 추후 대규모 조경디자인을 할 때 중요한 수단이 될 것이다. 그러나 대상지에 대한 정량적 분석뿐만 아니라 질적 경험을 더 중요하게 여기기를 바란다. 훌륭한 식재는 단순히 기능적인 목적을 넘어서 즐거움과 만족감을 제공해야 한다. 우리의 출발점은 탐험의 예술에 기반한 다른 종류의 조사를 강조한다. 대상지를 이해하기 위해 필요한 정보는 쉽게 관찰할 수 있다. 각 대상지 아래에는 수 세기에 걸쳐 인간의 간섭, 변경, 건축물들이 만들어 낸 자연 시스템natural systems이 층층이 쌓여 있다. 가장 중요한 것들은 때로 가장 명백하게 드러난다. 가파른 비탈은 빙하의 흔적부터 배수의 양상, 그 위에서 자랄 식물의 종류에 이르기까지 수많은 메세지를 담고 있다. 각각의 암석은 지질과 침식의 표상이며, 나무의 무리는 그 아래 토양을 방증한다. 각 그림자는 태양의 경로를 드러내는 지도다. 대상지를 이해하기 위해 실험실이나 컴퓨터는 필요하지 않다. 밖으로 나가서 직접 대상지를 걸어 보아야 한다.

대상지의 메시지를 이해하려면 먼저 탐색하고 관찰하는 법을 배워야 한다. 우선 목적 없이 걸으며 자연스럽게 관심을 끄는 것을 따라가 보자. 이러한 지향점을 두지 않고 보는 일은 대상지를 향한 우리의 직관적 반응을 이끌어 낸다. 무엇에 끌렸는가? 대상지를 어떻게 이동했는가? 무엇이 불편하게 느껴졌는가? 이러한 감정적 반응은 지적인 분석만큼 중요하며, 종종 그 경관의 특성을 드러낸다. 마치 수맥탐지기를 들고 수맥을 찾는 것처럼, 대상지의 특정 요소는 우리를 이끌기도 하고 밀어내기도 한다. 만약 특정 통경축이나 둘러싸인 공간에 끌린다면 이것은 최종 디자인의 핵심이 될 수 있다. 덩굴식물이 무성한 곳이 불편하게 느껴진다면 그것은 제거해야 할 요소일 수 있다. 우리를 끌어당기는 것과 밀어내는 것을 더 명확하게 구별할수록, 남겨야 할 것과 제거해야 할 것을 더 쉽게 구분할 수 있다.

대상지를 자유롭게 돌아다니는 일은 또 다른 경험을 선사한다. 선조들이 야생에서 생존하는 데 도움을 준 내재한 유전적·심리적 요인을 되살리는 힘이다. 예를 들어 뱀이나 높은 곳에 대한 두려움은 모두 학습된 것이 아니라, 자연환경의 위협에 대한 본능적인 생물학적인 반응일 수 있다. 반대로 피난처가 되는 공간이나 꽃에 끌리는 것은 안전이나 번식에 대한 반응일 수 있다.

향매화오리나무 Clethra a'nifolia처럼 강한 구조적 존재감을 가진 기존 식물을 디자인에 활용하자. 거성적인 공간을 만드는 일에 기여하면서도 잘 자라는 식재는 그 효과를 더욱 강화할 수 있다.

오늘날의 디자인된 경관 대부분은 원초적인 의미에서 우리를 위협하거나 지탱해 줄 요소가 거의 없다. 그러나 이러한 단서들은 정서적 반응을 이끌어 내고 싶은 디자이너에게 여전히 중요한 의미를 지닌다. 대상지에서 강한 심리적 반응을 이끌어 내는 부분에 주목해야 하며, 특정 장소에 대한 부정적인 반응조차도 탐구할 가치가 있다. 예를 들어 기존의 우거진 덤불을 활용해 햇빛이 잘 드는 낮은 초원으로 이어지는 길을 만들 수 있다. 대상지의 모든 부정적인 요소를 제거할 필요는 없으며, 오히려 일부를 부각시켜 더 매력적인 경관을 만들 수 있다. 관형적인 조경 대부분은 일종의 쾌적하고 아름다운 안정적인 공간을 추구하지만, 결국 지루한 경관이 될 수 있다. 목표는 상호작용이다. 어둠과 밝음, 닫힘과 열림, 불길함과 길함 같은 대조가 중첩될 때 가장

매력적인 공간이 만들어진다. 하지만 이러한 매력적인 대조를 만들기 위해서는 먼저 그것들을 찾아야 한다. 단순히 산책하듯 자연스럽게 대상지를 탐험하는 것만으로도 그 장소의 감정적 판단 기준 touchstones을 발견할 수 있다.

현장 조사 : 관찰의 기술

대상지를 경험했다면 다음 단계는 그 장소에 특성을 부여하는 요소들을 관찰하고 기록하는 일이다. 경관의 성격을 결정하는 핵심 요소를 그렇지 않은 부차적 요소와 분리하는 것을 목표로 한다. 이러한 현장 조사는 예술이나 과학 한쪽 영역에만 국한되지 않고 두 요소가 혼합된 접근 방식이다. 먼저 공간의 큰 특징을 파악하는 것부터 시작하자. 경관이 교목과 관목으로 빽빽하거나

닫혀 있는가? 아니면 거닐 수 있고 개방적인가? 높은 지점과 낮은 지점은 어디에 있는가? 수관피복tree cover, 지표면, 물의 흐름 같은 기본 요소는 장소의 진정한 특성을 찾는 단서가 된다. 다른 요소들도 중요하지만 이 단계에서는 토양 유형, 수문학, 미기후나 식물에 관한 분석은 하지 않는다. 큰 그림을 이해하기 전에 이러한 세부 사항에 집중하는 것은 식재디자인을 복잡하고 혼란스럽게 만들 수 있다.

새로운 경관은 이미 조성된 정원보다 더 쉽게 이해할 수 있다. 익숙한 지형은 새로운 시각으로 보기 어렵고, 그 특성은 우리가 가지고 있는 감정적인 연결과 무수한 기억 때문에 종종 잘못 해석된다. 때로는 기존 식물들을 중심으로 정원을 조성하기 때문에 실질적인 특성을 더하지 못한다.

다른 경우에는 특정 종류의 식물을 원하기 때문에 대상지의 특성과 일치하지 않는 선택을 하기도 한다. 공간의 본질을 정확하게 이해하기 위해 조금 멀리서 바라보고, 거리를 두고, 눈을 가늘게 떠 보자. 무엇이 보이는가? 초원처럼 넓고 햇빛이 잘 드는 곳인가? 소림처럼 드문드문 몇 그루의 나무만 존재하는가? 아니면 숲과 더 유사한 조밀한 지붕층이 있는가?

이 과정에서 가장 어려운 부분은 무엇을 제거해야 할지 결정하는 일이다. 대상지에 필수 요소를 남기는 정리작업은 해방감을 주지만 두려움을 동반한다. 특정 식물을 향한 애착이나 현재 상태가 너무 익숙해서 정리작업이 어려울 수 있다. 하지만 단호해질 필요가 있다. 원치 않는 기존 식생을 제거하면 새로운 식재를 위한 밑바탕이

← 대상지를 과학적으로 분석하려면 몇 주가 걸릴 수도 있다. 디자이너가 대상지를 잘 파악하고 잠재적인 아름다움을 이해하기 위해서는 직접 현장을 걸어 보아야 한다.

생긴다. 특히 오랫동안 자리 잡은 외래 침입종을 제거하는 일은 정신적인 해방감을 느끼게 한다. 나무줄기에서 침입 덩굴을 제거하거나 과도하게 자란 관목을 가지치기하면 기존 형태의 아름다움이 드러날 것이다. 그러나 지나친 제거도 문제를 일으킬 수 있다. 다시 심을 수 있는 양보다 더 많이 제거하지 말아야 한다. 제거 작업은 토양 교란을 일으키고 토양이 빛이 들어오게 해 잡초와 침입종이 유입될 수 있다.

디자이너는 종종 대상지를 백지상태로 만들고 싶은 유혹에 빠질 수 있다. 선택의 폭이 넓고 자유로워지기 때문이다. 하지만 이러한 선택의 문제는 디자인을 정체시킨다. 이제 우리는 엄청나게 다양한 식물에 접근할 수 있다. 그 결과 미국 중부 대서양에는 지중해식 정원을, 일본에는 영국식 벽으로 둘러싸인 정원을, 브라질에는 고지대 암석원을 조성할 수 있게 되었다. 선택의 폭이 넓어지면 이전에는 없던 특성을 만들어야 하는 부담이 생긴다. 하지만 넉넉한 자금과 분명한 비전이 있는 프로젝트라면 충분히 가능한 일이다. 뉴욕의 센트럴 파크는 대부분 이런 방식으로 조성되었다. 구불구불한 지형, 암석 노두, 숲 등 이 공원의 특징적인 자연 지형 중 상당수는 부지에 있었던 것이 아니라 외부에서 가져와 만들어 낸 것이었다. 그러나 부지 대부분에는 특성의 일부, 기존 지형 또는 남은 식생이 존재하며 이를 바탕으로 발전시킬 수 있다. 중요한 것은 대상지의 기존 조건이 어떻게 최고의 자산이 될 수 있는지

보는 법을 배우는 것이다. 가파른 경사는 단점으로 인식될 수도 있지만, 산책로의 매력을 떠올리게 하는 극적인 장면을 연출할 수 있는 무대로 여겨질 수도 있다. 짙은 그늘은 정원의 골칫거리가 될 수도 있고, 정원의 특징을 결정짓는 요소가 될 수도 있다. 습한 점토는 악조건으로 여겨질 수도 있으나, 식물 목록을 통일할 수 있는 요소가 되기도 한다.

특별 고려 사항: 고도로 도시화된 지역이나 교란된 대상지

도시에서 작업하는 디자이너들은 자연적 요소가 거의 없거나 식생이 부족한 장소와 마주할 수 있다. 옥상, 광장, 소공원, 철거된 건축물 같은 전형적인 도시 프로젝트에서는 자연적 요소를 읽고 해석할 기회가 거의 없다. 사실 도시는 오랜 시간 동안 끊임없는 교란이 이루어져 토양부터 기존 식생까지 대부분 인위적으로 조성된 상태다. 비록 명확한 단서가 부족할 수는 있지만 대상지를 분석하고 원형에서 영감을 얻는 과정은 도시에서도 여전히 효과적이다. 도시는 숲이나 초지와 멀리 떨어져 있기 때문에, 이런 장소를 떠올리게 하는 식재는 더 큰 즐거움을 준다. 뉴욕 하이라인의 인기가 이를 잘 보여 주는 사례다. 하이라인은 초고층 빌딩을 배경으로 야생 초지 같은 느낌을 전달하는 식물의 매력을 보여 주었다.

도시의 대상지도 자연 경관과 거의 동일한 방식으로 해석할 수 있다. 기존 식생보다는 다른 요소들을 주목해야 한다. 예를 들어 햇빛의 양과 강도만으로도 어떤 식물을 심어야 할지 결정할 수 있다. 강렬한 햇빛에 장시간 노출되는 건축물 옥상은 초원이나 초지군락을 조성하기에

↑ 에이치엠화이트의 뉴욕타임스 빌딩 중정 디자인은 협소한 공간을 숲의 빈터로 탈바꿈시켰다.
↓ 뉴욕타임스 빌딩 중정은 겨울이 되면 숲의 본질적인 층위를 여실히 드러낸다.

적합하다. 옥상 녹화에 사용한 부드럽게 흔들리는 그라스는 키 큰 식물이 자리한 초지를 연상시켜 정적인 세덤 매트의 멋진 대안이 될 수 있다.

반면 거리와 높이가 같은 대상지는 완전히 다른 방식으로 해석할 수 있다. 예를 들어 3면이 높은 건물로 둘러싸인 중정은 숲바닥과 유사한 조도를 가질 수 있다. 맨해튼에 있는 뉴욕타임스 빌딩의 로비 정원은 사초와 양치류가 완만하게 쌓인 언덕 위에 자작나무를 배치해 숲바닥을 연상시키는 디자인을 적용했다. 이 효과를 구현하기 위해 조경설계회사 에이치엠화이트HMWhite는 전문가와 협력해 조도를 측정하고 3D 모델을 만들었다. 그 결과 그 작은 자연 경관은 쾌적하고 여유로운 소림의 빈터같이 확장된 느낌을 준다.

도시의 그늘은 여러 면에서 나무 그늘과 다르기 때문에 도시에서는 태양의 움직임을 세심하게 관찰해야 한다. 도시 지역은 딱딱한 표면으로 둘러싸여 있어 일부 장소에서는 빛이 반사되어 실제로 더 많은 빛이 들어올 수 있지만, 다른 장소에서는 반사되지 않는 표면 때문에 나무 수관을 통해 여과된 빛보다 더 짙은 그늘이 생길 수 있다. 또 도시의 그늘은 나무 그늘처럼 위에서부터 완전히 덮이지 않아, 한낮에 강한 직사광선이 몇 시간 동안 내리쬘 수 있다. 이러한 이유로 숲 가장자리와 소림에서 자생하는 식물들처럼 다양한 빛 조건에 견딜 수 있는 식물을 선정하는 것이 도심 속 바닥층을 위한 안전한 선택이다.

빛과 함께 토양도 목표 군락 결정에 중요한 요소가 될 수 있다. 특히 도시에서는 토심이 주요 제약 요소로 작용한다. 많은 화단이 주차장이나 옥상에 설치되기 때문에, 여러해살이풀과 그라스를 심기 위해서는 최소 15센티미터의 토심이 필요하다. 소교목을 심기 위해서는 60센티미터 이상의 토심이 필요할 수 있는데, 이는 충분한 양의 토양을 확보하고 수용할 수 있는 경우에 해당한다. 불충분한 토심은 식물 선택에 큰 영향을 미친다. 긴 섬유질 뿌리를 가진 그라스는 깊게 뿌리내리는 식물보다 얕은 토양에서 더 잘 자랄 수 있다. 토양 용량이 부족할 때는 관수가 매우 중요해진다. 지면보다 높게 설치된 화단은 노출된 표면적과 지하수 부족 때문에 더 빨리 마르며, 건조한 환경에서 잘 자라는 식물조차도 도시 환경에서는 추가적인 물 공급이 필요할 수 있다.

하지만 도시 환경이 아무리 극단적이고 인위적으로 보일지라도, 비슷한 조건에서 자생하는 야생 식물군락이 존재할 수 있다. 이러한 식물군락에 대한 영감을 얻으려면 충분한 조사가 필요하지만, 적절한 사례를 찾는다면 시도해 볼 가치가 있다. 오래된 산업 부지는 종종 땅이 심하게 단단해졌거나 토양이 오염된 상태다. 초원 식물군락은 깊은 뿌리로 중금속을 흡수하고 토양을 개선하기 때문에 이러한 오염된 유휴 산업 부지에 적합할 수 있다. 도시 광장은 암석 노두에서 영감을 얻을 수 있으며, 이러한 식물들은 혹독한 더위, 오랜 가뭄, 비 온 후의 무산소 환경, 얕은 토심을 견딜 수 있다. 생물여과biofiltration 화단은 실개천 상류 가장자리에 서식하는 식물로부터 영감을 얻을 수 있으며, 이들은 오랜 가뭄과 폭우로 생기는 침수 조건을 견딘다. 이런 도시 문제를 가진 대상지는 자연에서도 유사한 조건을 찾을 수 있으며, 이러한 연결점을 발견하는 것이 중요하다.

반복적으로 배치된 자작나무, 강조된 지형, 그리고 사초와 양치류로 가득 찬 바닥 면은 뉴욕타임스 빌딩 중정에 숲의 본질을 담아 내고 있다.

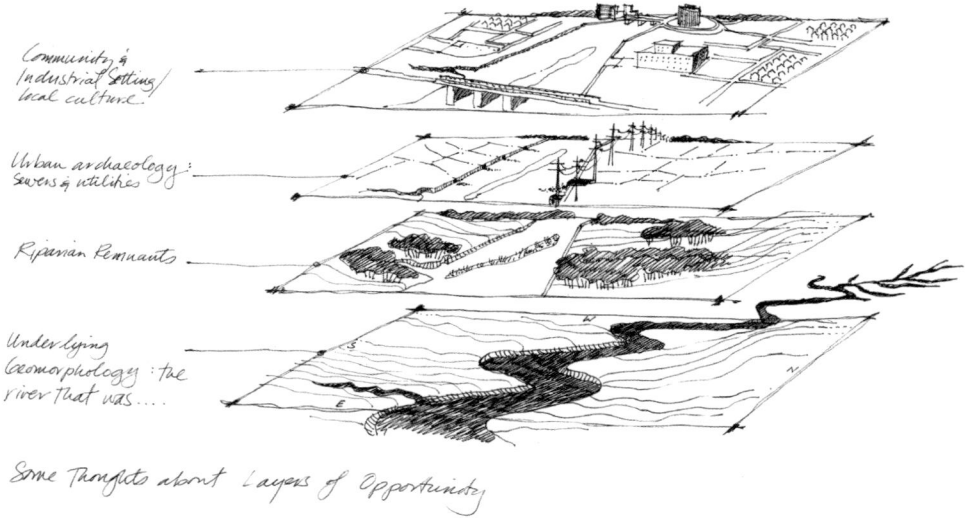

→ 미국조경가협회FASLA 회원인 페이 하웰Faye Harwell의 스케치는 포토맥Potomac강의 산업화된 지류인 포 마일 런Four Mile Run의 자연·인공적 층위를 분석하고 있다.

도면 제공_로드사이드하웰 Rhodeside&Harwell 조경·기획사

스케치를 통한 관찰

연습과 관찰로 대상지의 특성을 분명히 파악할 수 있다. 그러나 프로젝트 대상지의 핵심을 찾는 가장 좋은 방법은 스케치다. 디자이너들은 개념을 떠올리기 위해 종종 스케치를 하지만, 현장을 깊이 이해하려면 디자인 초기 단계부터 스케치를 활용하는 것이 중요하다. 스케치를 일종의 시각적 기록으로 생각해 보자. 스케치가 실제 사진처럼 사실적이든, 혹은 어린아이의 낙서처럼 보이든 그 자체는 중요하지 않다. 스케치하면서 새로운 시각으로 대상을 관찰하는 것이 중요하다. 스케치는 일종의 사고 과정으로, 경관을 있는 그대로 볼 수 있게 해 준다. 이는 대상을 더 구체적으로 보게 하는 것이 아니라, 형태·그림자·패턴을 드러내어 시각적 혼란을 제거하는 역할을 한다. 이 과정은 추가적인 노력을 들일 만한 가치가 있으며, 대상지에서 미처 발견하지 못했던 새로운 측면을 밝혀 낼 수 있게 한다.

빈 종이에 최대한 자유롭게 스케치해 보자. 실제로 대상지 내부나 가장자리에 서서 전체를 바라본다고 상상해 보자. 이렇게 하면 대상지 전체를 더 넓은 시각으로 볼 수 있다. 먼저 대상지를 큰 부분으로 나누어 스케치하거나, 가능하면 전체 대상지를 그려 보는 것이 좋다. 이러한 방식은 세부적인 것에 주의를 빼앗기지 않도록 도와준다. 만약 대상지가 너무 크거나 장애물이 많다면, 인터넷에서 제공하는 위성사진이나 조감도를 활용하는 것도 좋은 방법이다.

스케치를 평면도, 투시도, 혹은 두 가지 방법 모두로 그릴지는 대상지와 도면화하려는 내용에 따라 달라진다. 평면도는 나무의 피복도와 식생 패턴을 분석하는 데 가장 효과적이다. 기존 조사

경관 선택의 키워드

경관 키워드 선택은 식물을 동정하는 방식과 비슷하며, 현재 위치에 가장 적합한 원형경관 식별에 도움이 된다. 대상지의 요소들과 대상지에서 보이는 풍경을 기반으로 한다.

식재디자인의 과정 135

번잡한 도로변의 작은 교외 부지(위)는 야생 풍경과는 거리가 멀어 보이지만, 몇 그루의 큰 나무가 있고 도로를 차폐할 필요가 있어 원형소림 가장자리를 구현하기에 적합하다. 2년이 지난 후 이 대상지에는 미국붉나무 Rhus typhina, 캐나다딱총나무 Sambucus canadensis, 빌로사털휴케라 Heuchera villosa var. villosa, 플렉수오사좀새풀 Deschampsia flexuosa, 디불사사초 Carex divulsa 등의 식물이 층을 이루어 소림 가장자리 경관(아래)을 형성하기 시작했다.

자료 위에 스케치하면 규모·패턴·요소 간 거리를 명확히 파악할 수 있다. 만약 조사 자료가 없다면 수관, 거친 그라스, 잔디의 질감과 식생 피복의 유형을 구별할 수 있는 항공 사진을 활용하면 좋다. 투시도나 단면도 스케치는 수직적 층위를 이해하는 데 유용하다. 평면도는 대상지를 평평하게 표현하지만, 투시도나 단면도로 식생의 층위를 분리하고 명확히 기록할 수 있다.

이 두 가지 방법을 함께 사용하면 대상지를 더 완벽하게 읽어 낼 수 있다.

스케치는 더 큰 원형경관의 맥락 속에서 대상지의 구성요소를 파악할 수 있게 해 준다. 예를 들어 흩어져 있는 몇 그루의 나무는 열려 있는 원형소림을 나타낼 수 있다. 이는 디자인할 때 삼림이나 소림 경관의 중요한 요소다. 열린 대상지라면 초지 경관을 만드는 것이 합당한 디자인 목표가 될 수 있다. 이 과정에서 대부분 대상지가 어떤 대경관 속에 속해 있는지를 빠르게 파악하게 될 것이다. 135쪽의 경관 선택의 키워드는 복잡하고 혼란스러운 대상지의 원형경관을 파악하고 이해하는 데 유용하다. 이 첫 단계를 통해 대상지가 어떤 원형경관에 속할 것인지 감을 잡을 수 있으며, 이후 단계에서는 깊이 있는 공간 이해를 바탕으로 구성요소를 강화하고, 경관의 전반적인 특성을 더욱 선명하게 만드는 데 도움 받을 수 있을 것이다.

식물과 인간의 관계

정원은 한때 야생으로부터 벗어나기 위한 은신처였으나, 오늘날에는 자연을 경험하는 장소로 변모하고 있다. 도시화가 진행되며 진정한 야생의 장소가 점점 사라지자, 자연과의 진정한 만남을 갈망하는 우리의 욕구는 더욱 커지고 있다. 식재는 이러한 갈망을 충족시켜 감각적 즐거움뿐만 아니라 자연과 교감할 수 있게 한다. 바람에 흔들리는 그라스의 움직임이나 햇빛에 반짝이는 씨송이들은 답답한 도시를 넘어 더 넓은 세상을 엿볼 수 있게 해 주는 창이 된다. 그러나 식재가 자연의 기억을 불러일으키기 위해서는 야생의 패턴을 도시와 마을의 구조화된 환경 속에서 원예적 기법으로 재해석해야 한다. 도시 조경에서 자생 식물군락을 그대로 재현하려는 시도는 종종 실망스러운 결과를 초래할 수 있다. 좋은 의도로 조성한 빗물정원, 밀원정원, 생태 복원지는 종종 어수선하고 방치된 듯 보이는 경우가 많다. 이는 도시의 작은 공간들은 규모·맥락·시간에서 야생이 갖는 이점이 다소 부족하기 때문이다. 따라서 자연의 강력한 패턴과 색채 팔레트는 인간이 만든 경관 속에서 정제되고, 선택되고, 강조되어야 한다.

이러한 효과적인 식재를 위해서는 강력한 디자인 틀framework이 필요하다. 이 틀은 식재의 기초 구조를 형성하고 이를 위한 밑바탕이 되며, 대중들이 안팎에서 식재의 주요 층위를 읽어 내고 감상할 수 있도록 돕는 시각적 단서가 된다. 다음 장에서는 두 가지 디자인 틀을 설명한다.

· 설계 목표에 따른 식재의 개념적 틀
· 식지 경계를 명확히 해 주는 물리적 틀

개념적 틀 : 목표 경관의 설정

디자인된 식물군락은 하나의 아이디어로 결합된다. 이 아이디어는 식재 계획의 첫 단계이며, 식물 그 자체보다 앞선다. '목표 식물군락'으로 말할 수 있는 이 개념은 단순히 자연 경관을 선택하는 것을 넘어선다. 대상지에서 식재로 표현하려는 야생의 생명력을 읽어 낼 수 있는 능력을 의미한다. 우리는 초원, 소림, 삼림이나 가장자리 경관 같은 단순하고 보편적인 경관에서 출발한다. 이러한 영감은 대상지에서 전달할 수 있는 큰 그림을 제시한다. 이들은 부지의 기본 요소와 특징적인 패턴, 그리고 전반적인 분위기를 설명한다. 이러한 영감은 의도적으로 유연하게 디자인되어, 최종 구성은 거의 모든 형태로 나타날 수 있다. 예를 들어 초원은 식물의 키가 작거나 클 수 있고, 습하거나 건조할 수 있으며, 화려한 애덤 우드러프가 디자인한 양식화된 건조 초지는 전 세계의 다양한 식물들로 구성되어 있지만, 이 식물들이 유사한 서식처에서 왔기 때문에 자연스럽게 조화를 이룬다. 키 작은 그라스(세슬레리아*Sesleria*, 참새그령*Eragrostis*, 진퍼리새*Molinia*) 같은 요소들이 지속적으로 반복되어 전체적인 연결성을 강화하며, 품종으로 개발된 겹꽃 에키나세아 '코코넛 라임'*Echinacea* 'Coconut Lime'조차도 자연스럽게 어우러진다.

꽃들로 가득 차거나 잔잔한 느낌의 풀밭일 수도 있다. 구체적인 특성은 대상지와 디자인 목표로 결정되지만, 이를 이끄는 아이디어는 자연의 보편적인 기억에서 영감을 얻는다.

초기 영감의 명확성은 매우 중요하다. 야생식물의 미적 아름다움은 토양의 색상부터 식물의 질감까지, 개별 요소들이 하나의 전체적인 인상을 만들어 내는 데서 비롯된다. 다양한 경관 요소를 혼합하고 싶은 유혹이 생길 수 있지만, 너무 많은 요소를 섞으면 식재가 어수선해지고 중심을 잃을 위험이 있다. 하나의 자연 원형에 집중한다고 해서 디자인의 가능성이나 식재의 종다양성이 제한되지는 않는다. 한 부지 내에서도 여러 초원의 모습을 표현할 수 있다. 키가 크고 꽃이 풍부한 경사면 아래의 습초지, 능선을 따라 짧고 균일하게 혼합된 그라스, 그리고 나무가 우거진 가장자리에는 관목과 그라스가 섞인 초원을 조성할 수 있다. 영감의 요소에 집중할수록 식재는 더 설득력 있는 결과를 낳는다.

물론 다양한 상황을 품고 있는 대규모 대상지에서는 복합적인 경관을 목표로 해야 효과적일 수 있다. 뉴욕식물원의 자생정원Native Garden은 1만6000제곱미터의 숲과 개방된 공간으로 구성되어 있다. 조경설계회사인 외메밴스위든어소시에이츠Oehme, van Sweden & Associates는 삼림, 삼림 가장자리, 초원이라는 세 가지 주요 경관을 설계 목표로 삼았다. 이들은 비교적 작은 대상지 내에서 다양한 자연 원형경관을 매끄럽게 전환하는 방법에 중점을 두었다. 그 방식으로 적응력이 뛰어난 양치류와 사초류를 활용해 숲과 초원 사이에 부드러운 경계를 만들었으며, 산책로 같은

식재디자인의 과정

→ 뉴욕식물원의 자생식물원에서 꽃을 피운 해바라기Helianthus, 숫잔대Lobelia, 보우텔로우아Bouteloua, 소르가스트룸Sorghastrum.

하드스케이프hardscape, 길, 벽 등 조경 안에 사용된 인공 구조물 요소를 이용해 경관 사이의 물리적 장벽인 뚜렷한 경계를 설정했다. 이 식재의 성공 요인은 어두운 숲과 개방된 초지를 자연스럽게 연결해 조화로운 경관을 형성한 데 있다.

단일 부지에서 여러 목표를 균형 있게 달성하는 일은 가능하지만, 자연스러운 느낌을 연출하기 위해서는 더 많은 노력과 예술적 감각이 요구된다. 때로는 대상지가 두 개의 원형경관 사이의 전환을 표현해야 할 때도 있다. 예를 들어 숲의 가장자리에 바로 인접한 개방된 공간이 있을 수 있다. 이는 기존 수목을 제거한 후 새로 개발한 부지에서 자주 볼 수 있는 유형이다. 두 경관을 자연스럽게 연결하고 부드럽게 전환할 수 있는 자연 원형경관 선택이 중요하다. 개방된 소림이나 관목림을 목표로 삼는 것은 이러한 특수한 상황에서 좋은 선택이 될 수 있다. 이를 통해 수목이 우거진 곳과 개방지를 하나의 연속적인 경관으로 조화롭게 연결할 수 있다.

→ 식재에 관한 초기 영감을 가능한 한 단순하고 명확하게 유지하는 것이 유용하다. 초원(위), 소림(가운데), 살림(아래)은 무한히 재해석할 수 있는 세 가지 강력한 출발점이다.

↓ 뉴욕식물원의 자생식물원에 있는 양식화된 초지는 습한 곳에서 건조한 곳으로 변화하는 모습을 우아하게 표현하고 있다.

→ 마리사 스칼레라Marisa Scalera의 스케치는 초지의 식물 층위가 형성되는 과정을 보여 준다. 키가 작은 그라스가 매트릭스를 이루며 지피층을 형성한다(위). 그 위로 광엽초본이 이 매트릭스 위에 추가된다. 일부는 점으로 흩어지고, 일부는 덩어리를 이루며, 또 일부는 띠무리를 형성한다. 띠무리의 패턴은 지형의 면과 흐름을 따라 선형으로 배치된다(아래).

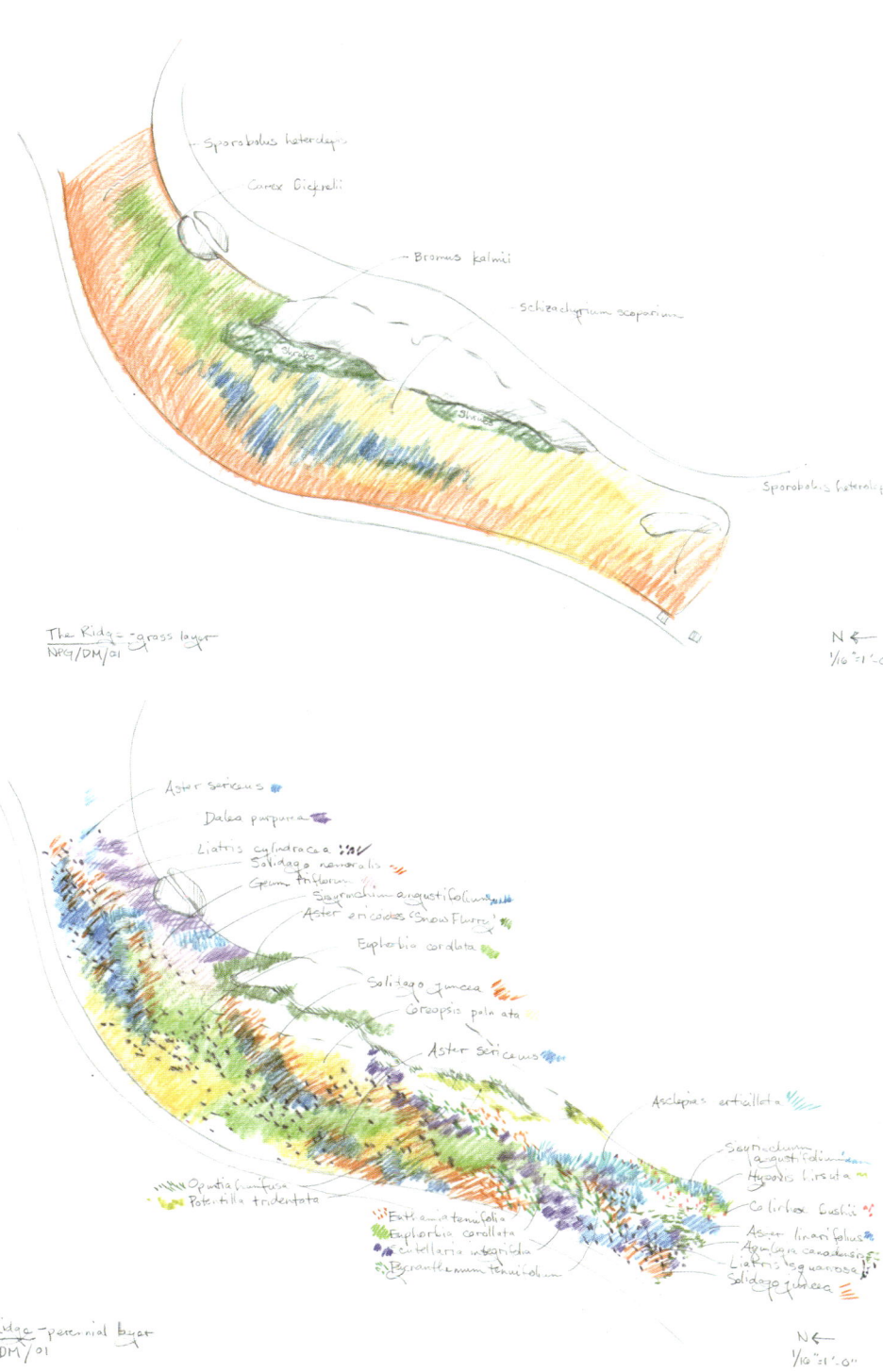

식재디자인의 과정

↑ 테리구엔디자인어소시에이츠
Terry Guen Design Associates는
캐롤라이나서어나무를
줄지어 배치하고 키 작은
여러해살이풀로 이루어진 선형
블록을 활용하여 시카고대학교
건축물 입구를 질서정연한
모습으로 만들었다.
↓ 반면, 에이치엠화이트는
맨해튼 스카이라인을
배경으로 야생적인 프레리
풍경을 연출한 옥상정원을
디자인했다. 이처럼 두 도시
식재 사례는 유사한 식물
소재를 사용하면서도 서로
다른 배치 방식으로 상반된
접근법을 보여 준다.

인간의 요구와 맥락의 이해

식재는 사람을 기쁘게 하려고 존재한다. 이 단순한 사실이 디자인된 식물군락과 자연적으로 발생한 식물군락을 구분 짓는다. 우리는 자연에서 영감을 얻지만, 자연주의 식재 양식이 다른 양식보다 본질적으로 우월하다는 의미는 아니다. 군락 기반 접근 방식은 정형화된 정원부터 미니멀한 현대식 식재까지 다양한 양식을 수용할 수 있다. 나중에 살펴보겠지만, 식재 양식은 경계의 하드스케이프 구성을 어떻게 처리하느냐에 따라 그 특성이 달라진다. 대칭적으로 가지치기한 회양목 화단으로 둘러싸인 작은 키 식물 혼합식재는 정형식 정원으로 보일 것이며, 동일한 혼합식재가 내후성 강판corten steel 화단에서 이루어지면 현대적으로 보일 것이다. 성공적인 식재를 하려면 자연의 패턴과 과정을 인간적인 맥락에서 재해석할 필요가 있다.

식재디자인은 고도로 조작된 장식적 배치에서부터 인간의 개입이 전혀 없는 생태 복원에 이르기까지 다양한 범주를 포괄한다. 식재가 이 범주의 어느 지점에 위치하는지 이해하는 것은 개념적 구조 설정에 중요한 역할을 한다. 우선 식재가 장식적인지 기능적인지를 고려해야 한다. 기업 고객이나 공공 공간은 경관에서 일정 수준의 깔끔함과 장식적 아름다움을 요구할 수 있다. 정기적인 유지·관리로 혼합식재를 깔끔하게 유지할 수 있지만, 많은 프로젝트에서 숙련된 정원 관리가 보장되지 않기 때문에 디자이너는

휴케라Heuchera 품종처럼
잎에 색이 있는 식물은 좀 더
원예적인 느낌을 준다.

1년 내내 깔끔하게 유지되는 품종을 선택하는 경우가 많다. 주택 정원의 경우, 정원사는 어느 정도 꽃이나 잎의 색감을 기대하는 경우가 많다. 따라서 정원 안에 초원 식재를 할 때 그라스보다 꽃이 피는 여러해살이풀을 더 많이 심을 가능성이 높다. 반면 건축물이나 도로에서 멀리 떨어진 빗물 관리 식재는 장식성보다는 기능성을 더 중시해야 할 수 있다. 이 경우 활력이 넘치는 그라스, 사초, 골풀 등의 식물을 안정적으로 혼합하여 식재의 대부분을 구성할 수 있다.

식재가 얼마나 정형적이거나 비정형적이어야 하는지는 맥락에 맞게 이해해야 한다. 정형적인 식재는 깔끔하게 정돈된 식물 블록이나, 1년 내내 특정 종이 지배하는 큰 매트릭스를 강조할 수 있다. 이러한 식재는 여러 종이 수직적으로 층을 이루며 함께 자라더라도 시각적으로는 한두 종이 우세해 보인다. 반면 비정형적인 식재는 다양한 종이 혼합되어 눈에 더 잘 띄고 자연 번식이 활발히 이루어지는 형태를 허용한다.

마지막으로 고려해야 할 맥락적 범주는 도시에서 시골까지 환경의 성격이다. 식재가 도심, 교외, 시골 등 어디에서 이루어지느냐에 따라 식재를 인식하는 방식에 큰 차이가 생긴다. 세계 각지에서 온 다양한 식물을 혼합한 식재는 도심에서는 잘 어울릴 수 있지만 시골 환경에서는 조화롭지 않게 느껴질 수 있다. 자엽을 특징으로 하는 휴케라Heuchera 품종을 양치식물과 혼합하면 화단에 흥미를 더할 수 있지만, 자연주의적인

→ 습초지의 핵심은 유트로키움Eutrochium, 히비스커스Hibiscus, 냉초Veronicastrum, 해바라기Helianthus 같은 직립성 광엽초본들로 구성되는 다양한 경쟁종이다. 외메밴스위든어소시에이츠는 대담한 띠무리 군락에서 시각적으로 가장 인상적인 종들을 반복하여 자연 발생적인 습초지를 과장되게 표현했다.

환경에서는 이러한 색이 자연의 색조와 어울리지 않아 부자연스럽게 보일 수 있다.

인간적인 맥락에서 또 다른 중요한 요소는 식재의 장기적인 미래를 고려하는 것이다. 모든 경관은 시간이 지나며 변화하기 때문에 자연스러운 진화를 어느 정도 허용할지 결정하는 것이 중요하다. 경관이 오랫동안 극상의 상태를 유지하게 할 것인지, 아니면 시간이 지남에 따라 역동적으로 변화하여 다른 경관 유형으로 전환되게 할 것인지 미리 결정해야 한다. 이 질문의 답은 초기 디자인 과정에 큰 영향을 미친다. 변화 관리를 위한 다양한 대안도 고려해야 할 것이다.

장기적인 디자인 틀 유지

전체 디자인 틀을 훼손하지 않는 한, 일부 식물의 변동은 허용될 수 있다. 채움식물과 지피식물의 비율은 조정 가능하지만, 시각적으로 우세한 식물은 식재의 가독성에 중요한 역할을 하기 때문에 기존에 배식한 위치를 유지해야 한다.

목표 경관을 만들기 위한 천이 허용

경우에 따라서는 점진적으로 다른 경관으로 전환하는 것이 더 바람직할 수 있다. 예를 들어 기존에 교목이나 관목이 없는 새로운 부지에서는 처음에 초원으로 시작해, 시간이 지나면서 개방된 사바나나 숲으로 발전할 수 있다. 이러한 상황을 염두에 두고 식재 관리가 이루어져야 하며, 식생이 점진적으로 다른 형태로 전환될 수 있도록 허용해야 한다. 반대로 계획하지 않은 교란이 발생할 경우도 있다. 예를 들어 울창한 숲의 지붕층이 강풍으로 쓰러진 나무 때문에 열리면, 식재는 적어도 지붕층이 다시 닫힐 때까지 열린 숲이나 숲 가장자리 형태로 전환될 수 있다.

특징적 요소의 선택, 정제와 강조

자연의 느낌을 살린 식재를 조성하려면 역설적으로 고도의 기술이 필요하다. 숲의 30제곱미터를 도시 정원에 그대로 옮기면

→ 한지형 그라스 초지에서 자라는 불란서국화 *Leucanthemum vulgare*는 영국 건초 초지의 대표적인 특징이다. 사라 프라이스와 나이절 더닛의 올림픽파크 우럽정원 식재디자인은 이러한 조합을 더욱 대담한 패턴과 더 많은 꽃을 피우는 레우칸테뭄 *Leucanthemum* 품종으로 강조하여 표현했다.

숲의 느낌이 전혀 나지 않고 오히려 교목, 관목, 양치식물이 무작위로 모여 있는 것처럼 보일 수 있다. 진정한 숲의 느낌을 재현하려면 숲의 가장 기본적인 형태를 정제해야 한다. 나무줄기가 가까이 있게 배치하고, 이끼와 낮은 키 숲 여러해살이풀이 만들어 내는 텍스처 모자이크가 반복되며 조화를 이루고 있는 모습을 표현하는 것이 중요하다. 이처럼 원형경관의 기본 형태를 정제해야 참조 군락을 떠올릴 수 있다.

이 과정의 핵심은 과장에 있다. 자연 경관은 방대한 규모와 수백 제곱미터에 걸쳐 반복되는 주요 패턴과 과정 덕분에 강렬한 인상을 남긴다. 반면 도시와 교외의 부지는 야생과 비교하면 그 규모와 맥락이 부족하다. 야생은 하늘, 암석, 토양, 물, 식물 등 모든 요소가 어우러져 풍부한 장소감을 형성하지만 우리가 설계한 경관은 건축물, 도로, 자동차에 둘러싸여 있다. 도시와 마을은 시각적으로 복잡하며, 정원은 폭포나 암석 노두보다는 가로등과 전선에 더 자주 둘러싸이게 된다. 따라서 방문객이 숲이나 초원을 체감하지 하려면 자연보다 훨씬 강렬한 식재디자인을 구현해야 한다.

관건은 이러한 경관의 시각적 본질을 추상하는 것이다. 사실 추상은 모든 예술의 핵심이다. 예술가가 경관을 묘사한다는 것은 모든 디테일을 그대로 재현하는 것을 의미하지 않는다. 추상은 불필요한 디테일을 제거하고, 경관에 생명을 불어넣는 필수적인 패턴이나 색상에만 집중한다. 모든 예술은 선택·정제·증폭의 과정이며, 이 세 단계가 야생의 식물군락을 추상하는 기초가 된다. 먼저 목표 경관을 구성하는 형태와 패턴, 식물을 선택한다. 숲을 재현하려면 지붕층의 나무가 반복적으로 식재되어야 한다. 나무가 없으면 숲도 없기 때문에 이 요소는 필수적이다.

이 단계에서 디자인의 구조적 틀을 규정한다. 집의 기초와 구조를 생각하면 된다. 다음으로 이 요소를 가장 순수한 형태로 정제한다. 예를 들어 나무줄기를 더욱 두드러지게 하려면 중간

↑ 식물군락은 혼합되어 있을 수 있지만, 모든 식물이 장소에 동일한 시각적 인상을 주는 것은 아니다. 사진을 보면 아리스티다 스트릭타Aristida stricta가 지면을 우점하고 있으며, 세로나 레펜스Serona repens 군락이 섬처럼 중간중간 자리하고 있다.

↓ 페티두스앉은부채 Symplocarpus foetidus는 저지대 산지습지의 시각적 핵심 종이다.

높이의 관목을 제거하여 나무와 하층 식물이
만드는 수직과 수평의 대비를 강조할 수 있다.
마지막으로 경관의 목표와 연결되는 형태나
식물을 강조한다. 자연보다 나무를 더 밀집시켜
규모와 밀도를 과장할 수 있으며, 자작나무,
플라타너스, 너도밤나무처럼 수피가 독특한
수목을 선택해 줄기를 부각할 수도 있다. 또
층층나무처럼 통일된 주제를 가진 하층 식물을
도입해 계절주제를 추가할 수도 있다.
대상지가 자연 맥락에서 멀리 떨어진 도시일수록
원형과의 연결성을 과장하고 강조할 필요가
커진다. 원형을 상기시키는 디자인을 연출할 때는
주저하지 말아야 한다. 이 단계에서는 미묘한
표현은 효과적이지 않다. 디자인을 분재나 분경盆景,
한분이나 그릇에 작은 나무·바위·이끼·물 등을 배치해 경치를 표현하는
것 예술가가 작업하는 방식으로 생각해 보자.
분재 예술가는 작은 쟁반 안에 전체 숲의 본질을
담아낸다. 나무, 바위, 이끼 등 필수적인 요소만을
선별하여 장소의 감각을 전달한다. 다음 두 가지
구성 전략은 식재의 개성을 증폭시키는 데 유용할
수 있다.

전략 1 : 시각적으로 중요한 종의 비율을 높여라

자연적으로 형성된 식물군락에서는 식물
분포가 균등하지 않다. 각 서식처에는 소수의
지배적인 종이 존재하는 것이 특징이다. 예를
들어 초원군락에서는 그라스가 우세하고,
삼림군락에서는 특정 교목·관목·초본이 우세할 수
있다. 생태학자들은 종종 이러한 우점종의 이름을
따서 식물군락의 이름을 짓는다(테에다소나무숲,
스크럽참나무숲, 헤더황무지 등). 리하르트 한젠Richard
Hansen은 정원 용어로 이러한 식물군락을 '주도적인

여러해살이 식물Leitstauden'이라 표현했다. 이는
식재의 시각적 인상을 형성하고 이를 이해하는 데
중요한 역할을 한다.
이러한 종들은 매우 지배적이기 때문에
그 야생의 식물군락이 주는 정신적 이미지를
강하게 전달한다. 참나무가 없는 참나무 사바나,
헤더가 없는 헤더 황무지는 그 의미와 장소성을
잃게 된다. 이러한 주요 식물을 알아내려면,
선택한 원형경관과 유사한 인근 식물군락을
찾아가 특징적인 종을 관찰하는 것이 좋다. 이는
지역에 적합한 구체적인 식물목록을 만드는 데
도움이 된다. 예를 들어 숲을 원형경관 목표로
삼았다면, 인근의 참나무-히코리숲을 해석의
대상으로 삼아야 한다. 이때 참나무와 히코리
같은 수종이 시각적으로 우세한 디자인을 해야
한다. 시각적으로 중요한 종은 식재의 모든 층에
존재한다. 예를 들어 버지니아의 열린 숲에는
연필향나무Juniperus virginiana가, 애리조나의 사막
초원에는 한해살이풀인 금영화Eschscholzia californica가
두드러질 것이다. 중요한 점은 목표 경관과 다른
원형경관의 종을 사용하지 말라는 것이다. 예를
들어 목표가 열린 숲이라면 초지 식물은 배제해야
한다. 루엘리아 후밀리스Ruellia humilis나 꽃그령Eregrostis
spectabilis 같은 종들은 햇빛이 잘 드는 초지에는
적합하지만, 그늘진 환경에서는 좋지 않은 잎의
색감과 질감 때문에 결과가 나빠질 수 있다.

전략 2: 식물 패턴을 눈에 보이게 하라

자리 잡은 식물군락은 시각적으로 놀라운 패턴을
형성한다. 때때로 하나의 종이 만들어 내는 작은
조각들이 좀더 지배적인 종이 이루는 바다 안에서
작은 섬들로 합쳐지기도 한다. 다른 경우에는

원형경관을 연상시키는 종

아래의 모든 종은 고유한 서식처와 깊은 연관성이 있으며, 더 큰 경관과의 연결을 제안하는 중요한 디자인 도구다.

← 시뮬라타에키나세아 *Echinacea simulata*는 야생 초원을 강하게 연상시킨다.
→ 아스클레피아스 투베로사 *Asclepias tuberosa*는 건조 초원에서 잘 자란다.

← 자관백미꽃 *Asclepias incarnata*은 화려한 습초원을 떠오르게 한다.
→ 살비아 네모로사 '카라돈나' *Salvia nemorosa* 'Caradonna', 개박하 *Nepeta*, 털수염풀 *Nassella tenuissima*은 건조 초원에서 기원한 식물들이다.

← 등심붓꽃 '루체른' *Sisyrinchium angustifolium* 'Lucerne'은 범람원 경관을 연상시킨다.
→ 유리비아 디바리카타 *Eurybia divaricata*, 설설고사리 *Thelypteris decursive-pinnata*는 울창한 숲 경관을 떠올리게 한다.

애덤 우드러프의 존스 로드 Jones Road 정원 디자인은 바늘새풀 '칼 푀르스터' *Calamagrostis × acutiflora* 'Karl Foerster' 같은 단단한 식재 블록을 배경에 배치하여 전경의 복잡한 식물을 돋보이게 한다. 이러한 디자인은 공간에 층위를 더해 깊이감을 만들어 낸다.

밀집된 영양번식종 블록이 조각조각 이은 퀼트 같은 경관을 만들어 내기도 한다. 또 강조 종의 균일한 분산 배치가 복잡한 질감의 머트를 형성하기도 한다. 이러한 패턴은 그 자체로 아름다울 뿐만 아니라, 식물들이 경쟁하고 공존하는 방식을 보여 주는 중요한 단서를 제공한다.

디자이너는 자연적인 분포 패턴을 여러 방식으로 양식화할 수 있다. 가장 간단한 방법은 야생의 패턴보다 더 촘촘하고 밀집된, 큰 패턴을 만드는 것이다. 예를 들어 야생에서 아스테르 *Aster*가 풀밭에서 느슨하게 퍼져 나간다면, 디자인된 식재에서는 더 큰 아스테르 덩어리로 표현할 수 있다. 또 리아트리스 스피카타 *Liatris spicata*가 초원에서 드문드문 자란다면, 디자인된 식재에서는 다섯 개 또는 일곱 개의 군락으로 더 강렬하고 가시적인 패턴으로 만들 수 있다. 작은 정원에서 같은 효과를 얻으려면 같은 종을 더 많이, 더 높은 밀도로 사용해야 한다.

종을 덩어리로 배치하는 것은 디자이너가 자연 패턴을 예술적이고 일관되게 표현할 때 사용할 수 있는 중요한 도구 중 하나다. 집단 배치는 각 종이 자연에서 배열되는 방식을 바탕으로 고려해야 한다. 식물의 사회성 sociability, 즉 같은 개체군 안에서 식물들이 서로 어느 정도 거리를 두고 자라는가 하는 특성은, 어떤

식재디자인의 과정

식물을 군집으로 식재해야 하고 어떤 식물을 개별적으로 배치해야 하는지를 구분하는 데 좋은 기준을 제공한다. 독일 연구자 헤르만 뮈셀Hermann Müssel, 로즈마리 바이세Rosemarie Weisse, 프리드리히 슈탈Friedrich Stahl, 리하르트 한젠은 식물을 다섯 가지 범주로 분류했다. 한쪽 끝에는 단독 표본(1)이 있고, 다른 쪽 끝에는 번식력이 강한 지피식물(5)이 있다. 사회성 척도의 낮은 쪽에 속하는 식물들(1과 2)은 일반적으로 키가 크고 시각적으로 지배적이기 때문에 개별적으로 또는 3~10개의 작은 덩어리로 배치해야 한다. 예를 들어 아스클레피아스 투베로사Asclepias tuberosa나 에키나세아Echinacea는 대부분 야생에서 개별적으로 흩어져 있다. 반면 사회성 척도가 높은 식물들(3~5)은 우수한 지피식물로, 10~20개 이상의 큰 덩어리로 배치해야 한다. 여러해살이풀인 단풍매화헐떡이풀Tiarella cordifolia이나 낮은 키 목본인 로부시블루베리Vaccinium angustifolium가 이에 해당한다. 사회성 척도가 높은 종들(4와 5)은 좋은 지피식물의 형태와 습성을 가지고 있어 더 큰 여러해살이 식물 아래에 대량으로 배치할 수 있다. 사회성 수준은 구조 식물이나 계절주제식물로 사용할 수 있는 종을 이해하는 데 중요한 정보를 제공한다.

디자인 설명서 작성

목표로 하는 경관과 강조할 요소들이 명확해졌다면, 다음 단계는 그 경관을 대상지에 어떻게 적용할지 정하는 것이다. 장기적인 경관 목표의 실현을 위해 필요한 몇 가지 실행 계획을 적어 보는 것은 도움이 된다. 이는 기업의 전략 보고서와 유사한 형식으로 작성할 수 있다. 설명서에 정리한 점검해야 할 목록은 식재의 큰 공간적 틀을 만들어 가는 데 도움이 된다. 대상지에 원형을 적용할 때 가이드 역할을 해 줄 디자인 대응책을 설명하는 설명서는 짧고, 직접적이며, 실행 지향적이어야 한다. 목표는 우리가 세운 개념의 완전성을 보장할 핵심 활동을 구체화하는 것이다. 이 설명서는 미래의 모든 디자인 문제에 대한 필터 역할을 하며 디자인의 진행 방향을 유지하고 중요한 실수를 방지하도록 돕는다.

아직 식물 선택에 집중하지 말자. 여기서 중요한 것은 개방된 공간과 밀폐된 수관층의 패턴을 이해하고, 서로 다른 구성 층을 분리하며, 최종 식재의 특성을 설명하는 것이다. 또 제거 대상을 식별해야 한다. 키 큰 침입성 관목지대를 저지대 여러해살이 식물의 모자이크로 대체하거나, 초지를 확장하기 위한 목본 제거 등이 해당한다. 궁극적으로 디자인 설명서는 항상 목표 경관을 참조하며, 원형 실현에 필요한 작업에 중점을 둔다. 식재디자인은 물리적 대상지를 조성하는 것만큼이나 개념을 구축하는 과정이라는 점을 기억하자. 경관 목표를 선택하고 개념적으로 발전시키는 데 시간을 투자해야 디자인 후반부에서 시간을 상당히 절약할 수 있다. 식재디자인 대부분은 대상지 분석에서 바로 식물 선택으로 넘어간다. 큰 흐름을 계획하면 식물 선택 기준을 명확히 할 수 있어 시간을 절약하고 노력을 줄일 수 있다. 154쪽의 도표는 대상지와 목표를 이해한 후, 디자인 대응이 설명서에 어떻게 드러날 수 있는지 세 가지 예를 제공한다.

사회성 단계

식물은 사회성 단계에 따라 구분할 수 있다.
자료 출처_한젠Hansen과 슈탈Stahl(1997)

1 단계	2 단계	3 단계	4 단계	5 단계
개별 식물 또는 작은 그룹	3~10개 식물의 작은 그룹	10~20개 식물의 다소 큰 그룹	대규모 그룹	대규모 영역
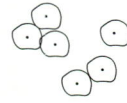		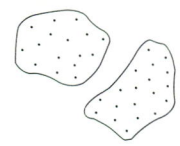	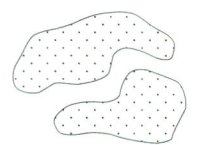	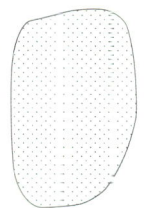
눈개승마 *Aruncus dioicus* 유카잎에린지움 *Eryngium yuccifolium* 유트로키움 피스툴로숨 *Eutrochium fistulosum* 하늘바라기 *Heliopsis helianthoides* 큰개기장 *Panicum virgatum* 세시아미역취 *Solidago caesia* 스포로볼루스 리디아 *Sporobolus wrightii* 베르노니아 노베보라센시스 *Vernonia noveboracensis*	동의나물 *Caltha palustris* 솔잎금계국 *Coreopsis verticillata* 좀새풀 *Deschampsia cespitosa* 자주천인국 *Echinacea purpurea* 리아트리스 스피카타 *Liatris spicata* 모나르다 피스툴로사 *Monarda fistulosa* 피크난테뭄 플렉수오숨 *Pycnanthemum flexuosum* 심피오트리쿰 레버 *Symphyotrichum laeve*	서양톱풀 *Achillea millefolium* 캐나다매발톱꽃 *Aquilegia canadensis* 캐나다족도리풀 *Asarum canadense* 보우텔로우아 쿠르티펜둘라 *Bouteloua curtipendula* 제라늄 마쿨라툼 *Geranium maculatum* 긴꽃휴케라 *Heuchera longiflora* 모나르다 디디마 *Monarda didyma* 풀기다루드베키아 *Rudbeckia fulgida* 보우텔로우아 쿠르티펜둘라 *Bouteloua curtipendula*	알리움 세르누움 *Allium cernuum* 모로위사초 *Carex morrowii* 플란타기네아사초 *Carex plantaginea* 오공국화 *Chrysogonum virginianum* 풀켈루스풀켈루스 개망초 *Erigeron pulchellus* var. *pulchellus* 버지니아갯지치 *Mertensia virginica* 센시빌리스야산고비 *Onoclea sensibilis*	펜실베이니아사초 *Carex pensylvanica* 코노클리니움 켈레스티늄 *Conoclinium coelestinum* 프라가리으이데스뱀무 *Geum fragarioides* 히페리쿰 칼리시눔 *Hypericum calycinum* 파케라 아우레아 *Packera aurea* 세둠 스푸리움 *Sedum spurium* 램스이어 *Stachys byzantina* 단풍매화헐떡이풀 *Tiarella cordifolia*

디자인된 식물군락을 위한 개념적 틀

1. 기존 대상지	2. 목표 경관 (원형)	3. 강조 요소	4. 디자인 조치 (실행)	5. 질서 있는 틀 (인간적인 맥락에서)
• 가파른 경사면에 혼합 낙엽수 • 지면에 많은 침입성 관목과 덩굴	삼림	단단한 목재를 얻기 위한 활엽수들 반복 | 숲바닥에 다양하고 다채로운 여러해살이풀 모자이크	침입성 관목 제거 | 자생 관목을 이용한 대지 경계부 차폐 식재 | 가을에 강한 색감을 보여 주는 낙엽수 반복 식재 | 봄에 꽃이 피는 나무를 중심으로 소교목층 조성 | 지표면은 사초속 | 양치식물 | 초본을 혼합하여 층을 이루게 함	도로를 따라 비정형 생울타리 조성 | 경사면 아래로 내려가는 돌계단 길 | 계절마다 우세한 주제 식물 배치
• 분주한 도로 옆 • 흩어진 나무가 있는 교외 잔디밭	소림 가장자리	높이를 고려한 층을 이룬 식재 | 목본과 초본이 풍성하게 맞물린 구성	도로 차폐에 적합한 구조의 키 큰 관목 식재 | 중층에는 키 큰 여러해살이풀과 양치식물 혼합 | 다채로운 키 작은 여러해살이풀로 전면부 연출	계절별 주제(꽃, 가을 색상)로 차폐 역할의 식물 강조 | 동선을 따라 키 큰 관목에서 단정하고 키 작은 여러해살이풀로 자연스러운 높이 변화
• 업무 단지의 넓게 깎인 잔디밭 • 가장자리에는 작은 교목과 관목들이 관목림의 천이 과정처럼 연결됨	초원	낮고 고른 높이의 초지 | 계절마다 꽃이 피는 여러해살이풀 띠무리	목본류 제거 | 키 작은 그라스류의 매트릭스 | 계절마다 우세한 여러해살이풀을 이용한 일련의 색상 변화 연출	초지 경계부를 따라 잔디 가장자리 조성 | 식재 경계부에 키 작은 그라스 깔끔하게 모아서 배치

↗ 토머스 레이너의 정원에는 칼라민타 네페토이데스 *Calamintha nepetoides*가 잔디밭과 깔끔한 경계를 이루고 있다.

물리적 틀 : 혼합식재를 위한 '질서 있는 틀' 형성

개념적 구조가 명확해지면 다음으로 식재의 물리적 구조를 디자인한다. 이때 앞서 언급한 '질서 있는 틀'의 개념을 적용하는 것이 좋다. 우리는 혼합식재가 인간적인 맥락에서 연관성을 가질 수 있도록 돕는 다양한 기법에 중점을 둘 것이다.

식재 화단의 형태

디자인된 식물군락은 크기나 모양에 거의 제한이 없다. 작은 주택 정원에서는 화단 하나 정도의 크기일 수 있으며, 더 작은 도시 부지에서는 강한 기하학적 형태의 화단이 그 의도성을 명확하게 드러낼 수 있는 좋은 방법이다. 식재가 복잡할수록 형태는 단순해야 더 효과적이다. 건축물이나 다른 구조물과 인접한 도시에서는 단순한 직사각형 화단이 도시의 맥락에 맞는 깔끔한 틀을 제공한다.

사실 명확한 직사각형 화단과 식물이 조화를 이루며 도자이크처럼 구성된 아름다운 카펫을 떠올리는 것은 이러한 식재가 도시 환경에 어떻게 배치될 수 있는지를 이해하는 데 도움이 된다. 더 넓은 마당이 있는 교외 지역에서는 넓은 화단이 더 적합할 수 있다. 만약 기하학적 형태가 부지에 더 어울린다고 판단된다면, 작은 물결 모양의 화단보다는 단순하고 반지름이 큰 곡선을 사용하는 것이 좋다. 화단의 선형은 표현이 클 때 가장 명확하게 인식된다. 단일 곡선이나 넓고 부드러운 'S' 모양은 공간을 충분히 신비롭고 복잡하게 만들 수 있다. 지나치게 복잡한 곡선은 인위적이고 진부하게 느껴져 자연주의적 경관보다는 미니어처 골프 코스처럼 보일 위험이 있다.

← 눈높이 아래의 식재는
눈높이 위의 식재보다 적용하기
쉽다. 예를 들어 몰리니아
세룰레아 아룬디나세아
'스카이레이서' Molinia caerulea
ssp. arundinacea 'Skyracer'처럼
줄기에 잎이 없는 키 큰 식물은
시선이 잘 통과할 수 있으면서도
시각적 강조점을 더해 준다.
→ 오랜 기간 관상 요소를
유지하는 살비아 네모로사
'카라돈나' Salvia nemorosa
'Caradonna', 세슬레리아
아우툼날리스 Sesleria autumnalis,
정향풀 '블루 아이스' Amsonia 'Blue
Ice', 털휴케라 Heuchera villosa는
애덤 우드러프의 혼합식재를
질서 있고 정돈된 느낌으로
만들어 준다.

식재 높이의 제한

식재의 높이를 제어하는 것은 도시 환경에
어울리게 만드는 가장 효과적인 방법 중 하나다.
환경심리학은 사람들이 탁 트인 시야를 제공하는
공간을 선호한다고 오랫동안 주장해 왔다. 따라서
식재가 허리나 가슴 높이를 넘으면 중압감을 느낄
수 있다. 물론 예외적으로 차단이 필요한 경우도
있지만, 대체로 사람들은 시각적으로 명확하게
정의된 화단을 더 쉽게 받아들인다. 식물 대부분은
허리 높이인 45~75센티미터 이하로 유지하는
것이 이상적이며, 드물게 키가 크고 잎이 적어
식물 뒤도 잘 보이는 큰루드베키아 Rudbeckia maxima,
진퍼리새 Molinia, 소르가스트룸 Sorghastrum 같은
식물은 강조 요소로 사용할 수 있다.

식재 틀 만들기

식재를 둘러싼 틀을 명확하게 하는 것은
야생적인 식재를 의도적으로 드러내며 부지에
잘 어울리도록 만드는 가장 효과적인 방법 중
하나다. 이는 다양한 형태로 나타날 수 있다. 예를
들어 잔디는 화단과 대비를 이루는 고전적인
요소다. 초지 스타일의 식재 주변에 단순한 잔디
경계를 두면 깔끔한 경계선을 제공하여 관리되고
있음을 암시한다. 미국의 주택 정원에서는 잔디가
관행적인 요소로 자리 잡고 있기 때문에, 잔디를
완전히 대체하지 않고도 디자인된 식물군락을
잔디 옆에 배치할 수 있다. 이러한 방식으로 잔디와
화단은 서로 시너지를 발휘하며 각각의 시각적
효과를 증대시킨다.

하드스케이프와 벽체, 생울타리, 펜스 같은

건축적 정원 요소는 식재 주변에 매력적인 외부 틀을 형성할 수 있다. 관행적인 여러해살이풀 경계 화단은 복잡하고 층을 이루는 초본 식재의 틀로 오랫동안 자갈 경계, 회양목 화단, 주목 생울타리를 사용해 왔다. 이러한 틀 전략은 중정이나 도시 정원처럼 작고 정형적인 공간에서 특히 효과적이다. 마지막으로 가로질러 접근할 수 있도록 하는 동선은 유지·관리를 쉽게 해 줄 뿐만 아니라, 선명한 경계를 제공하는 두 가지 기능을 수행할 수 있다. 시골 정원에서는 하드스케이프나 깎아 다듬은 진정한 생울타리가 실용적이지 않은 대신 동선이 중요한 역할을 한다. 개방된 부지에서는 깔끔하게 다듬은 잔디 동선이 디자인된 식재와 야생 식재wild planting를 효과적으로 구분하는 수단이 된다. 열려 있는 소림에서는 멀칭재가 포설된 동선이 식재가 가장 집중된 구역을 명확하게 구분하는 데 도움을 줄 수 있다.

식물 자체로도 틀을 형성할 수 있다. 예를 들어 도시의 초지 주변에 세슬레리아 아우툼날리스 *Sesleria autumnalis*, 칼라민타 네페토이데스*Calamintha nepetoides*, 별정향풀*Amsonia tabernaemontana* 같은 키 작은 종을 배치하는 방법이 있다. 또 초여름에 키가 큰 초지의 외곽 식물을 1.5미터 높이로 잘라서 낮고 단정하게 유지할 수도 있다. 이 기법은 미국의 초지 전문가 래리 위너Larry Weaner가 키 큰 초지군락에 동선을 만들 때 사용하는 방법이다. 식물로 형성된 틀은 건축적 요소만큼 효과적일 뿐

아니라, 대체로 더 자연스럽고 다루기 쉽다.
이 모든 전략들은 나사우어가 '경관의 통속적
어휘vernacular language of landscape'라 부르는 개념에
기반하여 식재에 틀과 새로운 형태를 구성한다.
식재의 틀 형성은 그 맥락을 정의하는 데 도움이
된다. 그러나 궁극적으로 성공적인 식재는
기능적이고 아름다워야 한다. 다음 장에서는
식물들이 어떻게 층을 이루고 조합되어 자연을
연상시키는 지속 가능한 식재를 완성하는지
살펴볼 것이다.

← 보우텔로우아 쿠르티펀둘라
Bouteloua curtipendula,
꽃그령*Eragrostis spectabilis*,
스코파리움쇠풀*Schizachyrum scoparium* 같은 키 작은 그라스 매트릭스는 페로브스키이 *Perovskia*, 등골나물*Eupatorium*과 조화를 이룬다.
→ 띠 형태의 낮은 혼합초지 식재는 테리구엔디자인 어소시에이츠의 디자인을 도시의 맥락과 연결하는 데 도움을 준다.

↑ 경계 펜스rail fence는 식재 공간에 구조적인 틀을 제공하면서 동시에 전원 분위기를 연출하는 효과가 있다.
↓ 스코파리움쇠풀Schizachyrium scoparium 같은 키 작은 그라스는 빗물 식재의 가장자리를 형성하고, 버지니아냉초Veronicastrum virginicum 같은 키 큰 여러해살이풀은 화단의 중앙에 배치된다.

↑ 꾸준히 단정한 외관을 유지하는 키 작은 식물들은 파종해 만든 혼합초지에 틀을 만들기 위해 보도 가장자리에 심겼다. 세슬레리아 아우툼날리스Sesleria autumnalis와 정향풀 '블루 아이스'Amsonia 'Blue Ice'는 틀을 만들기 위한 식재로 적합한 선택이다.
↓ 벤치와 키 작은 그라스가 식재의 틀을 형성한다.

식물 간 관계

식물 간 관계는 군락을 정의하는 중요한 요소다. 여기서는 멀칭재의 과도한 사용, 가지치기, 넓은 식재 간격같이 식물 간 상호작용을 억제하는 관행적인 조경 기법을 배제하고, 다양한 식물이 서로 다른 생태적 지위를 차지하면서 밀접하게 어우러지는 모자이크 식재를 선호한다. 명확하게 정의된 경관 목표와 잘 디자인된 틀이 있을 때, 식재는 그 진가를 발휘하며 감정적 울림을 전할 수 있다. 디자인 틀에 따라 식물이 선정된다. 디자인을 다양한 식물 층으로 채워질 일련의 빈 틀로 생각해 보자. 건조한 토양이나 그늘진 환경에 맞는 식물 목록을 바로 작성하기보다는 먼저 그 빈 틀을 채울 적합한 식물 유형을 결정하는 것이 중요하다. 식물 선정에 대한 우리의 접근 방식은 경관을 수직적으로 층층이 구성하는 데 중점을 둔다. 이는 한 장소에 한 가지 식물을 심는 관행적인 단일 블록 식재와는 다르다. 우리는 시간과 공간 속에서 서로 다른 층을 차지하는 다양한 식물을 고려하는 방식을 선호한다. 이러한 중첩 구성 접근법은 명확한 의도 아래 높은 밀도와 종다양성을 실현할 수 있게 한다. 다양한 층을 정의하는 것은 어떻게 자라는지, 다른 식물과 어떻게 경쟁하는지, 이런 식물의 습성뿐만 아니라 디자인 틀에도 적용된다.

식물 선정 도구 : 다양한 식물 전략 체계

다양한 식물 층위를 설명하기에 앞서, 간단히 몇 가지 세계적인 식물 전략 체계를 살펴보고자 한다. 세대에 걸쳐 식물 전문가와 디자이너 들은 좋은 식재디자인을 위한 일반적인 지침을 개발하기 위해 다양한 식물 분류를 시도해 왔다. 이러한 접근법은 순전히 경험적인 방식에서부터 과학에 기관한 식물 분류에 이르기까지 다양하다. 비록 어떤 방법도 완벽한 식재디자인 방식을 창출하지는 못했지만, 각각의 장점을 단순화하고 결합하면 유용한 도구가 된다. 여기에 소개하는 세 가지 체계는 디자이너들이 현재 시장에서 활용할 수 있는 방대한 종과 품종을 실용적인 식재디자인 요소로 변환하는 데 필요한 도구를 제공한다.

식물 서식처 중심 체계의 사상적 리더들
리하르트 한젠과 프리드리히 슈탈은 그들의 혁신적인 저서 《여러해살이풀과 정원 서식처Perennials and their Garden Habitats》(1979)에서 식물이 야생 서식처와 유사한 조건에 식재되면 더 오래 살고, 더 회복탄력적이며, 관리가 쉬워진다고 주장했다. 이 아이디어에 따르면 지중해의 세이지, 캘리포니아 채퍼럴chaparral의 한해살이풀들, 유라시아 관목지대의 그라스를 조합하면 안정적이면서도 완전히 새로운 식물군락을 형성할 수 있다. 한젠은 신중하게 선택된 식물 목록이 대부분 자기 조절이 가능한 '살아 있는 땅 덮개'를 만들 수 있다고 제안했다. 독일 바이헨슈테판Weihenstephan에서 실행한 광범위한 장기 실험은 이 방법의 일부 성공을 입증했다. 한젠의 서식처 체계는 식물군락 형성에 중요한 통찰력을 제공한다. 하지만 한젠의 식물 목록은 당시 유럽에서 이용할 수 있는 종을 기반으로 작성되었기 때문에 이를 다른 지역에 적용하려면 높은 수준의 식물 지식이 필요하다. 또 피트 아우돌프와 페트라 펠츠와 같은 세계적으로 유명한 디자이너들은 서로 다른 서식처의 식물을

↑ 야생에서는 식물 개체군이 종종 서로 중첩되며 자라는 모습을 볼 수 있다. 예를 들어 펜실베이니아사초*Carex pensylvanica*의 매트릭스 위로 포도필룸 펠타툼*Podophyllum peltatum*이 자라는 경우가 있다.

↓ 위에서 보면 이 관행적으로 조성된 솔정향풀*Amsonia hubrichtii* 군락은 꽉 차 보이지만, 측면에서 보면 다른 식물들이 자랄 수 있는 빈 공간이 많이 남아 있음을 알 수 있다.

활용해 성공적인 식물군락을 만들어 냈다. 하지만 이 전략은 초지나 숲 같은 다양한 서식처의 식물을 어떻게 효과적으로 디자인할 수 있는지는 명확하게 설명하지 않는다. 그러나 유럽 생태학에서는 이 서식처 접근법의 한계를 해결할 수 있는 다른 방법이 발전했으며, 그라임의 범용 적응 전략 이론UAST: universal adaptive strategy theory이 그 예다.

존 필립 그라임의 식물 생존 전략

영국의 생태학자 존 필립 그라임John Philip Grime의 전략은 자연 환경에서 볼 수 있는 식물의 습성을 설명한다. 그의 연구는 식물이 서식처 안에서 직면하는 제한된 자원에 어떻게 적응하는지에 중점을 둔다. 그는 식물이 야생에서 겪는 세 가지 주요 제한 요인을 다음과 같이 설명했다. ① 같은 군락 내 다른 종 때문에 생기는 강한 경쟁, ② 가뭄이나 그늘 같은 스트레스 조건, ③ 불이나 초식동물이 야기하는 높은 수준의 외부 교란터주 영향이다. 이 세 가지 요인은 식물의 서로 다른 반응과 생존 전략을 이끌어 내며, 식물은 자신이 직면한 제한 요인에 따라 생육·유지 또는 재생에 자원을 주로 할당하게 된다. 그라임은 자원 할당 사이에 항상 세 가지 상호 절충이 있다는 사실을 발견했으며, 그의 C-S-R 이론은 식물이 경쟁Competition, 스트레스Stress, 그리고 터주 영향Ruderal influences에 얼마나 잘 대응하는지에 따라 세 가지 범주로 나눈다.

C : 경쟁자　이 범주의 식물은 스트레스와 교란이 적은 서식처에서 번성한다. 이러한 지역은 완벽한 성장 조건을 제공하기 때문에 많은 종이 몰려들어 치열한 경쟁이 벌어진다. 이 범주의 식물은 생존을 위해 다른 식물을 능가하는 능력을 갖추고 있으며, 사용할 수 있는 자원을 효율적으로 활용하며 빠른 성장과 높은 생산성 같은 고도로 적응된 전략을 발달시킨다. 이 범주에는 선호도가 높은 프레리식물과 적습성 초지 식물이 포함된다.

S : 스트레스내성자　높은 스트레스 강도와 낮은 교란 수준의 지역에서 생존하기 위해 식물은 자원을 생체량 유지에 집중한다. 대표적인 반응 전략으로는 느린 성장과 생리적 변동성이 포함된다. 성공적인 스트레스 내성 식물은 영양소를 보존하기 위해 장기간 잎을 유지하고 계절적 변화가 적다. 이 범주에는 옥상 녹화에 적합한 종과 봄에 짧게 개화하는 이른 봄 식물이 속한다.

R : 터주자　터주자는 교란이 많고 스트레스가 적은 지역에서 잘 자란다. 성공적인 생존을 위해 이들은 고란된 시기 사이에 빠르게 성장해야 하며, 짧은 시간 안에 전체 생애주기를 끝내야 한다. 이 범주의 식물은 체내 자원을 주로 재생에 집중하여 대량의 종자를 생산한다. 많은 사람이 선호하는 한해살이풀 중 일부가 터주식물에 속하지만, 흔히 골칫거리로 여겨지는 정원 잡초도 이 범주에 속한다. 터주식물은 종종 교란된 범람원이나 서로 경작된 정원의 화단을 빠르게 점령한다.

그라임의 C-S-R 전략은 극한 환경을 위한 식물군락 디자인에 강력한 도구가 될 수 있다. 예를 들어 도시의 가로 식재는 보행자 통행, 반려동물, 그리고 거리 청소 장비 때문에 지속적인 교란을 겪는다. 따라서 R-전략식물터주자의 조합은 교란 후 스스로 회복할 수 있는 균형 있고 오래 지속되는 디자인을 이끌어 낼 가능성이 크다. 그러나 그라임 모델의 단점은 매우 소수의 식물만이 이 세 가지 범주 중 하나에 속한다는 점이다. 식물 대부분은 이 세 가지 특성을 모두 어느 정도 가지고 있다. 따라서 이 모델은 개념적으로는 유용하지만, 식물을 실질적으로 조합할 때 필요한 구체적인 지침을 제공하는 데는 한계가 있다.

리하르트 한젠의 아이디어는 독일 바인하임Weinheim의 헤르만스호프Hermannshof에서 계속 실험·발전되고 있다. 헤르만스호프는 세계에서 가장 영향력 있는 실험·시험 정원 중 하나로, 유라시아 스텝에서 영감을 받은 식물같이 전 세계 유사한 서식처에서 온 식물들이 조합되어 있다.

↑ C-전략식물에는 오랜 기간 영양번식으로 확산하는 식물들이 포함되며, 자기 자리를 지키는 유트로키움Eutrochium이 이에 해당한다.

→ S-전략식물에는 건조하고 척박한 토양을 견딜 수 있는 쑥Artemisia과 솔인진Ajania이 포함된다.

↓ R-전략식물에는 한해살이풀과 많은 정원 잡초가 포함되며, 이들은 빠르게 교란된 토양을 점거하지만 경쟁력은 약하다.

노르베르트 퀸의 식물 전략별 모델

독일의 노르베르트 퀸Norbert Kühn 교수는 한젠과 그라임 모델의 강점과 한계를 인식하고, 식물이 부지 조건에 어떻게 반응하는지, 그 형태와 번식, 확산의 특성, 그리고 일시적인 생태적 지위를 고려하여 두 모델을 발전시켰다. 그 결과 퀸은 한젠과 그라임의 모델을 통합하고 변형하여 식물군락 디자인에 매우 유용한 도구를 만들어 냈다. 처음으로 식물의 적응 전략이 모델에 포함되었다. 식물은 스트레스를 견딜 수도 있고, 아예 피할 수도 있다. 만약 모든 부지 조건과 식물 적응성의 조합을 고려한다면, 모델은 매우 복잡해져 식재디자인에서 그 명료성과 실용성을 잃게 된다. 따라서 퀸은 정원 환경에서 가장 관련성이 높은 시나리오에 초점을 맞추어, 적응 전략을 여덟 가지 주요 범주로 좁혔다.

퀸은 2011년에 출판한 그의 저서 《새로운 여러해살이풀 식물적용법Neue Staudenverwendung》에서 각 유형을 여러 하위 범주로 나누어 보다 정확한 분류가 가능하게 했고, 디자인된 식물군락의 각 부분에 적합한 종을 선택할 때 이 도구를 활용할 수 있도록 더 나은 지침을 제시하고 있다. 예를 들어 유지·관리가 거의 필요 없는 새로운 식재에서는 유형4에 속하는 키 큰 여러해살이풀을 디자인층으로 사용하고, 그 아래에 지피식물인 유형5를 배치하여 유지·관리가 거의 필요 없는 식재를 만들 수 있다. 이러한 식물 분류 체계의 요소들은 식재디자인에서 호환 가능한 종을 선정하고 조합하는 데 큰 도움이 될 것이다.

수직적 층위

이 세 가지 체계를 종합하면 디자이너가 식물을 선정하고 조합하는 데 사용할 수 있는 다양한 도구로 사용할 수 있다. 모두 식물 중심 모델로, 식물과 환경 간 관계를 우선시한다. 그러나 식재디자인 측면에서 이 체계들은 몇 가지 약점이 있다. 예를 들어 이 체계들은 식물 선정에 있어 모두 디자이너에게 높은 수준의 식물 지식을 요구한다. 리하르트 한젠의 모델은 디자이너에게 가장 초점을 맞추고 있지만, 특정 지역에 특화된 식물 목록에 크게 의존한다. 또 세 가지 체계 모두 식물의 기능적 배치를 강조하지만, 미적 배치에 관한 구체적인 지침은 거의 제공하지 않는다. 마지막으로 이 모델들은 개념적인 성격이 강하기 때문에 실질적인 응용은 대부분 디자이너의 해석에 좌우된다.

우리의 목표는 각 체계에서 가장 관련성이 높은 요소를 추출하여 단순화된 접근 방식을 제공하는 것이다. 우리는 식물을 유형이나 범주로 나누어 생각하기보다 대상지에 순차적으로 추가되는 일련의 층으로 생각하는 것에서 시작한다. 이 층들은 건축물의 층처럼 수직으로 배열되며, 대상지에 적용될 준비가 될 때까지 각각 명확하게 구분되고 독립적으로 존재한다. 식물 선정 과정은 가장 키가 크고 시각적으로 두드러진 층에서 시작하여 점차 더 낮고 기능적인 층으로 이동한다. 앞서 언급한 식물 전략 체계는 각 층을 적절한 습성, 서식처 연관성, 생존 전략을 가진 식물들로 밀도 있게 채우는 데 도움을 줄 것이다. 그러나 구체적인 층을 설명하기에 앞서, 층을 두 가지 범주로 나눌 수 있다는 사실을 이해해야 한다. 바로 디자인층과 기능층이다.

퀸의 식물 유형

《새로운 여러해살이풀 식물적용법》(2011)

범주	사례 식물	특징
유형 1 보수적 생육 전략	라벤더 Lavandula, 산톨리나 Santolina, 꽃잔디 Phlox subulata	이 범주의 식물들은 천천히, 하지만 일관성 있게 자란다. 이 그룹에는 키가 작고 기어다니는 습성이 있는 지표식물 chamaephytes이 포함된다. 이들은 암반, 건조한 초지, 고산지대 같은 자원이 매우 제한된 극단적인 환경에서 발견된다. 다른 종들과의 경쟁은 거의 없거나 매우 제한적이다. 정원사가 대상지의 조건을 개선하면 종종 수명이 짧아지는 경향을 보인다.
유형 2 적당한 스트레스 적응 전략	매발톱 Aquilegia, 호스타 Hosta, 살비아 네모로사 Salvia nemorosa	부지의 햇빛·수분·영양 조건 부족이 식물의 성장을 제한할 수 있다. 이 그룹의 식물들은 스트레스가 많은 환경에서 경쟁하지만, 이상적인 조건에서는 은엽, 큰 잎, 긴 수명 같은 고유한 형태학적 스트레스 적응 특성을 잃을 수 있다.
유형 3 스트레스 회피 전략	조기에 개화하는 숲속 식물들과 봄철 지중식물. 헬레보루스 Helleborus, 크로커스 Crocus, 알리움 크리스토피이 Allium christophii	이 범주에는 봄맞이지중식물이 포함되며, 최적의 생장 조건에서 매우 빠르게 생애주기를 끝내 버려서 스트레스 상황을 완전히 피한다. 그리고 불리한 조건과 스트레스를 피하기 위해 휴면 상태로 들어간다. 정원사와 디자이너 들은 이런 식물을 활용하여 정원의 계절을 연장한다.
유형 4 영역 점유 전략	키 큰 여러해살이풀. 풀기다루드베키아 Rudbeckia fulgida, 풀협죽도 Phlox paniculata, 미크로세팔루스해바라기 Helianthus microcephalus	이 그룹의 여러해살이풀은 범람원 초지나 키 큰 그라스가 자라는 프레리같이 뛰어난 생장 조건을 가진 서식처에서 유래한다. 이러한 지역은 경쟁이 치열하며, 생존은 자신의 위치를 지킬 수 있는 능력에 달려 있다. 디자이너들은 이 범주의 식물을 여러해살이풀의 구조적 틀로 활용한다.
유형 5 영역 피복 전략	피뿌리쥐손이 Geranium sanguineum, 수호초 Pachysandra, 케라토스티그마 Ceratostigma	퀸은 이 범주에 낮은 높이의 카펫형 지피식물을 포함한다. 이들은 주로 숲 가장자리 서식처에서 발견되며, 생존 전략은 가능한 모든 서식처 공간을 조밀하게 덮는 것이다. 식재디자이너들은 이를 대규모로 사용하거나, 유형 4 전략의 종 아래에 녹색의 살아 있는 멀칭재처럼 활용한다.
유형 6 영역 확장 전략	아주가 Ajuga, 라미아스트룸 Lamiastrum, 주름미역취 Solidago rugosa, 큰까치수염 Lysimachia clethroides, 점등골나물 Eutrochium maculatum	이 범주에는 공격적인 복제 번식으로 확산하는 습성을 가진 종들이 포함된다. 이 전략은 매우 역동적인 서식처 조건에 대한 반응으로, 식물이 빠르게 새로운 지면을 덮을 수 있게 한다. 키 작은 지피식물과 키 큰 복제성 여러해살이풀 모두를 포함한다.
유형 7 지위 점유 전략	살비아 프라텐시스 Salvia pratensis, 페티쿠스수선화 Narcissus poeticus, 콜키쿰 아우툼날레 Colchicum autumnale 같은 초지 식물	이 적응 전략은 관리되는 초지와 건초밭 같은 개방된 서식처에서 특히 성공적이다. 봄에 지면이 따뜻해지면 이 유형의 종은 빠르게 성장하며 생동감 넘치는 여름 색상으로 놀라움을 준다. 첫 생장주기가 빠르게 완료된 후에 다시 잘라 내면, 종종 늦여름이나 가을에 다시 꽃을 피운다.
유형 8 틈새 점유 전략	개망초 Erigeron annuus, 디기탈리스 Digitalis purpurea, 가우라 Gaura lindheimeri 같은 터주식물	이 유형의 식물은 자연적으로 수명이 짧고 많은 양의 종자를 생산한다. 매우 역동적이며, 해안, 도시 또는 범람원 같은 기계적 교란이 잦은 지역에 특히 잘 적응되어 있다. 이러한 종들은 경쟁을 잘 견디지 못해 교란이 멈추면 사라지지만, 올바르게 관리된다면 그들의 역동적인 특성은 디자인된 식물군락 내에서 신선한 변화를 만들어 낼 수 있다.

← 디자인층은 일반적으로
눈높이에서 쉽게 볼 수
있는 식물들로 구성된다.
페르폴리아툼등골나물
Eupatorium perfoliatum 같은
식물이 이 범주에 해당한다.
→ 기능층은 디자인층의
키 큰 식물 아래에서
자라는 낮은 지피식물들로
구성된다. 사진에서는
펜실베이니아사초Carex
pensylvanica가 아스클레피아스
푸르푸라센스Asclepias
purpurascens의 아래쪽 땅을
덮고 있다.

디자인층

디자인층layers은 군락 내에서 가장 키가 크고 시각적으로 우세한 종으로 묘사된다. 이러한 식물들은 경관의 인상을 결정한다. 독특한 구조와 큰 키, 강렬한 색상과 질감으로 시선을 끈다. 디자인층에는 일반적으로 수목, 우줌 관목, 키 큰 여러해살이풀, 그리고 그라스가 포함된다. 예를 들어 상록수나 키 큰 직립형 그라스는 명확한 구조적 요소를 제공하며, 가을 초지어서 색상 변화를 이끄는 아스테르Aster와 산속 개울가에서 꽃을 피우는 로도덴도론Rhododendron 군락처럼 극적인 계절적 변화의 순간을 연출한다. 이 층위에 속하는 식물은 시각적으로 가장 두드러지지만 항상 식재의 가장 큰 비율을 차지하는 것은 아니다. 이 층위를 '디자인층'이라 부르는 이유는 그 주된 목표가 시각적으로 기분 좋아지게 하는 원예적 효과 창출에 있기 때문이다. 이러한 식물들이 생태적으로도 중요한 역할을 할 수 있지만 디자인적인 관점에서 핵심은 미적인 배열에 있다.

기능층

기능층은 지면을 덮는 낮고 밀도 있는 식물들로 구성된다. 이 층은 가시성이 높은 디자인층과 달리 거의 눈에 띄지 않지만, 식재의 안정성과 지속 가능성을 좌우하는 중요한 역할을 한다. 이들의 주요 목적은 지표면을 덮고 빈틈을 채워서 잡초의 침입을 방지하는 것이다. 이를 통해 상위층의 여러해살이 식물들이 안정적으로 정착할 수 있도록 기반을 마련해 준다. 이 층을 구성하는 식물들 대부분은 키가 작고 둥근 형태이며, 다소 그늘에도 견디는 성질을 지닌 경우가 많다. 이들은 지배적인 식물 사이의 자투리 공간을 비집고

식재디자인의 과정

들어가는 특징이 있으며, 흔히 '틈새식물nook and cranny plants'이라 불린다. 이러한 특성 덕분에 기능층은 공간을 효율적으로 활용하고, 전체 식생 구조의 밀도를 높이는 데 기여한다. 종종 자가 번식하는 터주식물, 포복성식물, 또는 토양의 질소를 고정하는 콩과식물들이 포함된다. 탄소를 저장하고, 침식을 방지하며, 토양을 개선하고, 수분 매개 곤충에게 꿀을 제공하는 생태적 역할을 한다.

디자인층의 가독성, 기능층의 다양성

디자인층과 기능층의 차이를 이해하는 것은 아름다움과 기능의 균형 있는 유지에 중요하다. 미적으로 만족스러운 디자인은 복잡하고 다양할 수 있다. 디자이너는 디자인층에서 식물로 패턴이나 인상적인 계절적 순간을 상황에 맞게 유연하게 연출할 수 있다. 동시에 눈에 잘 띄지 않는 바닥층의 식물들은 다양성과 생태적 기능을 제공한다. 식재디자인에서 우리가 따르는 지침은 디자인층에서는 가독성을, 기능층에서는 다양성을 창조하는 것이다.

독일의 조경가 하이너 루츠는 가독성을 매우 높이기 위해 다량의 계절주제식물을 활용한 디자인 전략을 개발했다. 그의 개념인 '장면 주도의 원리'는 계절마다 화려한 장면을 연출할 수 있는 세 개에서 여섯 개의 주제식물을 선정하여 연속적으로 꽃이 피게 하는 것이다. 루츠는 독일 헤일브론Heilbronn의 지겔레이공원Ziegeleipark 설계에서 살비아Salvia와 붓꽃Iris을 층층이 배치해 이른 계절에 색의 폭발을 연출했다. 그 후에는 아스테르Aster와 절굿대Echinops가 또 다른 장관을 만들어 낸다. 이러한 주제식물들 아래에는 카르투시아노룸패랭이꽃Dianthus carthusianorum과 페나타나래새Stipa pennata 같은 키 작은 동반식물들이 지면을 덮어 더 미묘한 색상과 질감의 복잡성을 제공한다.

루츠는 동시대의 다른 식재디자이너들보다 디자인층과 기능층을 균형 있게 조화시키는 데 가장 뛰어난 인물인지도 모른다. 그는 자신의 접근법을 '대규모에서는 균일성, 소규모에서는 다양성'이라는 좌우명으로 설명한다. 디자인층에서 극적인 대규모 효과를 만들어 내면서, 소규모의 지피층에서는 생태적으로 중요한 다양성을 확보하는 것이다. 이러한 접근은 디자인의 명확성이나 대담한 장식적 품질을 희생하지 않으면서도 다양한 층을 활용한 식재의 완벽한 사례다.

디자인층과 기능층의 구분이 명확해지면 우리는 식물군락의 다양한 층위로 나아갈 수 있다. 디자인층에서는 시각적으로 지배적인 종을 식별하고, 기능층에서는 지피식물들이 식재를 진정한 군락으로 형성한다.

→ 독일 헤일브론의 지겔레이공원은 디자인된 식물군락의 놀라운 장식적 잠재력을 보여 준다. 하이너 루츠는 이 식재를 계층화하여 색상의 물결이 짧은 시간 간격으로 이어지게 했다: 살비아 네모로사 '카라돈나' *Salvia nemorosa* 'Caradonna', 카르투시아노룸패랭이꽃 *Dianthus carthusianorum*, 독일붓꽃*Iris germanica* 품종과 다른 붓꽃속 식물의 꽃이 늦봄에 피어난다. 계절이 지나면서 아스테르 프리카르티이 '분더 폰 슈테파' *Aster × frikartii* 'Wunder von Stäfa'와 페나타나래새*Stipa pennata*가 추가적인 계절주제를 드러낸다.

식재디자인의 과정

식물군락의 층위

	층위	비율	식물 예시	설명
디자인층	구조와 틀을 잡아 주는 식물	10~15퍼센트	안드로포곤 게라르디이 Andropogon gerardii, 자관백미꽃 Asclepias incarnata, 변경주선인장 Carnegia gigantea, 박태기나무 Cercis, 연필향나무 Juniperus virginiana, 생강나무 Lindera, 참나무 Quercus, 소르가스트룸 Sorghastrum, 냉초 Veronicastrum	식재의 시각적 구조를 형성하는 덩치가 큰 식물이다. 여기에는 교목, 관목, 직립형 그라스와 여러해살이풀, 그리고 큰 잎을 지닌 여러해살이풀이 포함된다. 이 층위의 식물은 뚜렷한 형태(윤곽)를 가지고 있으며 장수한다. 이러한 식물들은 경쟁자(C-전략식물) 또는 스트레스내성자(S-전략식물)일 가능성이 높다.
	계절주제식물	25~40퍼센트	정향풀 Amsonia, 아스테르 Aster, 원추리 Hemerocallis, 붓꽃 Iris, 갯지치 Mertensia, 로도덴드론 Rhododendron, 루드베키아 Rudbeckia, 살비아 Salvia, 미역취 Solidago	중간 높이의 식물은 꽃의 색상이나 질감 때문에 특정 계절 동안 시각적으로 두드러진다. 이 층의 식물은 꽃이 없을 때 구조식물의 녹색 배경 역할을 하며, 중장기 수명이다. 식물은 매스 또는 띠무리 형태로 자라는 경향이 있다. 이 범주에는 경쟁자(C-전략식물), 스트레스내성자(S-전략식물), 그리고 터주자(R-전략식물)가 포함될 수 있다.
기능층	지피식물	약 50퍼센트	사초 Carex, 숙근제라늄 Geranium, 수선화 Narcissus, 크로커스 Crocus, 휴케라 Heuchera, 파케라 Packera, 헐떡이풀 Tiarella, 나도양지꽃 Waldsteinia 같은 구조식물과 순간개화식물	키가 작고 그늘을 잘 견디는 종으로, 다른 식물들 사이의 지면을 덮는 역할을 한다. 이 식물들은 지피, 침식 방지, 밀원식물로 기능한다. 주로 뿌리줄기로 번식하며 스트레스내성자(S-전략식물)다.
	채움식물	5~10퍼센트	한해살이 개망초 Erigeron, 매발톱 Aquilegia, 기생초 Coreopsis, 금영화 Eschscholzia, 가우라 Gaura, 붉은숫잔대 Lobelia cardinalis, 애기똥풀 Stylophorum	일시적으로 공간을 채우고 짧은 계절적 연출을 하는 터주식물과 순간개화식물이다. 이러한 식물들은 빠르게 자라지만 경쟁에서 살아남지 못한다. 한해살이풀, 두해살이풀 그리고 짧게 사는 여러해살이풀이 이에 해당한다.

디자인된 식물군락의 층위

첫 번째 층: 구조식물

구조식물은 식재의 뼈대를 형성한다. 이들은 군락의 시각적 본질을 나타내며, 교목, 우점 관목, 키 큰 여러해살이풀과 그라스를 포함한다. 삼림과 소림에서 구조식물은 주로 수목으로, 우거진 지붕층과 상록성 수벽의 살아 있는 건축물을 형성한다. 관목 역시 구분되는 형태로 중요한 구조적 요소다. 초원군락에서는 인디언그래스 Sorghastrum nutans, 안드로포곤 게라르디이 Andropogon gerardii, 참억새 Miscanthus sinensis 같은 단독 직립형 그라스가 구조식물이 될 수 있다. 또 자관백미꽃 Asclepias incarnata, 버지니아냉초 Veronicastrum virginicum, 실피움 테레빈티나세움 Silphium terebinthinaceum 같은 키 큰 여러해살이풀도 포함된다. 특히 상부에 잎이 거의 없는 키 큰 여러해살이풀은 하층으로 빛이 투과될 수 있어 구조식물의 후보군에 해당한다.

이 층을 구분 짓는 요소는 식물 형태에 강조점이 있는지 여부다. 구조식물은 채움식물의 흐릿한 형태와 대비되는 독특한 형태를 가진 경향이 있다. 식물에 대해 확신이 서지 않을 경우, 식물의 윤곽을 생각해 보자. 개잎갈나무 Cedrus의 수직 원추형, 엉겅퀴 Cirsium의 뾰족한 구형, 유카 Yucca 특유의 촛대 모양 같은 꽃 등 윤곽이 독특하다면 구조식물일 가능성이 높다. 피트 아우돌프의 뛰어난 작업은 고도로 구조적인 식물과 더 흐릿하게 채워진 형태를 대조하여 훌륭한 효과를 보여 준다.

구조식물의 장점은 계절 내내 흥미로운 볼거리를 제공하여 식재에 시선을 고정시키는 역할을 한다는 것이다. 심지어 초본도 겨울에 마른 키 큰 그라스 형태나 어두운 색의 씨송이를 통해 구조를 제공할 수 있다.

구조층은 식물군락의 이미지를 형성한다. 지붕층과 관목층에서는 구조식물이 종종 수적으로 우세하지만, 초본층에서는 전체 식재의 비율에서 훨씬 낮은 비율을 차지하는 경우가 많다. 이러한 이유 때문에 초본 구조식물은 수가 적어서 계절주제를 형성하기 어렵다. 그러나 구조적 수목은 실제로 계절주제를 형성할 수 있다. 예를 들어, 봄에 꽃이 피는 박태기나무 Cercis나 가을에 잎에 물이 드는 단풍나무 Acer를 떠올릴 수 있다. 안정성과 신뢰성은 구조층의 주요 특성이다. 이러한 종들은 식재의 중요한 틀이 오래 지속될 수 있도록 보장한다. 이러한 이유로 다음과 같은 특성을 가진 종들을 선택해야 한다.

→ 오래 꽃을 피우는 구조적 여러해살이풀인 비르가툼부처꽃 Lythrum virgatum, 버지니아냉초 '패시네이션' Veronicastrum 'Fascination', 파랑배초향 Agastache foeniculum은 좀새풀 Deschampsia의 부드러운 질감과 뚜렷한 대비를 이룬다.

수명

구조적 틀을 형성하는 종은 수명이 길어야 한다. 예를 들어 에키나세아 Echinacea와 기생초 Coreopsis의 잡종은 이 층위에 적합하지 않다. 이 두 식물은 일반적으로 몇 년밖에 살지 못하기 때문에 디자인 구조를 유지하기 위해서는 정기적인 재식재가 필요하다.

식물의 수명 관련 정보는 디자이너에게 거의 제공되지 않으며, 대부분 입증되지 않았거나 주택 정원에서 관찰한 사실을 기반으로 한다. 식물의 기대 수명을 모를 경우, 양묘장이나 현지 식물 전문가에게 문의하는 것이 좋다. 마지막으로 식물의 종에 따른 수명은 대상지의

성장 조건에 크게 좌우된다. 예를 들어 리아트리스 스피카타Liatris spicata와 꽃그령Eragrostis spectabilis 같은 수명이 긴 식물도 점토 함량이 높거나 영양분이 풍부한 토양에서는 단명할 수 있다.

오래 지속되는 종들은 자리를 잡기까지 시간이 걸리는 경우가 많다. 이는 식물의 크기를 지정할 때 중요한 고려 사항이다. 예를 들어 밥티시아 아우스트랄리스Baptisia australis는 성숙한 너비와 높이에 도달하는 데 최대 3년이 걸릴 수 있다. 이 종은 에너지 대부분을 먼저 지하 저장 기관에 집중시키며, 이러한 저장 기관이 완전히 형성된 후에 비로소 지상부의 생장과 꽃에 에너지를 쏟는다. 일단 뿌리계가 자리 잡으면 이 종은 탁월한 회복탄력성을 보인다. 태우기나 풀베기 같은 교란 후에도 쉽게 다시 자란다. 따라서 이 층의 식물은 더 크고 잘 자리 잡는 뿌리계를 가진 식물을 고려해야 한다. 종자나 플러그묘플라스틱 또는 스티로폼 연결 포트에 파종하여 육묘한 묘를 사용하는 경우, 성숙한 식물이 되기까지 몇 년이 걸릴 수 있다.

다발형 식물

구조층에서는 다발clump을 이루며 최소한

구조식물

↑ 큰개기장 '노스윈드' *Panicum virgatum* 'Northwind'
← 자관백미꽃 *Asclepias incarnata*
↓ 리아트리스 스피카타 *Liatris spicata*

↑ 삼잎국화 '어텀 선' *Rudbeckia laciniata* 'Autumn Sun'
← 금꿩의다리 *Thalictrum rocheburianum*
↓ 베르노니아 노베보라센시스 *Vernonia noveboracensis*

↑ 베르노니아 글라우카 *Vernonia glauca*
← 버지니아냉초 *Veronicastrum virginicum*
↓ 스포로볼루스 리티이 '윈드브레이커' *Sporobolus wrightii* 'Windbreaker'

천천히 퍼지는 종을 사용해야 한다. 시간이 지남에 따라 빠르게 번식하여 이 층의 명확성을 훼손할 수 있는 꽃범의꼬리Physostegia virginiana나 피크난테뭄 무티쿰Pycnanthemum muticum 같은 식물은 피해야 한다. 파니쿰Panicum, 나도솔새Andropogon, 소르가스트룸Sorghastrum 같은 다발형 그라스와 베르노니아 노베보라센시스Vernonia noveboracensis 같이 절제된 형태로 자라는 광엽초본은 이상적인 구조적 초본이다.

연중 지속되는 구조

안정적인 지상 구조를 가진 식물을 선택해야 한다. 가장 성공적인 구조식물은 겨울의 눈과 얼음 폭풍뿐만 아니라 여름의 바람과 폭풍우를 견뎌 낸다. 상부 줄기 대부분에 잎이 없는 키 큰 여러해살이풀은 훌륭한 후보가 된다. 줄기 윗부분에 잎이 없기 때문에 비나 눈이 내려도 무게의 영향을 덜 받는다. 인디언그라스Sorghastrum nutans, 진퍼리새Molinia, 큰나래새Stipa gigantea 같은 그라스는 악천후에도 버텨 낸다. 뿌리속단Phlomis tuberosa, 개미취Aster tataricus, 큰루드베키아Rudbeckia maxima 같은 여러해살이풀은 폭설이 와도 줄기를 유지할 수 있다.

두 번째 층 : 계절주제식물

다음 층인 계절주제식물은 구조식물의 동반식물로 구성된다. 이 층은 1년 중 일정 기간 동안 시각적으로 지배하는 식물들이 중심이 된다. 이는 초지에서 붓꽃Iris이나 아스테르Aster의 극적인 계절적 개화, 또는 숲바닥에서 포도필룸 펠타툼Podophyllum peltatum의 대담한 질감으로 나타날 수 있다. 계절주제식물은 1년 중 특정 시기에 시각적으로 주도한 후, 쇼가 끝나면 다시 녹색 배경 속으로 사라진다. 그러나 이 식물들이 사라져 식재에 공백을 만든다는 것을 의미하지는 않는다. 사실 그 반대이며 이들은 계속해서 토양을 덮고 구조층의 동반자 역할을 한다. 이 식물들의 색상과 결감이 만들어 낼 놀라운 효과를 위해 더 많은 수량이 사용된다. 햇빛이 잘 드는 장소에서는 살비아 네모로사Salvia nemorosa 같은 여러해살이풀, 미역취Solidago, 칼라민타Calamintha, 원추리Hemerocallis 같은 식물들이 강한 계절적 장면을 가진 동반식물이다. 삼림에서는 홍지네고사리 '브릴리언스' Dryopteris erythrosora 'Brilliance' 같은 질감 있는 양치 식물이나 꽃이 피는 눈개승마Aruncus, 노루삼Actaea 같은 여러해살이풀이 이 층을 구성할 수 있다.

이 범주의 식물은 전체 식재의 25~40퍼센트 정도로 많은 양을 차지하기 때문에 각 개별 식물의 정확한 배치는 구조식물에 비해 덜 중요하며, 더 큰 색상과 질감의 일부가 된다. 주제식물은 영구적인 틀을 만드는 식물보다 수명이 짧고 더 역동적일 수 있다. 주제식물의 개체군 유지가 목표이기 때문에, 정확히 같은 자리를 유지할 필요는 없다. 그러나 주제식물이 사라지거나 너무 많이 번지면 전체 식재가 영향을 받는다. 따라서 중간 정도의 수명과 활력을 가진 종들이 디자인된 식물군락의 이 부분을 채우기에 적합하다. 구조층의 날카로운 윤곽과는 대조적으로 계절주제식물은 종종 형태가 불명확하다. 채움식물인 이들의 역할은 구조식물을 둘러싸고 메우며 건축적 형태 사이의 빈틈을 채우는 것이다. 이러한 동반식물들은 구조식물의 뚜렷한 형태를

계절주제식물

↑ 크리솝시스 빌로사 *Chrysopsis villosa*
← 모나르다 브라드부리아나 *Monarda bradburiana*
↓ 서양톱풀 '스트로베리 시덕션' *Achillea* 'Strawberry Seduction'

↑ 라티비다 콜룸니페라 '레드 미지트' *Ratibida columnifera* 'Red Midget'
← 정향풀 '블루 아이스' *Amsonia* 'Blue Ice'
↓ 금계국 '레드 새틴' *Coreopsis* 'Red Satin'

↑ 버들층꽃나무 '이노베리스' *Caryopteris × clandonensis* 'Inoveris'
← 심피오트리쿰 오블롱기폴리움 '옥토버 스카이스' *Symphyotrichum oblongifolium* 'October Skies'
↓ 헬레니움 '마르디 그라' *Helenium* 'Mardi Gras'

부드럽게 만들어 시각적으로 편안한 배경을 만들어 준다.

자연 환경에서 색채 주제를 형성하는 식물들은 특히 주목할 만하다. 초가을 미국 프레리의 노란색 주제나 초봄 범람원 수림대의 파란색 주제를 예로 들 수 있다. 미역취Solidago와 갯지치Mertensia는 강한 주제성을 지니며, 이들의 원 경관을 강렬하게 연상시킨다. 독일에서 발전한 혼합식재Mixed Planting 체계는 색채 같은 시각적 주제를 강조하여 특정 서식처의 특성을 부각시킨다. 예를 들어 '은빛 여름Silbersommer' 혼합식재의 동반식물 대부분은 은색 잎을 가진 지중해성 식물이며, '꽃이 가득한 스텝Flower Steppe' 혼합식재는 연한 자주색-파란색과 노란색 꽃이 피는 여러해살이풀을 중심으로 유라시아 스텝지대를 표현한다. 계절주제식물의 색채를 자연 군락의 색채 특성과 연결하면 식재의 정서적 효과를 높일 수 있다.

세 번째 층 : 지피식물

지피층은 식물군락의 기본이며, 주로 기능적인 층이다. 두 개의 층으로 디자인이 완성되면 이제 지피식물로 그 사이를 채운다. 여기에 속하는 종들은 디자인층의 눈에 띄는 형태나 아름다운 꽃이 없을 수도 있지만 실질적이면서 특유적으로 군락을 형성한다.

지피식물은 주로 디자인의 하층부와 기저부에서 자라는 낮은 목본 또는 초본으로 구성된다. 이 층에는 파케라 오보바타Packera obovata 같이 공격적으로 번식하는 식물들이 포함되며, 땅에 밀착하여 침식 방지, 잡초 억제, 그린 멀칭 역할을 수행한다. 초원군락에서는 긴병꽃풀Glechoma hederacea, 파케라 아우레아Packera aurea, 펜실베이니아사초Carex pensylvanica 같은 키 작은 그라스와 포복성 초본이 두꺼운 지피층을 형성할 수 있다. 소림 군락에서는 봄맞이순간개화식물, 양치식물, 사초, 산앵도나무Vaccinium, 칼루나Calluna, 쑥Artemisia, 오리가눔Origanum 등 키 작은 풀과 나무가 이 층을 구성할 수 있다.

지피층은 봄과 초여름에 대부분 햇빛을 받다가, 연중 후반에는 키가 큰 여러해살이풀 때문에 부분적 또는 완전히 그늘지게 되어 일부 여름 동안 휴면 상태가 될 수 있다. 여기에 속하는 식물들은 종종 그 이전에 꽃을 피우고 열매를 맺으며, 삼림 식물군락의 봄맞이순간개화식물처럼 제한된 성장 기간을 효과적으로 활용한다. 설강화Galanthus와 에리안투스Erianthus 같은 식물은 큰 지하 저장 기관 덕분에 불리한 생장 조건에서도 생존할 수 있다. 이 층의 목적은 설계의 가독성을 유지하면서 최고의 기능성을 달성하는 것이다. 토양을 덮거나 곤충을 위한 꽃가루 공급원 같은 필수 생태적 기능은 심미성과 마찬가지로 중요하다. 따라서 디자인할 때 연중 미적 요소뿐만 아니라 기능성도 함께 고려해야 한다. 예를 들어 빗물정원이나 생태수로는 휴면기 동안 토양을 안정시키기 위해 지속적인 침식 방지층이 필요하고, 꽃가루 매개자를 위한 전시정원은 곤충을 위한 지속적인 밀원식물이 요구된다. 따라서 식물 선택은 이러한 기능적 요구를 충족해야 한다. 다음 예시를 살펴보자.

빗물 관리 겨울 침식 방지와 증발산을 위해 상록의 아랫부분 잎을 가진 식물을 선택한다. 빗물 침투를 개선하기 위해 다양한 뿌리계, 특히 심근성 뿌리를

가진 식물을 선택한다. 물 흡수와 여과 수준을
높이기 위해 가능한 한 많은 식물을 밀도 높게
심는다.

침식 방지 상록·반상록 식물 중 지속적으로
아랫부분 잎을 내는 종을 선택한다. 심하게 침식된
토양을 스스로 녹화할 수 있는 공격적인 복제
번식, 종자 번식 종을 선택한다.

토양 형성 달레아Dalea, 갯활량나물Thermopsis,
루피너스Lupinus 같은 콩과식물을 선택한다. 최대한
많은 초본을 사용한다. 짧게 사는 뿌리계 식물은
토양에 탄소를 저장한다. 심근성 식물을 사용하여
하위 토양층에서 영양분을 끌어올린다.

식물 정화기법 높은 바이오매스 생산성과 오염물질
흡수 능력을 가진 부들Typha, 고랭이Scirpus,
파니쿰Panicum, 사초Carex 같은 종을 사용한다.
기능성을 높이기 위해 종다양성이 필수적이며,
복제 번식이나 빠른 종자 번식을 하는 식물을
혼합해 식물들이 자생적으로 퍼지고 종자를
퍼뜨려 교란 후 생기는 빈틈을 메울 수 있도록
한다. 사계절 내내 토양을 덮는 반상록 또는
상록 종을 우선시하며, 단일 군락을 형성하거나
디자인을 지나치게 변경하지 않는 한 변화는
허용된다. 뿌리줄기나 기는줄기를 가진 종을
활용해 경쟁력 있는 종들이 서로 균형을
이루도록 조합할 수 있다. 이러한 강한 식물들은
저관리 식재를 해야 하거나 침입종과의 경쟁이
심한 환경일 경우 필수적으로, 빈카Vinca minor,
수호초Pachysandra terminalis, 아이비Hedera helix 같은
자생 대체종이 필요하다. 교란에 민감한 종들은
주거 환경에 적합할 수 있지만, 더 거친 환경에서는
회복력이 강한 식물이 필요하다.

자생 서식처의 지피식물을 사용하려 할 때 많은
종을 상업적으로 거의 구할 수 없다는 점이
문제다. 관상 가치가 충분하지 않아 일부는
종자로만 얻을 수 있다. 하지만 디자이너가
양묘장에서 구할 수 있는 키가 작고 그늘에
강한 식물들로 자생 지피식물의 역할을 하게
할 수 있다. 상업적으로 이용 가능한 대체
식물로는 특히 건조한 그늘에 강한 사초류가
있으며, 풀켈루스개망초Erigeron pulchellus와
코르다타벌깨덩굴Meehania cordata 같은 뿌리줄기로
번식하는 종들은 기어가며 땅을 덮는 데 유용하다.
또 털휴케라Heuchera villosa와 캐나다족도리풀Asarum
canadense 같은 오래 사는 밀집형 여러해살이풀은
제자리를 지키며 다른 식물 아래에서도 잘 자란다.
지피식물은 교목, 관목, 큰 여러해살이풀 하부
등 빈 공간이 있으면 어디든지 심을 수 있으며,
디자인층의 키 큰 식물들 사이의 모든 틈을 채워
멀칭재처럼 활용한다.

지피식물

↑ 체로키사초 Carex cherokeensis
← 풀켈루스풀켈루스개망초 '린헤이븐 카페트' Erigeron pulchellus var. pulchellus 'Lynnhaven Carpet'
↓ 심피오트리쿰 에리코이데스 '스노 플러리' Symphyotrichum ericoides 'Snow Flurry'

↑ 코르다타벌깨덩굴 Meehania cordata
← 펜실베이니아사초 Carex pensylvanica
↓ 캐나다족도리풀 Asarum canadense

↑ 긴꽃휴케라 Heuchera longiflora
← 칼리로이 인볼루크라타 Callirhoe involucrata
↓ 프라가리오이데스뱀무 Geum fragarioides

식재디자인의 과정 **181**

기존의 식재 평면도 VS 디자인된 식물군락 평면도

지피식물과 종다양성의 차이가 두드러진다.

기존의 식재 평면도

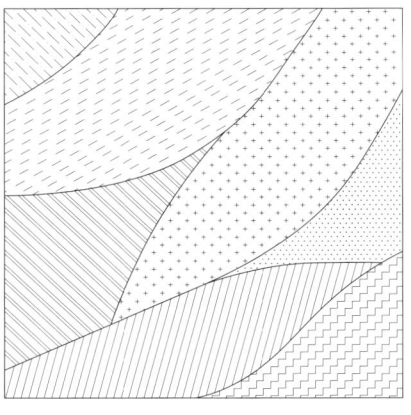

기존 식재는 단일 식물 매스로 그룹지어 있다.

식물군락 디자인 평면도

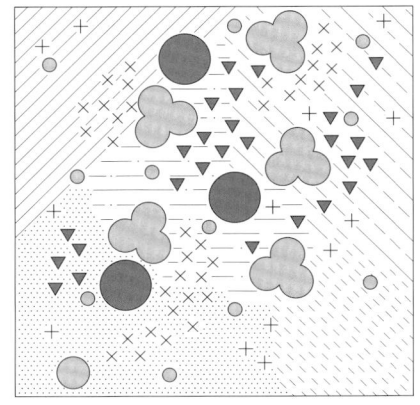

디자인된 식물군락은 식물과 해당 장소와 상호작용하는 그룹을 형성한다.

 구조식물   계절주제식물   채움식물   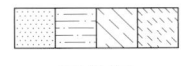 지피식물

네 번째 층 : 채움식물

큰 구조식물이 자리를 잡는 데 시간이 걸리기 때문에, 구조식물이 성숙할 때까지 토양을 덮고 시각적 흥미를 제공하기 위한 임시 채움식물을 사용한다. 적합한 채움식물은 스스로 종자를 퍼뜨려 식재의 틈과 공간을 채우며, 개체군을 유지하고, 디자인층과 기능층이 충분히 두터워지면 서서히 사라진다. 채움식물은 각 층을 뚜렷하게 구분하고 종자은행seedbank 구축에 기여하기 때문에 혼합식재의 약 5~10퍼센트로 구성하는 것이 이상적이다. 이에 해당하는 식물로는 코스모스Cosmos, 아미Ammi majus 같은 한해살이풀, 톱풀Achillea, 매발톱Aquilegia, 마케도니아체꽃Knautia macedonica 같은 짧게 사는 여러해살이풀, 긴까락보리풀Hordeum jubatum, 털수염풀Nassella tenuissima, 큰방울새풀Briza maxima 등의 짧게 사는 그라스가 있다.

채움식물은 계절마다 색상으로 주제를 만들 수 있지만, 다소 역동적이고 예측이 어려워 디자인의 주 요소라기보다는 자연스럽게 생기는 강조 요소로 활용한다. 좋은 채움식물에는 한해살이풀, 두해살이풀, 짧게 사는 여러해살이풀이 있으며,

역동적인 채움식물

↑ 루페스트리스배초향 *Agastache rupestris*
← 캐나다매발톱꽃 *Aquilegia canadensis*
↓ 솔잎금계국 *Coreopsis verticillata*

↑ 스피겔리아 마릴란디카 *Spigelia marilandica*
— 크리솝시스 마리아나 *Chrysopsis mariana*
↓ 코롤라타대극 *Euphorbia corollata*

↑ 델피니움 엑살타툼 *Delphinium exaltatum*
← 붉은숫잔대 *Lobelia cardinalis*
↓ 비르기니카장구채 *Silene virginica*

짧은 생애 동안 많은 종자를 생산하는 그라임의 터주식물 범주에 속하는 종이 이상적이다. 식재지가 교란되어 토양이 노출되면, 종자은행에 남아 있던 씨가 몇년이 지난 후에도 발아할 수 있다. 그렇기 때문에 채움식물을 식재지에 고르게 분포시키는 것이 좋으며, 그래야 자가 파종의 기회를 제공한다.

채움식물은 일종의 보험 역할을 하여 교란 이후 식물군락이 스스로 복구할 수 있도록 돕는다. 예를 들어 빗물정원에 심긴 붉은숫잔대Lobelia cardinalis가 있다. 빗물정원의 식생이 조밀해지면 붉은숫잔대는 보통 사라지는데, 이는 이 식물이 키가 큰 종과의 경쟁에 약하며 수명이 짧기 때문이다. 몇 년 동안 이 식물이 보이지 않을 수도 있지만, 암거배수땅속이나 지표에 넘쳐 있는 물을 지하에 매설한 관로나 투수성 수로를 이용해 배수하는 방법를 하는 과정에서 식물층이 교란되고 토양이 노출되면 휴면 중인 종자가 햇빛을 받아 발아할 수 있다. 이때 붉은숫잔대는 마치 마법처럼 다시 나타나 수명이 다하거나 다른 여러해살이풀에 밀릴 때까지 생존한다.

층위 적용

다음 예시는 세 가지 원형경관에서 식물을 층위로 배치하는 과정을 보여 준다.

열린 초원군락

먼저 구조층을 위해 시각적으로 우세하고, 감성적이며, 장면을 주도하는, 정제되고 강조된 패턴의 종을 선택한다. 다발형의 키 큰 여러해살이풀과 그라스가 여기 속하는데, 식재지 안에서 오랫동안 지속되며 안정적으로 성장한다. 예로는 밥티시아 아우스트랄리스Baptisia australis, 나도솔새Andropogon virginicus, 유트로키움 피스툴로숨Eutrochium fistulosum이 있다.

구조층 식물 사이의 틈을 채우기 위해 토양을 덮는 광엽초본과 그라스로 밀도 높은 층을 형성한다. 가능하면 상록 또는 반상록 종을 사용하여 휴면기 동안 침식을 방지하고 잡초를 억제한다. 교란이 잦은 지역이나 관리 자원이 매우 제한된 장소에서는 강한 뿌리줄기나 기는줄기를 가진 종이 적합하다. 이들은 계절주제를 형성할 수 있지만, 주로 키가 크고 시각적으로 우세한 식물의 동반식물 역할을 한다. 이 층은 지배적인 디자인층이 아니기 때문에 종다양성과 수명의 다양성이 높게 유지될 수 있다. 예로는 암피볼라사초Carex amphibola, 종지나물Viola sororia, 길골풀Juncus tenuis이 있다.

식재 초기 단계에서는 틈을 채우기 위해 역동채움종을 포함한다. 이러한 식물들은 특정 시기에 계절주제를 형성할 수 있다. 예를 들어 여름에는 버들마편초Verbena bonariensis나 코스모스Cosmos가 있다. 이러한 식물은 지속적으로 유지되지 않거나 교란으로 토양이 노출될 때만 자라나기 때문에 다양한 식물 형태를 선택하여 풍부한 식물군락을 형성하는 것이 좋다. 예로는 수선화Narcissus, 크로커스Crocus, 카마시아Camassia 같은 구근식물이 있다.

특정 시기에 한 종이 사라지면 다른 종이 그 빈 공간을 자연스럽게 채울 수 있도록 디자인해야 한다. 예를 들어 봄맞이순간개화식물은 늦게 나타나는 양치식물과 난지형 그라스와 결합하여 식재 공간에 빈틈이 생기지 않게 도울 수 있다.

↑ 구조층　　　　　　　　　　↑ 지피층
↓ 계절주제층　　　　　　　　↓ 역동채움층

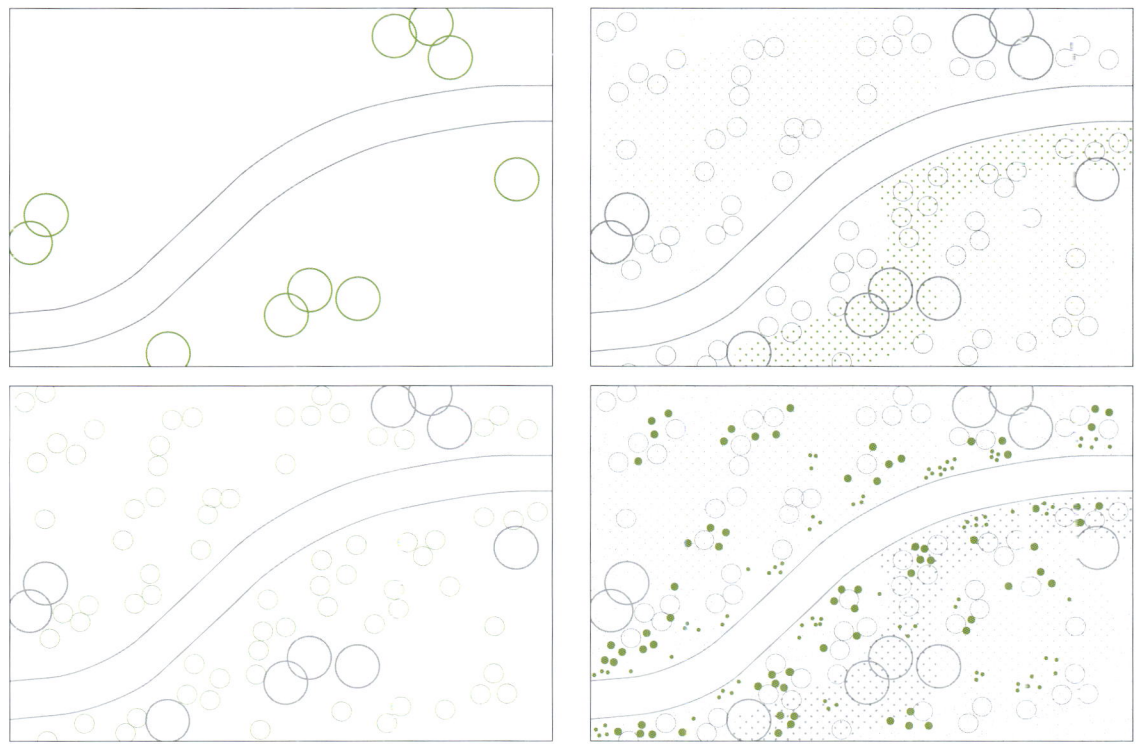

소림과 관목림 군락

초본층 위에 시각적으로 두드러지고 계절주제를 형성하는 교목과 관목을 강조된 패턴으로 배치한다. 그리고 지면의 빈틈은 밀도 높은 지피 초본과 그라스로 채운다. 이 층의 식물은 양지에서 음지까지 다양한 빛 조건을 견딜 수 있어야 한다. 예를 들어 체로키사초 Carex cherokeensis, 좀새풀 Deschampsia cespitosa, 그리고 풀켈루스풀켈루스개망초 '린헤이븐 카페트' Erigeron pulchellus var. pulchellus 'Lynnhaven Carpet' 등은 계절에 따라 주제를 형성할 수 있는 좋은 선택이다.
이 층에서는 디자인 가독성을 해치지 않으면서도 높은 종다양성을 확보하는 것에 중점을 두어야 한다. 예를 들어 사초 Carex, 휴케라 Heuchera, 풀협죽도 Phlox와 유사한 종들을 섞어 심더라도 일반적인 사람들은 서로 다른 종이라는 사실을 인식하지 못할 것이다. 그러나 곤충들에게 더 풍부한 먹이를 제공하고 단일 식재에 비해 생태적 가치와 회복탄력성을 높일 수 있다. 다만 혼합식재하는 종들은 반드시 생육 특성과 생태적 요구 조건이 서로 호환되어야 한다. 그래야 장기적으로 안정적인 식물군락이 형성되며 디자인 의도와 생태적 기능이 동시에 유지될 수 있다.
이 유형의 원형은 바닥층 없이도 충분히 시각적

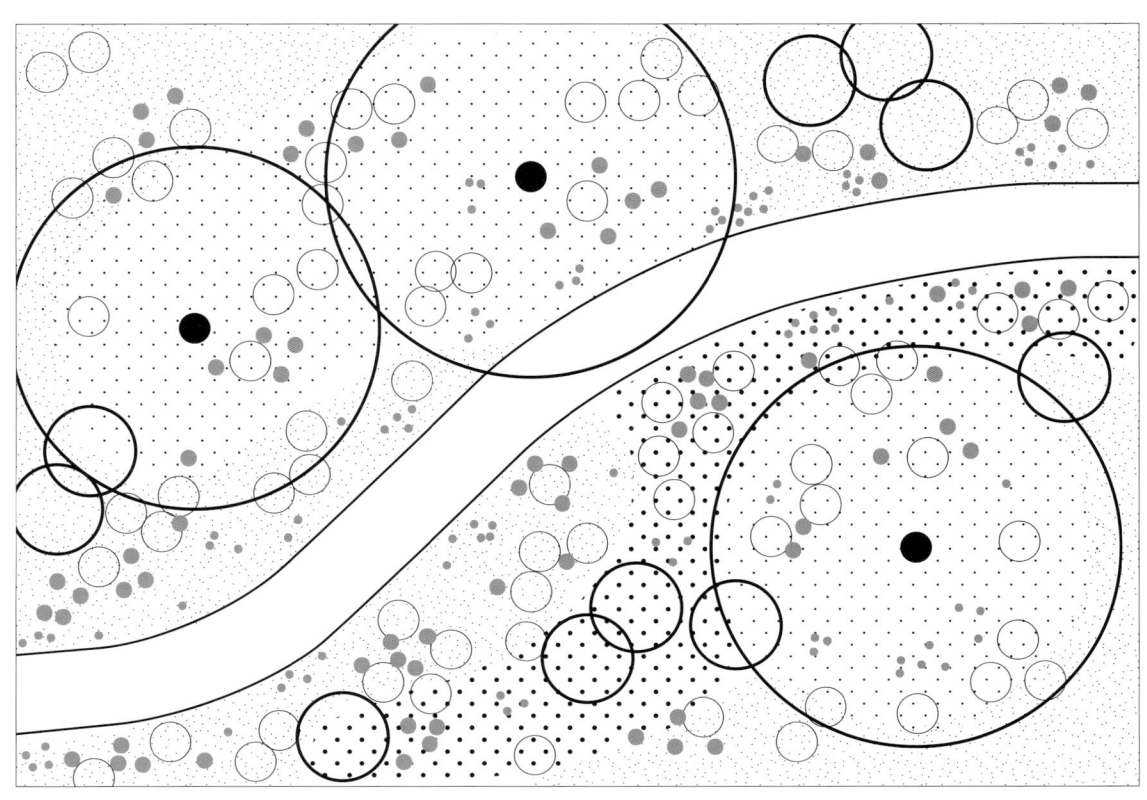

↑ 캐나다미역취Solidago canadensis, 세로티눔등골나물 Eupatorium serotinum 등 공격적인 외래 복제식물이 균형 잡힌 초지군락 안으로 침투해 터를 잡았다. 비록 적은 수에 불과하지만 적절한 조치를 취하지 않는다면 머지않아 식재지를 잠식하게 될 것이다.

흥미를 제공한다. 빛과 그늘이 만들어 내는 다양한 범주만으로도 장관을 이루기 때문이다. 이러한 숲은 제한된 식물 목록을 통해 열린 숲지붕과 닫힌 숲지붕의 움직임, 그리고 목본과 초본이 혼합된 독특한 패턴을 강조한다. 식물 목록에 지나치게 많은 시각적 다양성을 추가하면 이러한 소림의 독특한 특성이 흐려질 수 있어서 패턴과 공간 구성의 복잡성은 유지하되 각 식생층은 매우 단순하게 구성하는 것이 중요하다.

열린 삼림군락

닫힌 지붕층을 형성하거나 강화하고, 나무줄기 아래 부분은 시각적으로 열려 있도록 유지한다. 하부 식재층을 추가할 경우에는 소교목과 대관목 중에서 투과성이 높고 개방감 있는 수형을 선택한다. 지표면은 봄맞이순간개화식물, 사초류, 양치류, 이끼류 등을 밀도 있게 혼합하여 층을 형성한다. 계절주제층으로는 봄맞이순간개화식물과 늦여름의 아스테르Aster, 숲해바라기Helianthus divaricatus를 중심으로 계절의 흐름에 따라 변화하는 시각적 리듬을 조성한다. 조 폴리스티쿰 아크로스티코이데스Polystichum acrostichoides와 플란타기네아사초Carex plantaginea 같은 상록성 식물을 함께 식재하여 겨울철의 구조적 안정감과 사계절 경관의 지속성을 확보한다. 미국 동부 해안의 많은 산림 경관에서는 흰꼬리사슴의 개체 수 과잉 때문에 풍부했던 지피층이 심각하게 훼손되었다. 안타까운 현실은 사람들이 숲과 연관 지어 떠올리는 봄맞이순간개화식물이 자주 사라져 숲이 비어 있는 듯한 인상을 주며, 그 빈틈을 마늘냉이Alliaria petiolata나 나도바랭이새Microstegium vimineum 같은 사슴이 먹지 않는 외래종이 침입할 만한 환경을 만들어 준다는 것이다. 이 지역에서 열린 삼림군락을 조성하려면 사슴 방지 울타리가 필요할 수 있다. 나무는 천천히 자라기 때문에 지피층을 세심하게 관리해야 한다. 묘목 단계부터 성목까지 전문적인 수목 관리는 안전하고 건강한 삼림 식물군락을 위한 기반이 된다. 다음 세대의 나무는 지표면 또는 관목층에 자리해야 하며, 사슴 피해를 입지 않게 보호해야 한다. 바람과 얼음 피해는 완전히 막을 수 없지만, 수목을 건강하게 유지하고 적절하게 가지치기 해 주면 손상 위험을 크게 줄일 수 있다. 바람이 나무 사이를 통과할 수 있도록 하고, 쌍간지double leader, 두 개의 줄기가 동시에 주간 역할을 하며 자라는 문제나 매몰된 수피included bark, 가지 갈래 사이에 껍질이 끼어 약한 결합부를 만드는 나무의 구조적 결함 같은 구조적 문제는 나무의 초기 생장 단계에서부터 처리해야 한다. 나무 아래 공간은 시각적으로 열려 있어야 하며, 하부 가지를 쳐서 지면이 열리도록 관리하는 것이 좋다.

식물군락 조성과 관리

CREATING AND MANAGING A PLANT COMMUNITY

5.

어떤 디자이너라도 식재 시공을 마친 뒤 5년 후 현장을 다시 찾는다면, 식재디자인이 도면에서 끝나는 작업이 아니라는 사실을 분명히 깨닫게 될 것이다. 수천 번의 작은 선택과 행동이 모여 하루를 이루고, 그 하루가 쌓여 미래를 만든다. 작은 결과들이 모여 결국 큰 변화를 이룬다. 곤-행적인 원예에서 발생하는 많은 문제는 디자이너·재배자·시공자 사이의 업무 영역이 명확하지 않아서 생긴다. 좋은 디자인은 제도판이 아닌 대상지에서 시작되며, 좋은 시공과 관리는 현장의 즉흥적인 결정이 아닌 장기적인 비전을 따른다.

캐나다미역취 *Solidago canadensis*, 세로티눔등골나물 *Eupatorium serotinum* 등 공격적인 외래 복제식물이 균형 잡힌 초지 식물군락 안으로 침투해 터를 잡았다. 비록 적은 수에 불과하지만 적절한 조치를 취하지않으면 머지않아 식재지를 잠식할 것이다.

현장 준비 : 디자인의 연장선   디자인된 식물군락은 관행적인 식재디자인 방식과 매우 다른 접근이 필요하다. 단지 기술과 수단을 새롭게 도입하는 것이 아니라 '왜, 어떻게, 그리고 언제' 이러한 방법을 활용해야 할지 생각해야 한다. 기존의 유지·보수 방법은 효과를 검증하지 못했거나 뚜렷한 목표 없이 수행되기 때문에 기존 방식을 고수하는 것이 현실적으로 타당한지 논의가 필요하다. 표준화된 식재 공사와 유지·관리 시방서설계 도면에 나타내기 어려운 공사 관련 세부적인 내용을 기록한 문서가 아닌 전문적인 특별시방서를 반드시 작성해야 한다. 자연발생적인 식물이 아닌 모든 식물을 위한 적합한 식재 기반을 조성해야 한다. 우리의 목표는 인간의 개입을 부정하는 것이 아니라 토양 개량, 식물 사이의 경쟁, 생태 천이 등 자연스럽게 이루어지는 과정에 신중하게 개입하는 것이다.

식재를 시간의 흐름에 따라 진화하는 하나의 식물군락으로 이해하는 것은 컴퓨터를 도구로 한 디자인을 넘어 실제 현장으로 디자인을 확장하는 일이다. 이를 위해 시공자나 정원 관리 인력과 긴밀한 협업이 필요하며, 식재가 성숙해 가면서 그에 맞추어 적응할 수 있도록 장기적으로 관여해야 한다. 이러한 과정은 생태학적 접근과 원예적 기술을 결합하는 방식으로 이루어진다.

← 복잡한 식물군락은 디자이너와 유지·관리자가 협력할 때에만 지속될 수 있다. 다양한 식재 옆에 잘 다듬은 생울타리가 자리하고 있다. 이는 복합적인 원예적 관리 기법과 생태적 관리 기술의 필요성을 보여 주는 예시다.

→ 버섯 수확 후 남은 배지를 활용해 퇴비를 만들고, 이를 대상지의 척박한 토양에 혼합해 흙의 질을 개선하고 통기성을 개선했다. 그러나 시공 당시 퇴비가 섞이며 부풀어 오른 토양이 몇 센티미터 가라앉는 현상이 발생했고, 과도한 영양분과 염분 때문에 이듬해 식물이 재생하지 못하고 고사하는 심각한 피해가 나타났다.

어린 식물 활착을 위한 일시적 조치

식재를 위한 현장 준비는 하나의 원칙에서 출발한다. 그늘, 습한 점토질 토양, 가파른 경사 같은 대상지의 제약 조건이 사실상 고유한 식물군락 형성에 도움이 되는 자산이 될 수 있다는 점이다. 따라서 현장 준비의 목표는 이러한 고유한 특성을 보존하면서도 식물 생육에 적합한 최적의 식재 기반을 조성하는 것이다.

모든 실무는 어떤 개념에서 시작되는데, 먼저 문제의 원인을 정확히 파악해야 한다. 기존의 현장 준비 방식은 일반적으로 대상지의 새로운 디자인을 중립적인 기반으로 바꾸는 것을 목표로 했다. 예를 들어 관행적인 토양 준비 방식을 생각해 보자. 이 방식은 토양 고유의 특성 제거에 중점을 둔다. 시공자들은 pH 균형을 맞추기 위해 개량제를 고르게 펼치고, 유기물 함량을 높이기 위해 퇴비를 혼합하며, 토양이 부드러워질 때까지 경운한다. 그 목표는 느슨하고, 잘 부서지며, 깊은 곳까지 비옥한 흑토를 조성하는 것이다. 이러한 토양은 농작물 또는 한해살이 식물에 적합할 수 있지만, 자생종이나 자연주의 식물 종에게는 오히려 문제가 될 수 있다. 지나치게 교란되고 비옥한 토양은 식물 간 경쟁을 높이고, 잡초 같은 터주식물 발생을 촉진하며, 무엇보다 에키나세아*Echinacea*, 살비아*Salvia*, 세덤*Sedum* 같이 비교적 척박한 토양을 선호하는 정원식물의 수명을 단축할 수 있다. 인위적으로 혼합된 조경토를 사용하지 않는 것이 바람직하다.

토양 분석 기관의 권장 사항은 상황을 더욱 악화시킨다. 물론 토양 분석은 대상지의 토양 조건을 이해하는 데 매우 유용하다. 하지만 토양 분석 기관 대부분은 모든 식물이 고도의 비옥함과 완벽하게 균형 잡힌 영양분을 선호한다는 전제로, 일률적인 기준에 따라 영양분을 조절하라고 권장한다. 이러한 접근의 한계는 식물이 각기 고유한 성질과 화학적 조성을 지닌 토양 환경에서 진화해 왔다는 점을 간과한다는 데 있다. 식물은 '일반적이고 이상적인 토양'이 아닌, 자신에게 맞는 '고유한 조건의 토양'을 필요로 한다. 에리카*Erica, heath* 종류는 산성 토양을, 올리브

↑ 미국마편초 Verbena hastata는 습한 토양에서 잘 자란다(위 왼쪽).
풀협죽도 '지나' Phlox paniculata 'Jeana'는 비옥한 적윤 토양을 특히 선호한다(위 가운데).
히솝잎등골나물 Eupatorium hyssopifolium은 사구 연안을 서식처로 삼는다(위 오른쪽).
↓ 식재용 식물 대부분은 건강한 생장과 병해충 방제 등을 고려하여 최적의 조건을 갖춘 온실에서 재배된다.

종류는 알칼리성 토양을 선호한다. 암모필라 브레빌리굴라타 Ammophila breviligulata 같은 사구식물은 영양분이 적은 모래 토양이 필요하며, 삼잎국화 Rudbeckia laciniata는 비옥한 점토질 토양에서 잘 자란다. 식물에 맞게 대상지 조건을 개량할 수도 있지만, 대상지 조건에 적합한 식물을 선정한다면 식물은 스스로 잘 자랄 수 있다. 기존의 현장 준비 방식에서 벗어나기 위해 대상지에서 어린 식물을 길들이는 과정은 영구적이거나 일회성 작업이 아니라 현장 여건에 따른 일시적 조치로 여겨야 한다. 이러한 방식은 새로운 서식 환경에 식물이 적응할 수 있도록 시공 현장의 실질적인 개선을 요구한다. 식물이 양묘장에서 현장으로 운반되어 새로운 환경에 노출되는 것은 식물에게 큰 변화라는 점을 기억하자. 온실의 양묘장에서 안전하게 자라던

← 구덩이를 파서 토양 검사를 하는 것은 현장의 토양 상태를 이해하는 가장 쉬운 방법이다. 이 작업에는 폭이 좁은 흙삽이 매우 유용하다.

→ 손가락으로 토양을 만져 보면 흙의 보수력, 유기물 함량, 단단한 정도를 파악할 수 있다. 이 토양은 구조가 잘 발달해 있으며, 어두운 색상은 높은 유기물 함량을 나타내는 지표로 볼 수 있다.

식물이 하루아침에 미기후_{지면 1.5미터 정도 높이의 국소 지역에서 나타나는 기후}와 토양 조건 등 과도한 자극을 주는 노지 환경에 노출되는 것이다. 이러한 식물은 노지 환경에 적응할 충분한 시간이 부족하고, 직사광선에 노출된 적이 없어 대체로 연약할 수밖에 없다.

식물은 적정 pH 농도를 갖춘 비옥한 이탄토에 뿌리를 내리게 된다. 다른 식물과의 경쟁을 최소화하기 위해 충분한 공간 확보와 최적의 성장 조건이 필요하다. 특히 기존 식물이 이미 자리를 잡고 있다면 새로운 식물의 원활한 적응을 위한 세심한 조정이 요구된다.

지속 가능한 식재에 필요한 현장의 안정

안정적인 식재는 안정된 환경 조건 속에서 유지된다. 따라서 지질, 토양, 기후, 기존 식물 등 경관을 구성하는 요소를 함께 고려해야 한다. 이러한 요소들은 자연스럽게 특정 식물군을 지지하며, 우리는 그 조건에 맞는 적절한 식물을 선택할 책임이 있다. 익숙한 몇몇 식물에 의존하고 싶을 수도 있지만, 특정 식물 목록을 대상지에 무리하게 적용한다면 토양 개량에 많은 비용이 들 뿐만 아니라 그 효과도 오래가지 못할 것이다. 예를 들어 토양과 기반암이 습지_{bog}나 히스_{heath}, 척박한 산성 토양 식물군락 조성에 부적합하다면, 피트모스나 미세 유황 분말을 섞어 일시적으로 토양을 개선할 수 있다. 그렇지만 결국 피트모스는 분해되고 석회질 기반암 때문에 다시 알칼리성이 될 것이다. 이러한 현상은 도심지 건축물 사이에서 흔히 발생한다. 토양 개량은 산성 토질을 일시적으로 개선할 뿐, 콘크리트를 통해 흘러 들어오는 빗물 때문에 pH 농도는 다시 높아질 것이다. 장기적인 측면에서 볼 때 지속적인 관리 없이 디자인된 식물군락이 디자이너의 의도대로 유지되기는 어렵다.

너무 많은 조경 표준시방서가, 특히 빗물 관리 시설이 토양 성분을 마치 요리 재료 목록처럼

식물군락 조성과 관리 **193**

나열한 인공 토양 배합 방식에 의존하고 있다. 식재를 위한 천편일률적인 배합 방식과 마찬가지로 이런 인공 토양 혼합물은 자연 토양처럼 기능하지 않는다. 이러한 혼합물은 대개 보도의 하중 지지력이나 원활한 배수 등 토양의 일부 기능적 특성에만 초점을 맞춘다. 물론 이러한 요소들도 중요하지만, 이 과정에서 토양의 무기질 기반층이 뿌리와 미생물같이 살아 있는 생물들과 어떻게 상호작용하는지에 대한 이해는 간과되곤 한다. 기존 토양을 이해하는 일은 식물 선택에 있어 근거 있는 결정을 내리는 데 도움이 된다. 토양을 전문가에게 의뢰해 분석해 보자. 대상지의 여러 지점에서 토양 시료를 채취해 신뢰할 수 있는 기관에 보내고, 토양 분석 결과의 올바른 해석에 주의를 기울여야 한다.

분석 기관 대부분은 토양 검사 결과를 평가해 주지만 앞서 언급한 것처럼 그들이 제안하는 토양 개선 사항을 받아들일 때 주의가 필요하다. 토양 분석 기관은 식물 전문가가 아니며, 어떤 경우 권장 개량 방법이 도움이 되기보다 해가 될 수도 있다. 가장 좋은 방법은 토양 분석 기관에만 의존하기보다 대학에 소속된 토양환경기술사에게 자문해 현장 여건과 목표 식물군락에 대한 토양 검사 결과를 받아 함께 해석하는 것이 바람직하다. 식물군락에 필요하다면 토양개량제의 적절한 사용 시기와 정확한 사용량 지침을 따라야 한다. 과도한 양이 항상 더 좋은 결과를 낳는 것은 아니며, 오히려 문제가 된다. 권장량보다 더 많은 질소를 사용하면 식물이 스스로 지탱하지 못할 정도로 비대해지고 웃자란다. 또 토양이 영양분을 흡수할 수 있는 한계를 초과하면 넘치는 영양분이 빗물과 함께 흘러 하천을 오염시킬 수 있다. 특히 빗물관리시설 식재지에는 토양개량제 사용을 최소화해야 한다. 이런 지역의 유출수에는 질소와 인이 많이 포함되어 있고, 보통 식물에게는 그 이상의 영양분이 필요하지 않기 때문이다. 토양이 척박하면 식물은 유출수에서 더 많은 영양분을 흡수할 수 있다.

식물은 때로 초기 생육 단계에서만 약간의 도움이 필요하며, 필요한 경우 유기물이나 특정 영양분을 보충해 줄 수 있다. 만약 토양 유기물이 부족하거나 완전히 인공적으로 구성된 토양일 경우, 토양개량제가 초기 단계의 식물 발달에 도움이 될 수 있다. 물에 희석한 퇴비와 표토 위에 퇴비를 가볍게 뿌리는 것은 현장 여건을 크게 변화시키지 않으면서 식물이 새로운 환경에 활착하도록 도와주는 세심한 개량 방법이다.

대상지에 적합한 식물과 신중하게 조합한 토양개량제를 사용해야 하며, 식물이 자리를 잡은 뒤에는 추가적인 토양 조정이 필요하지 않도록 해야 한다. 미생물이 식물 부스러기를 지속적으로 분해하며, 필수 영양분은 다시 토양으로 배출된다. 자연의 과정을 그대로 두는 것만으로도 토양 내 이러한 활동을 충분히 촉진할 수 있다. 사실 그 어떤 방식으로도 디자이너의 잘못된 식물 선택을 개선하기는 어렵다. 비타민 알약이 채소를 대신할 수 없듯이, 그 무엇도 좋은 식물 선택과 건강한 토양의 자연 순환과정을 대체할 수는 없다. 식물은 토양 형성에 중요한 역할을 한다. 그중에서도 여러해살이풀의 뿌리계, 지하 저장기관, 콩과식물의 질소 저장 능력 등은 가장 좋은 형태의 지속 가능한 토양개량제다. 매년 가을과 겨울에 여러해살이풀의 뿌리계 대부분이 고사한다. 그 뿌리는 비어 있는 통로와 안정적인

← 붓꽃Iris, 속새Equisetum, 야산고비Onoclea는 물론, 많은 여러해살이풀의 밀도 높은 생장은 제임스 골든James Golden 정원의 토양을 비옥하게 만든다.
→ 빗물관리시설은 주로 인공적으로 조성한 토양에 만들어진다. 모래가 60퍼센트 이상을 차지하는 이런 토양 조건은 해안 지역의 환경과 유사하여 해안가 식물이 이곳에서 성공적으로 활착할 수 있다. 하지만 관행적인 빗물관리시설에 사용되는 식물들은 이러한 토양에 적응하기 어렵다.
↓ 이 빗물정원에는 영양분이 과다한 퇴비 대신 소량의 유기물 토양개량제를 부드럽게 갈아 고르게 뿌려 주었다. 기존 현장 조건을 최대한 유지하면서 어린 식물이 자랄 수 있는 건강한 생육 기반을 조성하기 위해서다. 이러한 개량제는 식재할 때 토양과 완전히 혼합될 것이다.

신뢰할 수 있는 개량제 사용

퇴비, 바크, 멀칭재 같은 개량제는 신중하게 선택해야 한다. 충분히 숙성되지 않거나 쓰레기가 섞인 퇴비는 침입종의 종자를 포함할 수 있어 문제가 되는 새로운 식물을 유입시킬 수 있다. 개량제에 잡초, 쓰레기, 오염 물질이 없는지 확인하고 신뢰할 수 있는 거래처에서 구입하자.

→ 새로 조성한 식생수로를 보호하기 위해 임시 펜스와 표지판을 설치해 주변 잔디밭과 구분 짓는다. 이러한 공간 구분은 잔디 구역의 유지·관리 작업자에게 예초가 필요한 구역과 그렇지 않은 구역을 인지할 수 있게 한다.

형태의 유기물 부식질로 흙에 남는다. 이것이 바로 토양에 탄소와 영양분이 저장되는 방식이다. 시간이 지남에 따라 심하게 교란되고 단단해진 토양은 수십 수천 개의 뿌리 통로 때문에 치유되고 재건되며 토양 지층부에 풍부한 유기물을 남길 수 있게 된다. 뿌리가 많을수록 토양이 더 빨리 회복된다.

가능한 한 많은 뿌리가 땅에 자리 잡도록 식물을 될 수 있으면 조밀하게 심어 다양한 뿌리 형태가 토양의 여러 층에서 상호작용할 수 있도록 해야 한다. 성공적인 식물군락 디자인은 바로 이것을 실현할 수 있다. 서로 다른 형태를 조합하여 가능한 한 높은 밀도를 이루고, 지상과 지하의 모든 공간을 식물로 가득 채운다.

교란 범위와 면적 제한

교란이 발생하면 체계적인 관리가 필요하다. 잡초의 침입은 어린 식물이 직면하는 가장 큰 위협 중 하나다. 많은 잡초는 헤메로필 hemerophile, 즉 인간에 의해 교란된 환경에서 번성하는 식물을 의미한다. 부지 준비와 식재 과정에서 발생하는 교란은 이러한 식물에게 이상적인 발아 조건을 제공한다. 어린 식물은 계절에 따라 애기땅빈대 *Euphorbia maculata*, 상귀날리스바랭이 *Digitaria sanguinalis*, 속새 *Equisetum* 같은 잡초에 공격당할 수 있다. 교란 범위의 최소화가 잡초 발생 방지를 위한 최고의 전략이다. 교란이 적을수록 제거해야 할 잡초가 줄어들어 관리 부담이 줄고, 결과적으로 관리에 필요한 노력과 자원을 절감할 수 있다.

식재 구역뿐만 아니라 부지의 다른 영역도 적절한

안정화와 보호가 필요하다. 교란의 크기와 상관없이 그러한 변화는 새로 심은 식물에 해를 끼칠 침입종을 유인한다. 예를 들어 건설 자재를 몇 주 동안 방치해 두는 것만으로도 마늘냉이Alliaria petiolata, 나도바랭이새Microstegium vimineum 같은 침입종이 들어올 만한 빈 곳이 생길 수 있다. 이러한 잡초의 유입이 식재 구역으로 퍼지지 않도록 공사 완료 즉시 교란된 토양에 식물을 심어 빈틈을 덮어야 한다. 빠르게 성장하는 그라스나 광엽초본을 빈 공간에 파종하면 잡초의 침입을 막는 데 도움이 된다.

토양과 기존 식생을 보호하기 위해 필요한 경우 공사 중이나 이후에도 펜스를 설치하여 출입을 제한한다. 교란과 토양 답압을 최소화하는 가장 좋은 방법은 부지 특정 구역의 출입을 차단하는 것이다. 식재 예정 구역은 장비 때문에 토양이 다져지지 않도록 합판이나 임시 멀칭재, 또는 두꺼운 부직포로 덮어 보호한다. 이 방법은 장비의 하중을 넓은 면적으로 분산해 토양 교란을 방지한다. 현장에서 발생하는 모든 변수를 통제하기는 쉽지 않지만 한번 일어난 교란을 회복하기는 더욱 어렵다. 작업 중 발생하는 교목 손상, 토양 답압, 침입종 확산 등의 문제는 식재가 지닌 모든 이점을 사라지게 할 수 있다.

부지 정리

시간과 노력을 들여 불필요한 식생을 철저히 제거하면 이후 관리가 수월해진다. 새로 심은 식물은 뿌리계 발달이 미흡하고 자원이 부족해 공격적인 주변 식물과의 경쟁에서 불리하다. 기존 잡초는 의도한 식물의 영양분과 수분을 빼앗고, 큰 키와 잎더미는 새로 심은 어린 식물이 자리잡지 못하게 한다. 따라서 초기 활착 단계에서부터 기존 식물들과의 경쟁을 최소화해야 한다. 우선 대상지에 침입할 가능성이 있는 식물 종을 식별한다. 첫 현장 답사를 할 때 조개풀Arthraxon hispidus, 노박덩굴Celastrus orbiculatus, 카나다엉겅퀴Cirsium arvense 같은 대표적인 침입종이 주변에 자라고 있다면 그 부지에는 이런 식물의 씨가 오랫동안 토양 내 종자은행에 저장되어 있을 가능성이 높다. 이런 경우 최악의 유지·관리 상황이 되는 것을 막기 위해 상부 토양층을 제거하고 깨끗한 표토로 교체하거나, 기존 지반 위에 깨끗한 토양을 덧씌우는 방법이 향후 유지·관리를 위한 현실적인 대안이 될 수 있다.

잡초 식별하기

정확한 잡초 제거와 장기적 관리 지침을 작성하려면 문제가 되는 식물을 디자이너가 잘 알고 있어야 하며, 그렇지 않다면 전문가와 함께해야 한다. 시공 현장을 방문할 때 잡초 도감이나 스마트폰 애플리케이션을 항상 지참하는 것이 좋다.

↘ 중장비 때문에 토양이 다져지고 깊은 타이어 자국이 생길 수 있다.

↗ 부지 정지 후 토양을 경운하더라도 식물과 뿌리계를 시공 이전 상태로 복원하기까지는 수십 년이 걸릴 수 있다.

↙ 상귀날리스바랭이Digitaria Sanguinea는 5월 중순에 자라기 시작하여 어린 식물들을 덮어 버릴 위험이 있다. 이 잡초는 식재 시공 전에 깨끗한 표토를 추가해서 예방할 수 있다.

↘ 여건이 될 경우, 불필요한 덤불 태우기는 매우 효과적인 부지 정리 방법이다. 식재를 위한 깨끗한 토대를 남기고, 토양 교란을 최소화하며, 필수 영양분을 재활용하는 효과가 있다.

가능한 한 중장비 사용은 피하는 것이 좋다. 대형 건설장비는 종종 효율적으로 보이지만 실제로는 심각한 피해를 가져온다. 빗물정원을 조성할 때 주로 굴착기로 땅을 파내고 소형 로더로 지반을 다지는 작업을 진행한다. 과도하게 큰 장비는 오히려 더 큰 피해를 초래한다. 토양을 단단하게 만들고 불필요한 교란을 일으켜 부지가 회복되기까지 수년이 걸릴 수도 있다. 장비가 현장에 도착하기를 기다리는 동안 여섯 명으로 구성된 팀이 갈퀴 세 개와 삽 두 개만으로 답압 없이 식재 구역을 준비할 수 있다.

기능적인 문제 외에도 잡초가 무성한 부지는 시각적으로도 문제를 일으킨다. 우리는 흔히 잡초를 방치한 들판이나 정돈되지 않은 땅과 연관 짓는다. 이는 잡초를 그냥 내버려 두었다는 인상을 준다. 특히 혼합식재한 어린 식물은 아직 성숙한 식물이 지닌 구조나 꽃이 부족하다. 따라서 원예에 익숙하지 않은 사람들은 잡초와 구별하기 어려울 수 있다. 대중이 새로운 식재지와 잡초밭을 구분할 수 없을 때 다시 땅이 방치되는 악순환이 발생할 수 있다. 반면 매력적이고 관리가 잘된 식재지는 더 많은 사람을 끌어들이고, 더 많은 관심 속에 돌보게 한다. 잡초의 뿌리와 지하 저장기관을 포함하여 모든 부분을 제거해야 한다. 가능하다면 토양에 저장된 종자은행도 제거하거나 휴면 상태로 유지하기 위해 특별한 주의를 기울여야 한다. 토양에 축적된 잡초 종자의 양을 과소평가해서는 안 된다. 불과 1제곱미터에 수천 개의 종자가 존재할 수 있으며, 수십 년 동안 축적되어 기회를 기다리며 휴면 상태에 놓여 있을 수 있다. 잡초가 가장 취약한 시기를 목표로 삼아야 한다. 모든 잡초의 생애주기에는 연약한 시기가 있으며, 이때를 정확히 맞추어 제거해야 한다. 제초제 살포와 예초를 위한 최적기는 잡초가 막 돋아나거나 새로 성숙한 후, 씨를 맺기 전이다. 이를 위해서는 잡초의 생애주기를 이해해야 한다.

나도바랭이새Microstegium vimineum 같은 일부 잡초는 한해살이풀인데, 종자가 여문 직후인 10월 초에 제초제를 살포하는 것은 시간과 자원을 낭비하는 일이다. 이들은 첫서리와 함께 고사하기 때문이다. 호장근Reynoutria japonica처럼 빠르게 자라는 뿌리줄기 식물은 이른 봄, 잎의 면적이 작을 때 식물 밑동에 집중적으로 제초제를 살포할 수 있다. 만약 대상지에 원치 않는 식생이 분포하고 있다면 이를 완전히 제거하기까지는 현장 여건에 따라 한두 번의 생육 기간이 필요할 수 있다.

현장 여건에 맞는 적합한 잡초 제거 전략을 선택해야 한다. 잡초 제거에는 화학적 방제뿐만 아니라 경운을 이용한 빠른 방법부터 더딘 방제에 이르기까지 다양한 방식이 있다. 현장에 맞게 전략을 조정하고 여러 가지 기술을 조합하여 다양한 종류의 잡초 대응법을 고려해야 한다. 신규 식재지에서는 광범위한 기법이 효과적일 수 있지만 기존 식재를 보완하는 식재에서는 특정 식물을 보호하고 교란을 최소화하기 위해 보다 세분화한 기술이 필요하다. 다음은 일반적으로 사용되는 잡초 제거 기술이다.

← 붉은토끼풀Trifolium pratense, 서양벌노랑이Lotus corniculatus, 가을강아지풀Setaria faberi 같은 불필요한 풀들이 대상지를 뒤덮고 있다. 어린 식물들은 이들과 경쟁하기 어렵다. 이런 잡초 때문에 이곳은 조성된 식재지라기보다 휴경지로 보인다.
→ 올바른 도구 사용이 중요하다. 불필요한 식물은 깊게 박힌 뿌리까지 완전히 제거해야 하며, 작은 뿌리 조각이라도 남아 있으면 다시 자랄 수 있다.

식물군락 조성과 관리

다양한 제초 방법

제초 도구	소재	장점과 단점
피복 smothering	재생 용지와 판지 유기농 멀칭재(바크, 우드칩, 퇴비) 깨끗한 표토	보완 식재에는 부적합 포트 식재에 적합하며 파종에는 부적합 얇게 도포하여 적용하면 기존 교목과 관목 주변에 안전하게 사용할 수 있음 빗물 투수성과 통기성이 좋아 토양 건강에 미치는 영향이 적음 심근성 수종은 뿌리 제거에 오랜 시간이 소요됨
살포 제초	유기농 제초제 전통적 제초제	보완 식재(국부 살포) 또는 신규 식재에 적합 일부 제초제는 인체와 환경에 해로움
기계적 제초	수작업 제초(트랙터 뒤에 연결해서 쓰는 대형 풀베기 장비인 브러시 호그 brush hog, 회전식 줄날 장비인 스트링 트리머 string trimmer)	보완 식재에 적합 수동 또는 기계 작업으로 수행 부지를 크게 교란시킴
소각 제초	가스 버너 가스 토치	보완 식재에 적합 불에 탄 잔해물은 다른 식물에 필수적인 영양소를 제공함 불에 약한 한지형 그라스와 겨울 잡초의 생육을 선택적으로 억제함
피복작물 파종 (경쟁자 배제)	종자	오랜 시간 소요 피복작물은 향후 디자인의 일부로 활용 가능 토양을 비옥하게 하고 토질을 개선할 수 있음(콩과식물은 토양에 질소 공급) 부지 정비와 본 식재 시기의 공백을 메우기 위한 임시 방안으로 활용

← 보행으로 토양이 심하게 다져진 상태다. 인구 밀집 지역에서 흔히 발생하는 문제다.

→ 수년 동안 주차장으로 사용한 이 부지는 토양이 심하게 다져져 있다. 토양 시료 채취를 위해 곡괭이와 삽이 필요했으며, 그 결과 토심이 매우 얕다는 사실을 확인할 수 있었다.

↓ 성숙한 교목 하부의 다져진 토양은 지표면 가까이에 분포하는 잔뿌리 훼손을 막기 위해 경운하지 않는다. 이곳은 플러그묘 식재를 위해 오거auger(나선형 날이 달린 구멍 뚫는 장비)를 사용했다.

식재 전 토양의 답압 개선

우리가 접하는 거의 모든 도심과 근교의 현장들은 공사, 현장 준비, 유출수, 인간의 개입 때문에 토양 답압이 어떤 형태로든 발생한다. 토양 답압은 식재 식물에 광범위하고 심각한 피해를 초래한다. 이를 예방하기 위한 디자인 지침이 매우 부족한 상황이다.

단단해진 토양은 빗물이나 관개수가 토양 속으로 스며드는 것을 막아 유출수를 발생시킨다. 또 물이 충분히 공급되더라도 식물의 뿌리가 수분을 제대로 흡수할 수 없게 한다. 또 답압으로 토양 내 산소가 부족해지는 혐기성 조건이 형성되어 미생물이 서식하기 어려운 환경이 된다. 일부 식물은 이러한 미생물과의 공생관계에 의존하기 때문에 토양 미생물 생태가 건강하지 않으면 결과적으로 식물이 제대로 생장할 수 없다. 만약 토양의 용적 밀도가 일정 수준 이상으로 높아지면 식물은 뿌리를 깊게 내리지 못해 무더운 날씨에 적정량의 수분을 공급받지 못한다. 이처럼 답압이 심한 토양이라면 인간의 도움이 반드시 필요하다. 토양의 답압 정도를 구분하는 방법에는 여러 가지가 있다. 어떤 방법은 정확도가 높지만

답압 측정법

답압 측정법	상세 설명	뿌리 생장 한계 수준	방법에 따른 장단점
토양 경도 측정 Metal Stake Test	지반에 삽입할 수 있는 모든 직선형 말뚝	경도측정기가 15~45센티미터 이상 삽입이 안 될 경우	잠재적으로 답압 지역을 식별하는 간단한 기술 | 경도측정기는 단단해지지 않은 토양을 비교적 쉽게 통과함 | 과학적 또는 정량적 측정 방법은 아님
원뿔관입저항측정 Cone Penetrometer	측정기가 달린 금속 재질의 원형 관 형태인 경도측정기를 지면에 삽입하여 토양의 압력 측정	10.8~20.4atm (160~300psi) 압력	답압 수준에 따라 뿌리 깊이 측정 | 비교적 저렴하고 사용하기 쉬우며 여러 샘플을 채취할 수 있음 | 경도측정기는 뿌리의 이동 등 토양의 공극(동결·융해·지렁이)을 측정하지 않음
토양 용적 밀도 측정 Bulk Density Test	일정한 용적의 토양 무게 측정. 답압이 높을수록 용적 밀도가 증가함	약 1.6g/cm^3	가장 신뢰성 높은 답압 측정 방식 | 검사가 어려우며 특수 장비와 오븐이 필요함 | 복잡한 시험 방법으로 여러 샘플 채취가 어렵고 측정값 오류를 고려해야 함

번거롭고, 다른 방법은 비교적 간단하지만 결과가 부정확할 수 있다. 현장의 여건과 예산에 맞는 방식을 선택해야 한다. 먼저 쉬운 방법부터 시작하고, 프로젝트에 더 신뢰할 수 있는 데이터가 필요할 경우 이후에 더 정밀한 방법을 적용하면 된다. 디자이너는 답압 문제를 해결하기 위해 가장 먼저 경운을 떠올릴 수 있지만 이 방식은 오히려 토양을 더 악화시킬 수 있다. 경운은 단단해진 토양 표면의 불과 몇 센티미터 깊이까지만 효과가 있다. 실제로 답압은 지반 기준 하층 30센티미터부터 60센티미터 아래까지도 발생하는 경우가 많다. 경운은 토양을 부드럽게 만들고 뒤섞어 주지만 부드러운 토양이 결코 '좋은 토양'을 의미하지는 않는다. 오랫동안 정원사들은 부드럽고 잘 경운된 토양이 이상적인 식재 기반이라 여겨 왔다. 하지만 경운은 토양 내 존재하는 많은 기공을 파괴해 결국 토양을 가라앉게 만든다. 공극이 커진 토양에 식물을 바로 심으면 관수 후 공극이 작아지고 흙이 가라앉는다. 이 때문에 몇 주 내로 뿌리와 관부crown, 뿌리와 잎이 만나는 짧고 굵은 줄기 부분가 노출되는 일이 발생할 수 있다. 앞서 언급했듯이 경운은 토양의 미생물 생태계를 파괴하고 땅속 휴면 상태의 잡초 종자를 끌어올려 발아를 유도할 위험도 있다. 경운의 훌륭한 대안은 토양 구조를 파괴하지 않고 답압 토양 층위를 느슨하게 하는 심경deep plowing 또는 심층 파쇄sub-soiling, 심토층까지 다져진 토양을 부드럽게 작업해 주는 방식다. 심경은 토양 층위를 보존하면서 공기·수분·뿌리가 이동할 수 있는 수직 통로를 형성한다. 심경의 작업 깊이는 토양의 답압 정도에 따라 설정할 수 있다. 쟁기plow 사용이 어려운 소규모 도심지 현장에서는 뒤에서 밀어 땅에 트렌치좁고 깊은 세로 홈를 만드는 기계나

적절한 현장 준비는 디자인된
삼림 식물군락같이 녹음이
풍부한 공간을 조성하는
토대가 된다.

토양에 원통형 구멍을 뚫어 주는 코어에어리-에이터core aerator도 좋은 대안이 될 수 있다. 과도하게 다져진 토양은 자연적으로 회복되지 않는다. 물과 뿌리가 단단한 지반층을 통과할 수 없다면 땅이 단단해지는 과정은 수 세기 동안 지속될 수 있다. 그러나 식물은 동결과 해동, 습윤과 건조, 지렁이의 활동 등 토양 형성과 관련한 자연적 과정과 함께 중간 정도의 답압 토양 상태를 서서히 개선할 수 있다. 시간이 지나면서 식물의 뿌리는 토양 크러스트soil crust, 식물군락 다래나 그 사이에 형성되는 미생물·균류·조류 등으로 구성된 얇은 생물극와 퇴적물로 형성된 렌즈층lens, 주변 토양과 구성이 다른 물질이 렌즈 모양으로 매립된 부분을 뚫고 뻗어 나가면서 이를 점차 느슨하게 만든다. 디자인된 식물군락은 이러한 과정이 더 빠르게 진행되도록 돕는다. 다양한 뿌리 형태의 식물들이 함께 자라며 서로 다른 깊이의 토양을 관통해 공극을 형성하기 때문이다. 이처럼 다양한 층위를 이루며 구성된 식물들은 관행적인 식재 방식이 제공하지 못하는 중요한 생태적 기능을 수행한다.

식재를 위한 현장 준비는 뿌리의 생장과 토양 형성이라는 자연적 과정이 원활하게 이루어질 수 있도록 무대를 마련하는 일이다. 이러한 터도는 토양을 식물과 공생하는 '살아 있는 존재'로 이해하는 것이며, 단순히 정복하거나 파괴해야 할 '무기질 덩어리'로 보지 않는다. 동시에 교란된 땅에 침입하려는 공격적인 식물들로부터 원하는 식물을 보호하고 초기 경쟁을 관리하는 일이기도 하다. 이 과정을 소홀히 하면 시간이 흐를수록 부지의 문제는 점점 더 복잡해지고 나빠질 수 있다. 반대로 초기 단계에서 충분히 준비한다면 그 노력은 수년간 풍성한 경관으로 보답받을 것이다.

↑ 펜실베이니아주 랭커스터의 빗물 관리 시스템을 위한 디자인된 식물군락을 조성하는 중이다.

↓ 메릴랜드주 볼티모어의 혹독한 도시 환경에 양묘장 식물을 심었는데, 식재한 지 1년도 채 되지 않은 작은 식물 대부분이 잘 자라고 있다.

식재 : 식물의 자연 생장주기 활용

식물군락 기반 식재는 기존의 관행적인 식재 방식과는 몇 가지 주요한 차이점이 있다. 첫째, 이 방식은 프로젝트 마감 기한이나 개장 일정에 맞추기보다 식물의 자연스러운 정착 시기를 고려해 식재 시기를 결정한다. 다양한 신진대사와 경쟁 전략을 가진 여러 식물을 혼합식재하기 때문에 식물마다 최적의 활착 시기를 따져 식재 일정을 정해야 한다. 둘째, 이러한 접근 방식은 식생이 수직으로 층을 이루고 있다는 원칙에서 출발한다. 식재 과정에서도 식물들을 층별로 나누어 심어 각 층의 디자인 표현과 기능적 관계가 식재 시점부터 명확하게 드러날 수 있게 한다.

그렇기 때문에 조성 과정에서 디자이너의 역할은 더욱 중요해진다. 때로는 시공할 때 나타나는 프로젝트의 요구사항이 식물의 중요성보다 강조되는 경우가 많다. 훌륭한 식재 계획도 일정 변경이나 예산 삭감, 부실한 식물 관리·선택·시공 때문에 어그러지면 식물의 생육 상태가 저하될 수 있다. 디자이너는 공사 일정이 4월에서 무더운 한여름으로 미루어지는 상황을 지켜보아야 하는 좌절감을 익히 알고 있다. 또 심혈을 기울여 작성한 식재 목록의 절반이 현장에서 구하기 쉬운 식물로 대체되면서 애써 세운 계획이 흔적도 없이 사라지는 것을 목격하기도 한다. 디자인된 식물군락은 시공할 때 특별한 지침이 요구된다. 특별시방서, 현장 작업지시서, 상세계획서가 필요하다는 의미다.
훌륭한 식재 시공 절차는 높은 활착률로 이어진다. 이식한 모든 식물이 생존하고 모든 종자가 첫 시도에서 발아하는 것이 목표다. 이 목표가 달성되면 대체 식물, 비료, 지속적인 관수에 대한 의존이 줄어들고 비로소 진정한 의미의 지속 가능한 식재가 실현될 것이다.

최적의 활착을 위한 식재 시기

식재는 현장 준비가 완료된 직후 가능한 한 신속히 진행되어야 한다. 그 주요 목적은 잡초가 노출된 토양을 침범하지 못하도록 막기 위해서다. 또 다른 위험 요소는 토양 황폐화다. 토양이 햇빛, 강우, 극심한 온도 변화에 노출되면 미생물과 영양분의 미세한 균형이 손상된다. 유기물의 주성분인 토양에 저장된 탄소는 식물에게 필수 영양소 공급원이다. 식물 생장 관점에서 토양을 기능하게 만드는 요소인 탄소는 수분 보유 능력, 구조, 비옥도 등의 핵심 기능을 지원한다. 그러나 토양이 햇빛과 공기에 노출되면 탄소는 이산화탄소의 형태로 산화된다. 전 세계의 농지를 포함한 경작 토양은 본래 보유하고 있던 탄소의 50~70퍼센트를 잃어버렸다. 이는 기후 연구자들이 재생농업regenerative agricultural practice에 집중하는 이유 중 하나다. 토양이 오래 노출될수록 이후 식물이 성장하기 더 어려워진다. 대상지에 식물을 빨리 활착시키려면 최대한 많은 식물을 사용하여 식생의 밀도를 높여 신속하게 조성해야 한다. 프로젝트 일정이 최적의 식재 시기와 맞지 않는다면 현장 준비와 본격적인 식재 사이의 공백을 메우기 위해 피복식물의 활용을 고려해야

한다. 피복식물은 비용이 저렴하고 심기 쉽다. 피복식물 대부분이 종자에서 쉽게 발아하기 때문에 현장 준비가 완료된 후 전체 부지에 파종할 수 있다. 클로버, 콩, 살갈퀴vetch 등 다양한 종류의 콩과식물은 공기 중의 질소를 토양에 고정한다. 한해살이풀인 라이그라스rye grass처럼 콩과가 아닌 식물은 토양을 덮고 과도한 질소를 흡수하는 보호작물 역할을 한다. 한해살이 보호식물은 연중 다양한 시기에 활용할 수 있어 디자이너에게 폭넓은 선택지를 제공한다. 피복식물 또는 보호작물의 선택은 프로젝트의 목표에 따라 달라져야 한다. 예를 들어 토양 비옥도와 미생물 활동 회복이 목적이라면 콩과식물이 적합하고, 침식 방지가 목적이라면 한해살이 그라스가 더 효과적일 수 있다. 또 식재 시점도 고려해야 한다. 메밀, 귀리, 무 같은 식물은 발아가 빠르고 겨울에 쉽게 고사하기 때문에 단기 피복용으로 적합하지만, 클로버류는 성장이 느려서 적합하지 않을 수 있다. 프로젝트에 가장 적합한 종을 선택하기 위해 초지 전문가나 종자 공급자와 상담하는 것이 바람직하다.
피복식물이 모든 프로젝트나 일정에 적합한 것은 아니다. 몇 주 동안만 토양이 노출되는 소규모 도시 프로젝트에서는 피복식물보다 임시 멀칭이 더 적절할 수 있다. 식재 전에 과도한 멀칭재는 제거해야 한다. 또 한겨울에는 피복식물이 적합하지 않다. 이때에는 잘게 부순 낙엽 같은 유기물로 가벼운 멀칭을 해서 토양을 보호하고 식재에 적절한 시기가 될 때까지 그 상태를 유지하는 것이 좋다.
식재 시기에서 가장 중요한 고려 사항은 식물이 활발히 생장하는 시기에 작업을 시행하는

씨를 뿌린 지 1주일 만에 콩과식물과 뿌리를 깊이 내리는 래디시가 섞인 피복식물이 현장에 자리 잡기 시작했다. 이는 초여름에 부지가 준비된 시점부터 가을에 디자인된 식물군락 식재가 이루어지기까지 공백기를 메워 주는 역할을 한다.

것이다. 이 시기에 식재를 하면 식물의 생존율이 가장 높아지며, 봄의 마지막 서리 이후부터 가을 첫서리가 내리기 몇 주 전까지로 좁혀진다. 적절한 시기에 식물을 심으면 관수를 최소화할 수 있고, 식물 손실도 현저히 줄어든다. 최적의 식재 시기에서 멀어질수록 식물은 더 많은 관수와 관리가 필요하다. 이상적인 식재 시기는 비가 자주 내리는 계절로, 이때를 활용하면 인위적인 관수를 최소화할 수 있다.

디자인된 식물군락에는 난지형 그라스와 한지형 그라스, 한해살이풀과 두해살이풀, 그리고 봄맞이순간개화식물 등 서로 다른 신진대사와 생애주기를 지닌 식물들이 포함된다. 이러한 생애주기의 다양성은 단일 블록 형태로 식재하는 관행적인 방식과는 현저히 다르다. 디자인된 식물군락에서 일부 종은 식재 시점에 활발하게 자라지만 다른 종은 그렇지 않을 수도 있다. 예를 들어 난지형 그라스는 늦여름에 심을 때 최상의 상태지만 봄맞이순간개화식물은 이 시기에 완전히 휴면 상태일 것이고, 수선화, 얼레지 *Erythronium*, 갯지치 *Mertensia* 같은 종은 지상부가 사라졌을 수도 있다. 숲의 여러해살이풀 대부분은 5월이면 잎이 나와 있지만 일부 초지 식물이나 한해살이풀은 여름에 기온이 올라가야 본격적으로 자라기 시작한다. 프로젝트 대부분에서 각기 다른 식물 유형을 몇 주 또는 몇 달 간격으로 나누어 식재하는 일은 현실적으로 불가능하다. 대신 디자이너는 포트묘, 나근묘뿌리가 드러나 있는 묘, 구근, 생목막대 live stake, 활착 능력이 있는 나무의 줄기를 잘라 만든 삽목재, 파종과 삽목 같은 다양한 형태로 식재해야 한다. 각 방법은 식물의 성공적인 활착을 위한 고유한 식재 요건을 가지고 있다. 여러해살이 식물은 늦봄에, 구근식물은 가을에 식재하는 등 식재 시기를 단계적으로 나누어야 할 수도 있다.

월별 식재 시기

최적의 식재 시기는 식물의 신진대사, 형태, 식재 방식에 달려 있다.
다음은 식물 유형별 식재 적기를 대략적으로 나타낸 표다.

■ 최적의 식재 시기

식물 유형	1월	2월	3월	4월	5월	6월	7월	8월	9월	10월	11월	12월
난지형 식물												
한지형 식물												
봄맞이 순간개화식물								나근묘	나근묘	나근묘		
교목과 관목												
혼합 종자												

휴면 상태
잎이 없거나
상록성 잎 유지

새잎,
봄철 새순
출현

여름철 무성한 잎
개화, 종자 형성

겨울철
잎
출현

겨울 휴면기 돌입
낙엽이 지거나
상록성 잎 일부 탈락

정확한 식재 지침을 모를 때에는 식물이 잘 활착할 수 있도록 식재 계획 초기 단계에서 현지 식물 전문가, 농장 주인이나 종자 공급 업체에 미리 조언을 구하는 것이 바람직하다.

식물마다 선호하는 활착 시기가 다르지만 디자이너는 식물 대부분에 가장 적합한 시기를 찾아야 한다. 위의 표는 다양한 식물의 서로 다른 생장주기를 보여 준다. 생육 시기는 다양하지만 대부분 늦봄에서 초여름, 그리고 초가을부터 가을 중순 사이에 가장 많은 식물이 잘 활착할 수 있으므로 이 시기에 식물 대부분을 식재해야 한다. 나근묘 또는 구근 같은 특수한 식물 형태라면 이후 가장 적합한 식재 시기에 보식할 수 있다.

식물 고르기 : 크기보다 중요한 것

관행적인 조경 표준시방서는 가능한 한 크고 풍성해 보이는 식물 개체 선택에 중점을 둔다. 식재 목록에 직경이 큰 교목을 넣을 것을 요구하며, 세부 기준에는 무성한 상부의 둥글고 완전한 수형 조건이 명시되어 있다. 프로젝트 예산이 많을수록 요구하는 식물의 규격도 커진다. 실제로 조경에서는 관행적으로 외형적 완성도가 있는 미적 기준에 집착하여 개별 식물을 찾는다. 이러한 기준은 본질적으로 즉각적인 변화와 전환을 중시하는 문화에서 비롯되었다. 하지만 실제 경관은 천천히 완성된다.

물론 고품질 식물 소재에 중점을 두는 일 자체는

애덤 우드러프는 다양한 신진대사와 지하 형태 underground morphologies를 가진 종들을 결합해 식재했다. 다양한 발달 단계를 고려한 식재 과정에서 여러 크기의 화분과 구근이 필요했다.

식물군락 조성과 관리 **209**

↑ 큰 화분에서 오랫동안 자란 식물은 성숙한 크기에 더 빨리 도달하며 식재지를 빠르고 밀도 높게 채운다.

↓ 소형 오거auger는 플러그묘를 심을 때 사용할 수 있는 빠르고 효율적인 도구다.

바람직하다. 문제는 기존 식재 기준이 종종 품질을 크기와 풍성함으로만 판단한다는 데 있다. 많은 디자이너와 시공자가 대형 식물로 식재하면 보다 안정된 경관을 만들어 낼 수 있다고 오해하는 것도 문제다. 식물의 활착은 크기가 아닌 뿌리가 대상지의 토양에 성공적으로 자리 잡는 데 달려 있다. 완전히 성숙한 교목과 개화한 여러해살이풀을 낯선 토양에 옮겨 심는다는 개념은 그 식물이 토양에서 스스로 생장할 기회를 잃게 만든다. 이식 과정에서 원뿌리가 손상되기도 하고, 실제로 많은 화분container은 직근이 제대로 발달하기에는 너무 얕다. 카리아Carya, 도라지Platycodon, 밥티시아Baptisia 같은 심근성 식물들은 이러한 조건에 특히 취약하다.
실제로 주어진 토양에서 성장 초기부터 상호작용하며 자란 식물이 가장 오래 지속되고 건강하며 회복력이 뛰어난 경우가 많다. 예를 들어 직경 5센티미터의 참나무는 직경 15센티미터 이상의 나무보다 5~7년 이내에 더 잘 자랄 가능성이 높다. 큰 식물은 주로 이식 후 심각한 스트레스를 받기 때문이다. 한 연구에 따르면 일반적인 수목 이식에서 뿌리의 전체 표면적 중 단 55퍼센트만이 이식 중에 유지되었으며, 이는 식물 기본 구조의 엄청난 손실을 의미한다. 그래서 부드럽고 영양분이 풍부한 피트 기반 토양CANDY, Carbon And Nitrogen DYnamics(일명 '캔디' 토양) 에서 재배되어 뿌리가 과보호된 식물 대부분은 덜 비옥한 환경에 이식되었을 때 잘 적응하지 못한다. 특히 대상지의 토양이 좋지 않거나 유기물 함량이 적을 때 문제가 심각해진다. 식재 후 몇 해가 지나 고사한 식물을 땅에서 손쉽게 뽑아 본 적이 있는가? 그 식물의 뿌리는 주변 토양으로 뻗지 못했으며, 화분에서 충분한 수분 유지를 위한 물공급이 부족해 고사했을 것이다. 더 작은 식물을 사용하고 식물의 뿌리계에서 피트 혼합물을 씻어 내거나 털어 내고 심으면 식물이 주변 토양으로 뿌리를 뻗어 생존하는 데 도움이 된다.

작은 규격의 식물은 다른 실용적인 장점도 있다. 작은 식물은 기존 교목 하부에 식재할 때 교목의 곁뿌리에 주는 손상이 적다. 또 식물의 크기가 작을수록 시간과 비용을 절약할 수 있으며 특히 밀도 높은 식재의 경우 그 효과가 높다. 식물 비용, 시공 인건비, 운송비와 경비를 줄일 수 있기 때문이다. 포장 재료와 논란이 되는 피트 기반 토양 배지의 사용도 최소화할 수 있다. 이러한 이유로 최근 몇 년 사이에 작은 규격의 식물을 사용하는 방향으로 변하고 있다.

18센티미터 크기 화분의 좋은 대안은 조경용 플러그묘를 사용하는 것이다. 조경용 플러그묘정식할 수 있는 크기까지 다 키운 묘가 아니라 중간 단계의 어린 묘는 일반적으로 30개 이상으로 구성된 트레이에서 재배하며 깊고 긴 뿌리가 특징이다. 기존의 라이너 플러그묘는 더 얕고, 땅에 식재하기 전에 큰 크기의 용기에 재배하도록 되어 있다. 그러나 조경용 플러그묘의 깊은 뿌리는 바로 땅에 식재할 수 있도록 만들어졌다. 소형 오거를 이용하면 빠르게 심을 수 있다. 한 사람이 한 시간 동안 고작해야 18센티미터 화분을 몇 개 심을 수 있지만, 조경용 플러그묘는 50개 이상 심을 수 있다. 또 일반적으로 대형 식물을 식재하면 수개월 동안 관수가 필요한데, 조경용 플러그묘는 보통 몇 주만 물을 주면 된다.

더 큰 규격의 식물이 적합한 경우도 있다. 초본층에서 수명이 긴 구조식물 대부분은 성장

12센티미터 깊이로 뿌리를 내릴 수 있게 한 플러그묘는 뿌리돌림을 방지하는 장치가 있어 이상적이다. 지상부와 지하부의 바이오매스 균형은 중요하다.

속도가 느리다. 솔정향풀 Amsonia Hubrichtii, 밥티시아 아우스트랄리스 Baptisia australis, 아스클레피아스 투베로사 Asclepias tuberosa 같은 식물은 좀 더 큰 규격의 화분에서 재배하는 것이 좋다. 예를 들어 솔정향풀은 성숙하기까지 최대 3년이 걸릴 수 있다. 많은 의뢰인이 이렇게 오랜 시간 기다리는 것을 원하지 않기 때문에, 보다 식물이 성숙한 큰 화분을 사용하면 활착 기간을 몇 년 단축할 수 있다.

대개 식물군락에는 빠르게 활착하지만 수명이 짧은 식물과 느리게 정착하지만 수명이 긴 식물이 섞여 있다. 이 두 그룹의 식물 모두 중요한 역할을 한다. 빠르게 활착하는 식물은 토양을 빠르게 덮고 군락의 안정성을 위한 조건을 만들고, 수명이 긴 식물은 시간이 지나면서 군락의 골격이 되어 오랜 기간 유지되도록 돕는다. 이렇게 다양한 식물을 단번에 식재할 경우, 더 왕성하고 빠르게 정착하는 식물이 느리게 정착하는 식물을 우점하여 덮어버리지 않도록 주의해야 한다. 서로 다른 연령대와 규격의 식물을 함께 사용하는 것은 식재 정착의 시차를 조절하기 위한 하나의 전략이다. 예를 들어 식재디자인은 넓은 간격을 두고 느리게 자라는 구조식물을 위해 18센티미터 화분을, 대다수의 주제식물과 지피식물은 15센티미터 화분 또는 플러그묘를, 그리고 빠르게 발아하는 채움식물은 종자를 사용하는 식으로 구성할 수 있다.

디자인층의 식물을 다소 큰 규격의 식물 소재를
사용하면 다른 식물층이 채워지는 동안 식재
공간의 가독성을 높이는 데도 도움이 된다.
식물을 선택할 때 대상지 환경에 잘 적응할
수 있는 식물에 집중해야 한다. 꽃이나 풍성한
잎사귀에 쉽게 현혹되어서는 안 된다. 많은 도매
양묘장에서는 조경 식재뿐만 아니라 소매 판매용
식물을 재배한다. 이때 번식의 목표는 깊은 뿌리계
발달이 아니라 소매 판매를 위한 풍부한 잎과 꽃
생산에 있다. 오늘날 온실의 완벽한 재배 조건은
식물이 뿌리를 충분히 발달시키지 않아도 잘
자랄 수 있게 한다. 그러나 식물이 식재지에서
성공적으로 활착하려면 건강한 뿌리와 노지
환경에 충분히 적응한 잎이 건강한 뿌리계
안에서 균형을 이루고 있어야 한다. 뿌리돌림을
방지하는 기술이 적용된 용기를 사용했는지
확인하고, 식물이 현장에 도착하기 전에 반드시
노지 훈련 과정을 마쳤는지도 확인해야 한다.
예를 들어 붉은숫잔대 Lobelia Cardinalis 같은 일부
종은 꽃이 피려면 한 번의 춘화처리식물을 장기간
저온에 노출하거나 일정 기간 인위적인 저온 처리를 해서 식물이 꽃을
피우도록 하는 과정가 필요하다. 프로젝트의 식재 시기에
맞게 식물을 재배해 달라고 양묘장에 요청하면
식재하기 전까지 충분히 양묘장 노지에서 훈련
과정을 거칠 수 있다.
생물다양성과 회복탄력성이 뛰어난 식물을
선택하는 것이 좋다. 종자로 기른 다양한 식물은
더 높은 회복력을 지니며, 대상지에서도 경관과
어울리는 다양한 개체군을 형성할 수 있다. 육종
전문가에게 특정 종에 적용되는 번식 방법에 관해
문의하는 것도 좋다. 종자로 번식한 식물, 특히
넓고 다양한 개체군에서 종자를 수집하는 경우,
생물다양성이 가장 높다. 반면 많은 식물은 조직
배양이나 삽목 같은 영양번식으로 재배된다. 이는
모체의 관상적 특성을 보장한다는 장점이 있지만
전반적인 유전적 다양성은 감소시킨다.
직접 양묘장을 방문하여 번식 기법을 살펴보는
것이 좋다. 방문이 어렵다면 양묘장에 계약
재배하는 식물의 사진을 요청하자. 양묘장 전문가
대부분은 식물 뿌리계를 포함한 식물의 사진을
기꺼이 공유한다. 도면에 정확한 뿌리 규격을
명시해야 한다. 화분의 규격은 양묘장마다 다르기
때문에 입찰 과정에서 혼란이나 부정확성이 나타날
수 있다. 예를 들어 18센티미터 화분으로 추정되는
일부 용기는 비용이 같아도 4분의 3 정도만 토양이
담겨 있을 수 있다. 이러한 문제를 방지하기 위해
미국국립표준협회 American National Standards Institute의
SP small plant 시리즈 번호 같은 표준화된 분류체계를
사용하여 정확한 규격을 지정해야 한다.

디자인된 식물군락 배치 방법

디자이너와 실제 시공 현장 간 소통 부재는
프로젝트 실패의 주요 원인 중 하나다. 현장에서
식물을 배치하기에 가장 적합한 사람은 바로
디자이너 본인이다. 디자이너는 계획안을
발전시켰고, 그 공간에 대한 분명한 비전을 가지고
있다. 따라서 부적절한 대체 식재가 이루어지지
않도록 확인하고, 수량을 검토하고, 식물을
직접 배치하기 위해 반드시 현장에 있어야 한다.
디자이너가 식물 배치와 시공 과정에 참여할 수
있도록 필요한 시간을 공사원가계산서에 반드시
명시해야 한다.

식재 간격

식재 간격은 성숙한 식물의 폭뿐만 아니라 생장력과 생육 습성을 기준으로 설정된다. 일반적으로 키가 큰 식물일수록 지피식물보다 더 넓은 간격으로 식재된다.

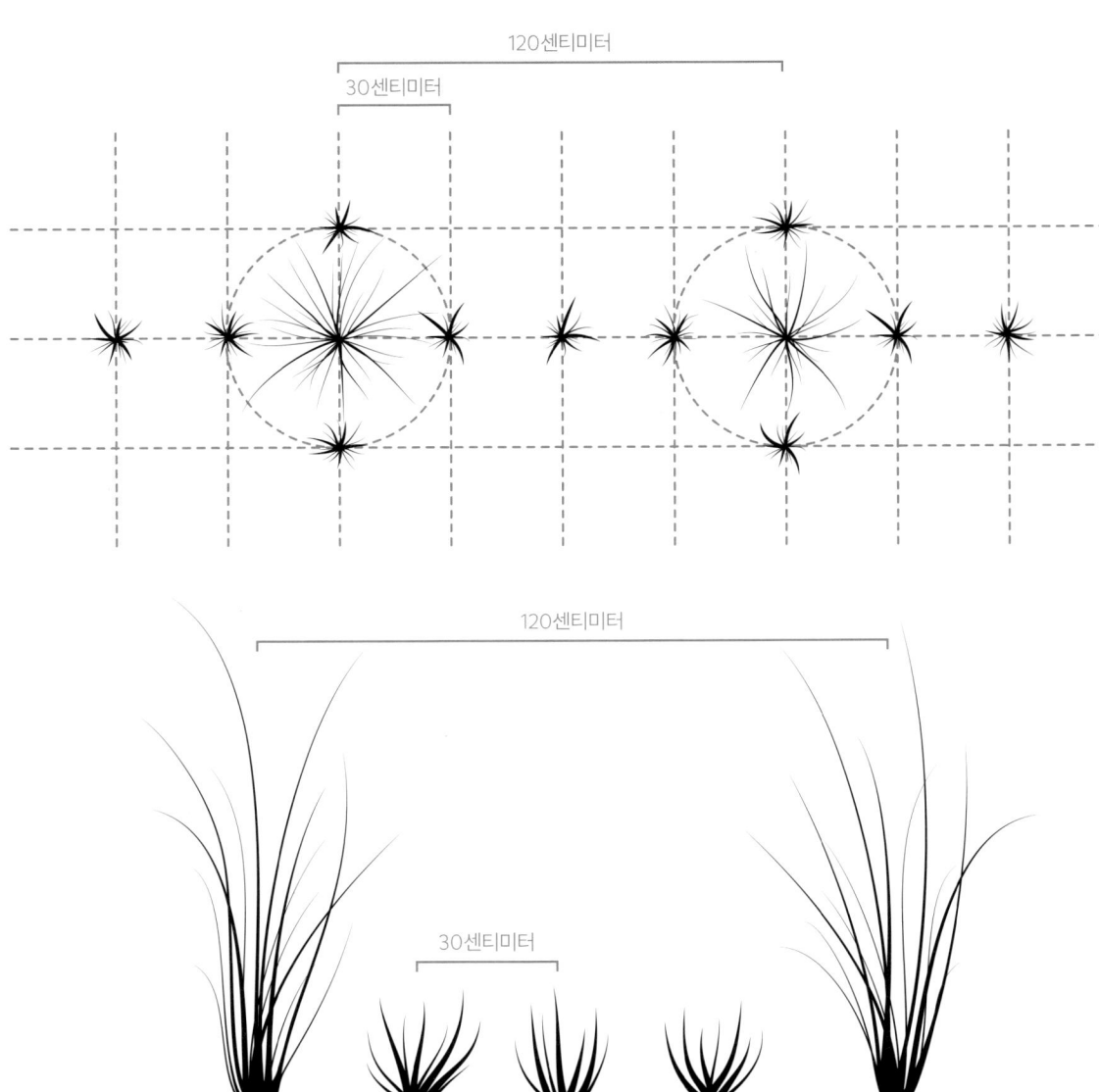

← 구조식물과 계절주제식물은 배치가 끝난 후 바로 심어 뿌리가 마르는 것을 방지해야 한다. 일단 심고 나면 식물의 이동과 조정이 어렵다. 최종 조정을 위해 시간이 더 필요한 경우, 식재 배치 과정 중에도 관수를 해 뿌리를 촉촉하게 유지한다.
→ 클라우디아 웨스트가 미리 자리를 정한 식물 사이에 지피식물을 배치하는 모습.

식재 간격

많은 사람의 생각과는 달리 화분 크기가 적절한 식물 간격이나 수량을 결정짓는 것은 아니다. 아주 작은 플러그묘에서 시작하든 30센티미터 화분에서 시작하든 결국 동일한 크기로 성장한다. 크기가 큰 식물을 사용한다고 해서 간격을 넓게 두어도 된다는 의미는 아니다. 식재 밀도를 지나치게 낮추면 실망스러운 결과를 초래할 수 있다. 비용 절감을 위해 식물 수량을 줄이고 간격을 넓히는 방식은 피해야 한다. 대신 더 작은 규격의 식물이나 종자를 사용하거나 전체 식재 면적을 줄이는 방식이 바람직하다.

식재 간격과 수량 선정의 기준은 성숙한 식물 크기가 되어야 한다. 식물군락의 밀도는 단순히 식물을 빽빽하게 채워서 높이는 것이 아니라, 식재 내에 여러 개의 수직적 층위를 만들면서 높아지는 것이다. 각 층은 식물의 사회성, 생육 특성 그리고 성숙했을 때의 크기를 기반으로 한 고유한 식재 간격을 갖는다. 특히 정형화된 식물의 간격 설정은 주의해야 한다. 많은 인터넷 자료는 관행적인 원예 식물 조합을 기준으로 간격을 제시하기 때문에 식물 간격이 지나치게 넓어지는 경우가 많다.

우리가 추구하는 새로운 방식에서 식물 간격은 층위별 개념으로 접근한다. 전체 식물 간격은 중심에서 20~30센티미터 정도지만, 이 간격은 식물들이 서로 경쟁하지 않고 지상부와 지하부의 형태가 겹치지 않는 조합을 전제로 한다. 예를 들어 큰개기장 Panicum virgatum을 25센티미터 간격으로 배치하면 너무 조밀해서 최적의 성장을 제한한다. 대신 90센티미터 간격으로 큰개기장을 배치하고, 사이에 키가 작은 지피식물을 채워 넣어야 한다. 두 층을 합친 식재 간격은 중심에서 25센티미터에 가깝지만 성숙한 식물 크기에 따라 개별 층의 간격을 설정해야 한다.

식물을 더 조밀하게 심어야 하는 특수한 상황이 있다. 침식 위험이 매우 큰 부지나 잡초가 무성한 부지는 대상지를 빠르게 안정시키기 위해 보다 조밀하게 식재해야 한다. 또 고객이 단기간에 풍성한 경관을 원한다면 초기에 조밀하게 식재한 뒤 선택적 솎아 내기를 시행해야 한다. 유지·관리 예산이 극히 적은 프로젝트의 경우, 초기 식재 단계에서 더 많은 식물을 심어야 할

← 모든 식물을 현장에 배치한 후, 필요에 따라 위치를 재조정한다. 이 단계는 실제 식재 전에 구성을 최종 조정하고 오류를 바로잡을 수 있는 마지막 기회다.
→ 역동적인 식물은 식재가 완료된 후 남은 공간에 파종하는 방식으로 추가할 수 있다. 예를 들어 수잔루드베키아 Rudbeckia hirta는 종자로 겨울을 나고, 5월 초에 삼잎국화 Rudbeckia laciniata 플러그묘 사이에서 발아한다.

수도 있다. 제초나 관수 같은 유지·관리가 어려운 프로젝트에서는 더 빠르게 토양을 덮기 위해 조밀한 식재가 필요하다.

식물의 층위별 배치

디자인된 식물군락은 층위 구조를 바탕으로 구성되기 때문에 식재 역시 층위를 고려해 배치해야 한다. 식재계획도는 층위별로 분리하거나 색상으로 구분해야 하며, 그렇지 않다면 식재 전에 식재 안내서를 따로 준비해야 한다. 식재 도면은 각 디자인층을 나타내는 두세 개의 도면을 세트로 준비하는 것이 좋다. 첫 번째 도면은 구조와 골격 식물의 정확한 위치를 보여 주고, 두 번째 도면은 계절주제식물의 흐름과 띠무리를 표현한다. 마지막 층인 혼합 지피식물은 다른 모든 식물층 하부와 그 사이에 식재한다.

1단계: 구조식물의 신중한 배치 이 층위의 식물은 전체 디자인의 틀을 형성하기 때문에 식재 계획이 잘 작동하는지 확인하며 신중하게 배치해야 한다. 이 단계의 식물은 일반적으로 식재 수량이 적다.

2단계: 계절주제식물 배치 이 단계는 1단계보다 유연하게 진행할 수 있다. 계절주제식물은 대체로 대량 식재되기 때문에 개별 식물 간 간격은 상대적으로 중요하지 않다. 대신 대담한 흐름과 띠무리 형성에 중점을 두고 배치한다.

3단계: 바닥·지피층 채우기 이 단계는 개별 식물을 배치하는 것이 아니라 하나의 개체군을 형성한다는 관점에서 접근해야 한다. 이 식물들은 정사각형 격자에 완벽하게 배치할 필요는 없다. 결국 견고한 지피층을 형성하고 종자가 퍼지거나 영양생식으로 스스로 번식하기 때문이다. 이런 식물의 정교한 배열을 위해 애써 보아도 대부분 2년이 지나면 거의 눈에 띄지 않는다. 격자 배열보다는 충분히 균일하고 조밀한 배치에 집중한다. 식재 후에는 현장을 다시 살펴보며 바닥층이 1~2회의 생장주기 안에 스스로 채워져 빈틈없이 연결될 수 있도록 한다.

4단계 : 역동적이고 짧게 사는 식물과 구근식물 추가

이 식물들은 전략적으로 다른 모든 층 사이사이에 배치한다. 순간개화식물들은 1년에서 수년 내에 사라지도록 디자인된 식물로, 수명이 긴 여러해살이 식물이 성숙해졌을 때 만들어지는 폭에 도달하기 전까지 토양을 덮는 역할만 수행한다.

구근식물은 이른 봄에 계절주제를 만드는 데 사용할 수 있으며, 현장에 선택된 지피식물 유형과 잘 어우러져야 한다. 이들은 대개 신진대사와 형태적 특성 때문에 다른 층과 직접적으로 경쟁하지 않는다. 이런 특성 덕분에 다른 층위와 비교적 독립적으로 배치할 수 있다.

식재 계획은 하나의 안내서일 뿐이다

진짜 디자인은 현장에서 이루어진다. 현장에서 올바른 식재 배치를 위해 충분한 시간을 할애해야 한다. 모든 식물을 일단 배치한 후 다시 돌아가 위치와 간격을 조정하는 과정이 필요하다. 식재 작업자, 자원봉사자 혹은 마음이 급한 고객이 재촉한다고 해서 서두르지 않아야 한다. 시공업체에게는 모든 식물이 배치되고 조정된 이후에야 작업자를 투입할 수 있다고 미리 알려야 한다. 디자이너가 배치하는 동안에는 현장 인원을 최소화하는 것이 좋다. 디자인된 식물군락의 현장 배치는 관행적인 단일종 대량 식재보다 훨씬 더 복잡하다. 최종 결과물은 때때로 고객이나 시공자에게 완성되지 않은 과정처럼 보일 수 있다. 모든 작은 식물들은 비슷해 보여서 이 시점에서는 패턴이나 디자인 의도가 잘 드러나지 않기 때문이다. 식재가 끝난 후에 반드시 시간을 들여 고객에게 디자인 의도를 설명해야 한다. 식재 과정에서 진행된 내용과 시간이 지나면서 각 층위가 어떻게 드러나게 될지를 이해시켜야 한다. 시공 후 고객과 나누는 대화는 매우 가치가 있으며 큰 안도감을 줄 수 있다.

효율적이고 성공적인 식재

식물 배치가 끝나면 작업자들과 협력하여 신속하게 식재 작업을 진행해 뿌리에 빛이 들지 않고 시원하게 만들어야 한다. 식물이 현장에 노출된 상태로 오래 있으면 빠르게 말라 버릴 수 있기 때문에, 속도를 내면서도 정확하고 신중하게 식재 작업을 진행해야 한다.

화분에 담긴 교목과 관목은 현장에 도착했을 때 뿌리가 심하게 얽혀 있는 경우가 많다. 이럴 때는 뭉쳐 있는 뿌리의 측면에 세로로 칼집을 내거나 금속 갈고리로 뿌리를 조심스럽게 풀어 분리한다. 여러해살이풀은 대부분 낙엽성 뿌리계를 가지고 있어서 매해 뿌리 대부분이 고사한다. 따라서 가을에 심는다면 엉킨 뿌리를 풀어 줄 필요가 없다. 공기는 뿌리 성장에 방해가 될 수 있다. 식재 후 토양에 공기층이 남아 있으면 식물이 자리 잡는 데 시간이 더 오래 걸리거나 빨리 말라 버릴 수도 있다. 큰 공극을 제거할 수 있도록 흙으로 뿌리 주위의 틈새를 단단히 메우는 작업을 하도록 작업자들에게 일러 주어야 한다. 작은 공극은 식재 후 호스로 직접 관수하면 채울 수 있다. 식재 후 첫 번째 관수는 수분 공급보다 이러한 틈새를 퇴적물로 채우는 일에 집중해야 한다. 단지 토양을 적시기만 하는 오버헤드 스프링클러보다는 시간이

↖ 낙엽 퇴비 때문에 많이 개량된 토양이 강하게 경운되었다. 시간이 지나면 빗물이 들어가 낙엽과 유기물이 압축되고 분해되면서 토양이 가라앉게 된다. 이런 경우 뿌리가 노출되지 않도록 식물을 충분히 깊게 심어야 한다.
↙ 만일 뿌리가 말라 있다면 식재 전에 물에 담가 충분히 적셔 주는 것이 일반적인 관수보다 훨씬 효과적으로 수분을 흡수하게 한다. 특히 피트 기반의 소수성 토양 배지에서 자란 식물의 경우, 완전히 건조된 뿌리는 물 흡수가 매우 어렵기 때문에 이 과정이 중요하다.

↗ 교목과 관목은 여러해살이풀보다 화분에서 더 오래 자랐기 때문에 뿌리가 얽혀 있을 가능성이 높다. 이럴 때는 뿌리를 푸는 과정에서 식물에 큰 손상을 줄 수 있으니 조심스럽게 풀어 준다.
↘ 뿌리를 푸는 데 일본 갈고리가 유용하다.

더 걸리지만 직접 관수를 해서 정확한 물줄기와 수압으로 공극을 채워야 한다. 이 작업이 올바르게 수행되면 식물은 더 빠르게 뿌리를 내리고 안정화되어 시간과 비용을 크게 절약할 수 있다. 식재지 가장자리는 전체 식물 배치의 정돈된 모습을 보여 주는 중요한 부분이며, 눈에 잘 띄기 때문에 특히 더 세심한 주의와 관리가 필요하다. 가장자리는 해당 식재지가 얼마나 잘 관리되고 있는지를 명확하게 드러내는 지표가 되기 때문에 이 부분을 잘 정돈된 모습으로 시공하는 것이 중요하다. 따라서 전체 식재를 시작하기 전에 먼저 가장자리를 배치하고 정확하게 마무리하는 것이 좋다. 다른 식재와 마찬가지로 가장자리 식재지에도 성숙한 식물의 폭을 고려해야 한다. 특히 잔디로 둘러싸여 있는 경우, 잔디 침입을 방지하기 위해 가장자리 식재 밀도를 높이거나 경쟁력이 강한 종을 심는 것이 효과적이다. 도로 경계석이나 구조물의 가장자리는 깔끔하게 아래로 퍼지는 식물로 덮어 경계가 부드럽고 정돈된 인상을 줄 수 있도록 한다. 또 키가 큰 식물은 강한 비나 바람에 쓰러질 때를 고려해 식재지 가장자리로부터 충분히 이격離隔하여 심어야 한다. 그래야 식물이 통행로를 침범하거나 식재지를 벗어나지 않게 된다. 이러한 단순한 원칙을 지키면 미관상의 문제를 방지할 수 있으며, 이후 유지·관리의 부담도 줄일 수 있다.

↘ 작업팀이 점심시간이나 휴식시간 전까지 식재할 수 있는 만큼만 현장에 식물을 배치한다. 관수 없이 식물을 오랫동안 방치해서는 안 된다.

↗ 식재 후 토양을 단단히 눌러 주면 뿌리 주변의 공극이 채워지고, 뿌리가 주변 무기질 토양과 잘 결합할 수 있다.

↗ 식물을 너무 깊게 또는 얕게 심지 않도록 세심한 주의가 필요하다.

↘ 식재 후 관수는 필수적인 과정이며, 지하의 공극을 퇴적물로 채우는 데 도움이 된다.

식재의 완성도를 높이는 세부 전략

갈아엎은 토양에 식재하기   흙을 갈아엎으면 토양이 지나치게 부풀어 오르며 식재에 적합하지 않은 토양이 될 수 있다. 지나치게 공기가 포함된 토양에 식물을 심으면 시간이 지나면서 흙이 가라앉아 뿌리와 관부가 노출될 수 있다. 따라서 식재 전에 경운한 토양에 충분히 물을 주거나 비가 올 때까지 기다려 자연스럽게 흙이 가라앉도록 해야 한다.

유기물이 많은 토양에 식재하기   유기물이 많은 토양에 식재할 때는 주의가 필요하다. 유기물의 상당 부분은 몇 년 안에 분해되며, 토양 개량을 위해 유기물을 많이 섞었다면 시간이 지나면서 토양이 가라앉아 식물 뿌리가 노출될 가능성이 높다. 이런 경우에는 식물을 평소보다 더 깊게 심되, 식물의 관부나 표면근root flare이 흙에 덮이지 않도록 주의해야 한다. 식물 주위에 흙을 살짝 둥글게 쌓아 올려서 비나 관개수 때문에 흙이 식물의 중심부로 흘러 들어가지 않도록 해야 식재 후 침하에 따른 피해를 최소화할 수 있다.

'캔디CANDY' 토양 제거하기   대형 화분에 담긴 식물을 식재할 때는 피트 기반 배양토는 완전히 제거하는 것이 좋다. 단 흙의 양이 매우 적은 플러그묘를 사용할 경우에는 그럴 필요가 없다. 식재 전에 쓰레기통이나 손수레에 물을 가득 채운 후,

→ 펜실베이니아주 랭커스터에 조성한 빗물 관리 시스템. 식재 준비가 된 모습(위)과 신중하게 식재한 후의 모습(아래)이다.

식물 용기를 완전히 담가 기포가 모두 빠져나오고 뿌리 덩어리가 완전히 적셔질 때까지 기다린다. 그 상태에서 갈고리를 사용해 뿌리를 부드럽게 풀면서 기존 배양토가 자연스럽게 떨어지게 한다.

표면근과 관부 덮지 않기 교목과 관목은 표면근이 제대로 성장할 수 있도록 충분히 높게 심는다. 경험이 부족한 작업자들이 민감한 표면근에 과도한 멀칭을 하지 않도록 주의해야 한다. 양버즘나무 *Platanus occidentalis* 같은 일부 습한 환경을 좋아하는 종을 제외하면 나무 대부분은 표면근이 흙이나 멀칭에 덮이면 병해가 발생하거나 순환뿌리가 생겨 결국 나무가 질식해 버린다. 여러해살이풀은 민감한 관부가 흙이나 멀칭재에 덮이면 훨씬 더 빠르게 반응한다. 토양 수분이 과도하면 단 며칠 만에도 병이 걸리거나 부패할 수 있다. 이러한 문제는 시간이 지나면서 흙이 아래로 흘러내리는 경사면 식재를 할 때 특히 심각해질 수 있다. 이런 경우 먼저 침식 방지 매트나 코이어 로그 coir logs, 코코넛 껍질 섬유를 압축해 만든 침식 방지 자재를 사용해 경사면을 안정시켜야 한다. 토양이 확실하게 고정된 후에 여러해살이 식물이 과도한 흙에 덮이지 않도록 경사면 위쪽부터 아래쪽 방향으로 식재를 진행해야 한다.

디자인된 식물군락은 모든 식물이 제대로 식재되고 양묘장에서 현장으로 이식되는 과정에서 성공적으로 활착되었을 때 비로소 제 기능을 한다. 식물은 식재 중이나 식재 직후에 가장 취약하다. 새로운 광 환경과 햇빛·바람의 노출 정도, 그리고 새로 발생하는 병해충의 유형 등은 모두 식물의 생육에 직접적인 영향을 미친다. 식물이 직면하는 복잡한 변화와 함께 디자이너 역시 다양한 문제에 직면하게 된다. 식재 과정에는 고객, 양묘장 관계자, 운송팀, 현장 작업자 등 많은 관계자가 관여한다. 성공적인 프로젝트를 위해서는 모든 당사자 사이에 명확한 의사소통이 이루어져야 하며 디자인의 의도를 실현하려는 헌신이 필요하다. 디자이너는 올바른 절차가 지켜지도록 적극적으로 요구하고, 디자인 의도를 관철하기 위해 현장에 직접 참여해야 한다. 디자이너가 현장과 긴밀하게 연결되어 있을 때만이 프로젝트가 다음 단계인 장기 관리로 순조롭게 이어질 수 있다.

창의적 관리 : 디자인의 가독성과 기능 유지

힘든 식재 작업이 완료되었다면 가장 흥미롭고 즐거운 단계가 시작된다. 바로 독특한 식물군락이 형성되고 변화하는 과정을 지켜보는 것이다. 식물들은 서로 상호작용하며 생태적 지위를 찾아가고, 디자인할 때 구성했던 여러 층위가 식물의 성장과 함께 점차 드러나기 시작한다. 이제 디자이너가 설정한 식재 층위 전략이 제대로 작동하고 있는지, 선택한 종들이 그 장소에 정말 적합했는지 여부가 식물군락의 모습 속에서 자연스럽게 드러나게 될 것이다. 여기서 강조하고 싶은 것은 창의적 관리이지 관행적인 유지·보수 방식이 아니다. 기존 방식은 개별 식물을 각각 다르게 다루는 데 초점을 둔다. 예를 들어 장미에 살균제를 뿌리고, 히비스커스에 물을 더 주고, 주목을 가지치기해서 창문 높이에 머무르게 하는 식이다. 반면 창의적 관리는 전체 식물군락을 보존하기 위한 포괄적인 행위에 중점을 둔다. 창의적 관리는 무작정 반복되는 절차를 따르지 않고 행위에 목적을 부여하는 명확한 목표에 따라 진행된다. 이 목표는 디자이너가 구현하려는 원형경관에 대한 비전으로부터 나왔다. 즉, 디자인과 동일한 목표와 패턴에서 비롯한다.

식물군락은 끊임없이 변화하기 때문에 관리 역시 창의적 과정이 되어야 한다. 시간이 지남에 따라 식재지 관리 방법은 식재지가 어떻게 변화하고 어떻게 보이게 될지 결정하는 데 있어 디자인 자체만큼이나, 어쩌면 그보다 더 큰 비중을 차지한다. 이 과정은 식물군락에서 일어나는 변화를 읽어 내고 그 흐름을 조심스럽게 다듬어 가는 반복적인 과정이다. 단지 식물 배치뿐만이 아니라 현장에서 실제로 벌어지는 일을 바탕으로 전략과 기법 자체를 끊임없이 조정해 나가는 일이기도 하다.

창의적 관리를 하려면 디자이너와 관리자의 협력이 무엇보다 중요하다. 디자이너는 목표를 설명하고 그 목표를 달성하기 위한 다양한 관리

기법을 함께 논의해야 한다. 이러한 지침 없이 관리가 이루어지면 식물이 방치되어 훼손되고 결국 사라지는 등 심각한 결과가 나타날 수 있다. 디자이너는 식재한 식물의 생육 기간 전체에 걸쳐 정기적이고 지속적인 자문 역할로 참여해야 한다.

관리의 필요성

모든 식재에는 관리가 필요하다. 도심의 옥상정원이나 가로변 화단 같은 인공적인 환경에서도 천이·경쟁·공생 같은 자연의 과정이 이루어진다. 자연발생적 식물은 어떤 장소든 빠르게 점유할 수 있으며, 어린 식물 사이에 끼어들어 식재의 통일성과 구조를 위협할 수 있다. 특히 깊고 비옥한 토양을 가진 부지는 더 취약하다. 비옥한 토양의 영향으로 가로수 공간이나 빗물정원, 조성된 정원은 의도하지 않은 식물이 정착하기 쉬운 이상적 서식처가 되기도 한다. 놀랍게도 부처꽃<i>Lythrum</i>이나 갈대<i>Phragmites</i>처럼 번식력이 강한 종이 침투하면 식재 초기의 식물군락은 빠르게 붕괴되어 생물다양성과 기능성을 상실할 수도 있다. 현장 관리자들은 빗물정원이 순식간에 부들<i>Typha</i>의 견고한 단일 군락으로 변하는 모습에 놀라곤 한다. 관리가 이루어지지 않으면 디자인 의도와 다른 식물군락으로 빠르게 전환될 수 있으며, 이는 디자이너나 이용자가 기대하지 않았던 모습일 수 있다.

물론 원치 않는 식물의 침입을 막기 위해 다양한

← 풍부한 식재지의 식물 개체군은 상호작용하며 끊임없이 변화한다. 전문가의 관리와 지침이 없다면 다채로운 색의 향연은 일시적인 현상에 그칠 것이다.
→ 디자인된 초지군락은 타감작용(식물이 주변 생물의 성장이나 생식을 억제하기 위해 분비하는 화학물질을 통해 경쟁을 조절하는 생물학적 현상)이 있는 나도바랭이새 *Microstegium vimineum*의 침입을 받고 있다(왼쪽). 적절한 관리가 이루어지지 않으면 식재지 전체가 나도바랑이새 단일 군락으로 바뀔 수 있다(오른쪽).

전략을 사용할 수 있다. 이 경우에도 현명한 관리가 전제되어야 한다. 현장 환경에 적합한 식물 종을 도입하고 식물을 층위별로 밀도 있게 덮는다고 해도 이러한 방식만으로는 예기치 않은 자생적 침입종을 완전히 막을 수 없다. 각 층위에 적절한 식물을 선택하는 것은 식재의 미관과 기능 유지에 필요한 노력과 자원을 줄여 줄 뿐 침입 문제를 근본적으로 없애 주지는 않는다.

식재 관리의 핵심은 어떤 자연발생 식물을 남기고, 어떤 것을 제거하며, 또 어떻게 제거할 것인지를 결정하는 데 있다. 자연발생한 어떤 식물은 수명이 짧은 종의 개체군 유지에 필수적일 수 있다. 또 다른 일부는 다른 원형경관으로 전환하는 데 도움이 되기도 한다. 예를 들어 자연적으로 들어온 교목과 관목의 어린 묘는 초지의 소림 식물군락 전환에 기여할 수 있다. 일부 식물의 소실이 항상 나쁜 것은 아니다. 그 식물이 해당 부지에 적응하기

어렵다는 신호일 수 있다. 어떤 식물의 쇠퇴는 제한된 식재 면적, 낮은 유전적 다양성, 개체수 부족 또는 외부 교란 등 여러 요인으로 발생할 수 있다. 가장 이상적인 상황은 자연적으로 유입된 식물이 고사한 식물을 대체해 별도의 보식 없이 군락이 유지되는 것이다. 이러한 자연적 유입은 지금까지 존재하는 방식 중 가장 지속 가능한 식재 방법이며, 고가의 묘목을 식재하고 식재할 때 토양이 교란되는 것을 막을 수 있는 완벽한 대안이 될 수 있다.

대상지의 생물다양성을 높이는 것이 목표라면 시각적·기능적 역할을 유지하기 위해 개체군 보완이 필요할 수 있다. 예를 들어 자주천인국 *Echinacea purpurea*은 매우 매력적이고 개화기가 긴 초지 식물이지만 대체로 수명이 짧다. 덥고 건조한 여름이 몇 해 연속되면 종자가 충분히 형성되지 못해 개체수가 감소할 수 있다. 이때 원치 않는

← 캐나다매발톱꽃 '코르벳'
Aquilegia canadensis 'Corbett'
(왼쪽)과 솔잎금계국 '크림 브륄레' *Coreopsis verticillata* 'Creme Brulee'(오른쪽)처럼 수명이 짧은 종들은 몇 년 후에 자연 소멸하여 보식하지 않으면 틈이 생길 것이다.
→ 식재 후 3년이 경과하면 페르폴리아툼등골나물 *Eupatorium perfoliatum*은 이 적윤한 초지에 뚜렷한 계절성을 연출한다.

식물이 틈새로 들어오는 것을 방지하려면 동일한 종 또는 유사한 종의 새로운 식물을 추가하여 풍부한 시각적·기능적 다양성을 확보해야 한다. 특히 수명이 짧은 여러해살이풀 또는 두해살이풀로 구성된 채움층이 디자인에서 중요한 역할을 한다면 시간이 지나면서 교체가 필요하다.

층위별 관리

관리 전략은 두 가지 핵심 목표에 기반하여 이루어져야 한다. 첫째는 디자인의 가독성 유지, 둘째는 의도한 기능의 지속적인 수행이다. 식생이 자리 잡은 군락에서는 여러 층위가 서로 섞여 하나의 조화를 이루기도 한다. 이는 미학적으로 바람직할 수 있으나 특정 관리 작업을 개념적으로 구분하기 어렵게 만들 수 있다. 따라서 식물군락이 본래 층위별로 구성되었다는 점을 고려하면 층위 특성에 맞춘 관리 전략으로 접근하는 것이 가장 효과적이다. 장식적 효과를 중시하는 원예적 식재는 농촌 지역의 빗물 관리를 목적으로 하는 기능적 식재와는 다른 관리 목표를 가진다. 결국 무엇보다 맥락이 중요하다. 일반적으로 구조층은 원예적 관리 영역에 속하지만 지피층은 생태적 관리 원칙을 따르는 경향이 있다.

'질서 있는 틀'로 단정하게 유지하기

식재의 인상을 전달할 때 경계는 식재 자체만큼이나 중요하다. 깨끗한 보도, 도색한 울타리, 깔끔하게 정돈된 생울타리는 세심한 관리가 이루어지고 있음을 보여 주는 지표다. 대중은 잘 관리된 경계가 전달하는 무의식적인 메시지를 인식하지 못할 수도 있지만 방문자의 행동으로 그 영향을 분명히 알 수 있다. 잘 관리된 경계는 쓰레기, 반려동물, 사람들을 식재지에서 멀리 떨어뜨려 놓는다. 이러한 경계는 자연주의 디자인이 더 쉽게 받아들여지도록 만들고, 디자인된 식물군락이 조경 대안으로 관심을 받게 하는 데 기여한다.

구조층의 가독성 유지하기

구조식물은 높이를 활용해 눈에 띄는 패턴을 만들고, 조망을 구획하며, 공간을 정의한다. 다른 층의 식물보다 정확한 위치, 배치, 개체수가 중요하다.

이 층은 가장 변동이 적은 층으로, 현 상태의 유지에 초점을 맞추어 관리해야 한다. 자연발생한 종이 구조층의 적절한 위치에 나타나는 경우는 매우 드물다. 대부분 병충해, 수명, 사람의 통행이나 건설 작업 같은 외부 교란 때문에 식물이 소실되는 경우가 많다. 소실된 식물을 원래의 식물로 대체할 수 없다면 동일한 목적을 수행하는 다른 구조식물로 교체해야 한다. 교체 식물은 현장에서 정확하게 배치할 수 있도록 화분 형태인 경우가 많다. 수량과 위치는 원래의 식재 계획과 개선된 디자인 의도에 따라 결정된다.

계절별 주제 강조

계절주제식물은 전체적으로 기능하기 때문에, 개별 식물 배치는 상대적으로 덜 중요하다. 색상과 질감 주제가 지속적으로 드러날 수 있도록 충분히 많은 개체 수를 유지해야 한다. 자연발생적 식물은 비교적 쉽게 주제식물 범위에 포함될 수 있다. 실제로 이 범주의 식물은 활발하게 성장한다. 때때로 종자번식으로 다소 조밀한 군락을 만들기 때문에 지피식물과 경쟁하는 것을 막기 위한 개체수 조절이 필요하다. 이 층위의 식물 관리는 씨송이를 자르거나 가장 취약한 시기에

→ 자연주의 식재디자인 주변의 질서 있는 틀이 훌륭하게 유지되고 있다.

가지치기해서 자연발생한 개체를 선택적으로 제거하여 세력을 약화시키는 것을 포함한다. 이를 통해 디자인된 식물군락 내에서 식물 종 간 미세한 균형을 유지한다.

조밀한 식재로 지표면 피복

지피층에는 다양한 영양번식종과 종자번식종이 서로 섞여 있다. 이 식물들은 매우 왕성하고 경쟁적인 경향이 있어 토양을 덮어 원치 않는 식물의 침입을 방지한다. 그럼에도 여러 가지 문제로 지피층에 빈틈이 생길 수 있다. 따라서 관리의 초점은 원하는 식물로 피복된 상태를 유지하는 데 맞추어야 하며, 식생 피복 면의 빈틈을 신속히 발견하고 보완해야 한다.
이 층의 종 구성이 균형을 잃으면 몇몇 종이 다른 개체군을 압도하여 시간이 지남에 따라 단일 군락을 형성할 수 있다. 소수의 식물이 이 층을 우점하기 시작하면 종다양성과 생태적 가치는 급격히 감소한다. 구조층이나 계절주제층과 달리 지피층은 식물 구성이 복잡하거나 난잡해 보이지 않으면서도 종다양성이 더 높을 수 있다. 예를 들어 형태가 비슷한 여러 종류의 사초류와 양치식물을 지피층에 섞어 심어도 사람들은 잘 인식하지 못할 수 있다. 한 종으로 이루어진 정돈된 군락처럼 보일 수 있지만 실제로는 종다양성이 주는 모든 생태적 이점을 제공한다.

낙엽과 같은 유기물 찌꺼기는 과도하게 축적되어 기능적 문제를 일으키지 않는 한 제거하지 않는 것이 바람직하다. 건강한 토양은 땅에 떨어진 유기물들을 스스로 분해하고 순환시켜 풍부한

↑ 식물이 고사했다면 대체 식물을 가능한 한 빠르게 심어야 한다. 이는 토양을 덮은 상태를 유지해 침식과 잡초 발생을 방지하고 식재의 기능 회복에 기여한다.
↓ 식생층을 복원해 빗물정원의 빗물 처리 기능을 함께 회복시킨 사례다.

미생물이 존재하는 생태계를 유지한다. 낙엽이 자연적으로 분해되게 하는 조밀한 식재지에서는 영양 결핍의 징후가 거의 나타나지 않는다. 다만 고객이 원하지 않는 등의 이유로 낙엽의 방치가 문제가 된다면 낙엽을 모아서 멀칭용 예초기로 잘게 부순 뒤 식재지에 얇은 멀칭층으로 재활용하는 방법을 고려할 수 있다.

채움식물의 필요성 평가

식재가 밀도 있게 자라면서 개체 간 간격이 줄어들면 채움식물은 점차 식재지에서 사라진다. 채움식물은 일시적인 역할을 하는 식물로, 식재가 성숙해지면서 자연스럽게 소멸된다. 식재가 자리 잡기까지 걸리는 몇 년 동안 식물은 매토종자발아력을 유지한 채 휴면 상태에 있는 종자를 형성할 수 있으며, 교란이

← 펜실베이니아주 피츠버그에 있는 어린이박물관 화단. 지면을 덮는 사초, 키 큰 페르폴리아툼등골나물 Eupatorium perfoliatum, 버지니아냉초 Veronicastrum virginicum 식물군락은 매우 안정적이고 회복력이 뛰어나 관리팀이 거의 개입할 필요가 없다.

발생하면 다시 발아해 군락을 형성할 수도 있다.

그 후 채움식물은 다시 나타나기도 하지만 시간이 지나면서 성장은 느려도 경쟁력이 강한 식물들 때문에 다시 밀려나게 된다. 따라서 시간이 지남에 따라 채움식물의 수가 줄어드는 현상은 식물군락이 건강하다는 신호로 볼 수 있다. 이는 지면 피복이 잘 이루어져 있고 노출된 토양이 거의 없음을 의미한다.

어떤 이유로든 교란 이후에 채움식물이 나타나지 않으면 빈 틈새에 씨를 뿌리거나 식재하여 보완할 수 있다. 원하는 채움식물의 매토종자를 유지해야 하는 이유는 교란이 발생했을 때 군락이 스스로 회복할 수 있도록 돕기 위해서다.

이 과정에서 군락 내 다른 식물의 생육을 저해하지 않도록 세심한 주의가 필요하다.

모니터링 가이드

디자이너가 관리자, 토지 관리자와 소통하기 위해 필요한 가장 간단하고 효과적인 도구 중 하나는 모니터링 가이드다. 이 가이드는 식자 도면과 함께 모든 관리 실무자에게 전달되어야 한다. 식재 직후에는 관리 실무진과 만나 디자인 의도를 전하고, 현장을 관찰한 후 확인해야 할 내용을 명확히 공유해야 한다.

모니터링 가이드는 토양을 원하는 식물로 덮은 상태로 유지하는 것과 같은 장기 관리 목표를 명확히 제시해야 한다. 또 현장 활용이 용이하도록 관리 실무자 중심으로 작성되어야 한다. 정확한 용어 사용과 문장의 표현 방식이 매우 중요하다. 가이드는 실무진이 단순히 문제를 발견하는 데 그쳐서는 안 되며, 잠재적인 문제를 어떻게 처리할 것인지 그 방법까지 제공해야 한다. 관리팀이 즉각적인 조치를 취할 수 있도록 '도구 상자 toolbox' 형식의 대응 옵션을 제공하는 것이 바람직하다. 조치를 시행한 이후에는 추가적인 모니터링을 진행해 해당 조치를 해서 문제가 해결되었는지, 아니면 다른 대응이 필요한지 여부를 평가해야 한다.

도구 상자 : 디자인된 식물군락을 위한 관리 지침

관리 도구 상자는 관행적인 원예 유지 관리 요소(예: 잡초 제거, 관수, 시든 꽃 제거)와 생태적 조경 관리 기법(예: 소각, 시기별 예초, 보완 파종)을 통합한 것이다.

모든 관리 행위는 가능한 한 지속 가능하고 불필요한 현장 교란을 피해야 한다. 예를 들어 에너지가 많이 소요되는 잡초 뽑기나 제초제 살포보다는 예초, 선택적 자르기 같은 저투입 관리 방법이 더 적절하다. 처음부터 잡초가 발생하지 않도록 식재지 내 빈 공간을 채우는 것이 가장 효과적인 해결책이며, 이 방법이 장기적으로 가장 적은 자원이 소모된다. 만약 잡초 제거가 필요하다면 교란된 토양은 즉시 다른 식물이나 임시 멀칭재로 덮어 토양 노출을 최소화해야 한다. 장비 작업이 필요한 경우에는 소형 기계를 선택하는 것이 바람직하다. 예를 들어 늦겨울에

모니터링 가이드 샘플

모니터링 항목	점검해야 할 문제	확인 여부	잠재적 원인	해결을 위한 조치
전반적인 미적 수준 디자인층 패턴의 가독성 질서 있는 틀의 온전성	잡초 또는 침입종이 있는가	예	어린 식물과 지피식물의 부재	잡초 제거 관수를 통한 목표종 강화 필요한 경우 지피식물 추가
			주변에서 유입된 종자	종자 유입 원인 제거
				잡초 제거. 적합한 식물 종으로 교체
			계절주제의 부재	틈새를 적절한 식물 종으로 채우기 위해 디자이너 또는 현지 식물 전문가에게 연락 최대한 빠른 시일 안에 보식
		아니오		차회 모니터링
	식재 가독성과 심미성이 있는가	예		차회 모니터링
		아니오	초기 식재 의도 유지 여부	식재디자이너 또는 현지 식물 전문가에게 연락 식재 개선안 작성 또는 전략 보완 전략 적용과 다음번 모니터링
	쓰레기 또는 잔여물이 전체적인 외관에 영향을 미치는가	예		현황 파악 여부 잔여물 제거 차회 모니터링
		아니오		차회 모니터링
생물다양성의 단계	시공 후 사라진 식물 종이 있는가	예	공격적인 종이 덜 공격적인 종과의 경쟁에서 이김	식물조합 평가 덜 공격적인 식물 종이 활착하기 위해 필요한 공간과 자원 확보
		아니오		차회 모니터링

모니터링 항목	점검해야 할 문제	확인 여부	잠재적 원인	해결을 위한 조치
기능	식물이 수분을 잘 흡수하고 있는가	예		차회 모니터링
		아니오	배수로 막힘	배수 원활하게 하기
			잔여물 축적	잔여물 제거
			토양 흡수 안 됨	식재디자이너/토목담당자에게 연락 토양흡수시험 시행 또는 흡수 속도 개선을 위한 전략 만들기
	식재한 식물이 꽃가루 매개자와 조류를 유인하고 있는가	예		차회 모니터링
		아니오	곤충 유인을 위한 식물 종 부족 또는 적절하지 못한 식물 종	식재디자이너에게 연락 적절한 층에 필요한 식물 종 추가
			유인을 위한 식물 종이 적절한 시기에 개화하지 못함	적절한 식물 종 추가
	식재한 식물이 침식을 조절하고 있는가	예		차회 모니터링
		아니오	어린뿌리가 활착하지 못함	교란된 식물 보식 침식된 지역 토양과 부직포로 보완
			식물이 깊게 뿌리내리지 못함	적절한 식물 종 교체 또는 추가
지피식물의 밀도	시공 후 사라진 식물이 있는가	예	공격적인 식물과의 경쟁 여부	식물조합 평가 덜 공격적인 식물 종이 활착하도록 공간 확보 또는 식물 제공
		아니오		차회 모니터링

관리 도구 상자

관리 도구	장점	한계점
태우기 (일부 또는 넓은 면적)	한지형 잡초 통제(마늘냉이 *Alliaria*, 배추 *Brassica*, 광대수염 *Lamium* 등) 무성한 식생과 짚 제거 화재적응종 강화(스포로볼루스 헤테롤레피스 *Sporobolus heterolepis*, 스코파리움쇠풀 *Schizachyrium scoparium* 등)	구조물 근처에서는 어려움 기상 조건에 의존적 전문 감독 필요
다듬기와 예초	그라스와 광엽초본의 재생 촉진 무성한 식생과 짚 제거 목본과 잡초 관리 식재 수종과 잡초의 재파종 관리 식재 주변 경계부 정돈	효율적인 비용 쉽고, 값비싼 장비 필요 없음 토양 교란 없음
자생적 어린 묘 seedling의 선택적 제거	디자인 가독성 유지	교란된 토양으로 잡초 유입 원하는 종을 식재하거나 종자로 즉시 빈틈을 채워야 함
잡초 뽑기	자연발생한 식생 조절 디자인 가독성 유지	교란된 토양으로 잡초 유입 원하는 종을 식재하거나 종자로 즉시 빈틈을 채워야 함 잡초 제거 과정에서 원하는 식물 보호
제초제 살포 (부분 또는 넓은 면적 살포)	원치 않는 식생 관리 침입종 관리 디자인 가독성 유지	잡초와 섞여 있을 경우 원하는 종 보존 어려움 전문 감독과 장비 필요

관리 도구	장점	한계점
유도 전정	건강한 교목과 관목으로 성장 유도	전문 감독과 장비 필요
관수	수분을 좋아하는 식물에 이로움 원하는 방향으로 종 조성 유도	지속 불가 일부 지역에서는 비용 부담 높음
시비와 토양 개량	양분을 좋아하는 식물에 이로움 원하는 방향으로 종 조성 유도	지속 불가 잡초 번식 촉진 과도한 영양생장이 원인이 된 뿌리 뻗달과 수명 저하
멀칭	토양 보호 원치 않는 식생 억제	높은 비용 새로운 잡초 종자 유입 원하는 종의 발아도 억제될 수 있음
영양 제거	과도한 양분을 건강한 수준으로 낮춤 식물을 건강하게 하고 수명 연장 생장이 절거 되어 미적 가치 향상	노동집약적인 잔여물 제거 모든 잔여물이 퇴비로 적합하지 않음 (예: 빗물정원의 경우 중금속 오염 위험) 과정이 느리고 효과가 수십 년 동안 눈에 띄지 않을 수 있음

↑ 늦겨울 소각은 한지형 잡초 제거에 효과적이다. 소각된 자주광대나물 *Lamium purpureum*, 마늘냉이 *Alliaria petiolata*, 알리움 비네알레 *Allium vineale* 같은 식물 안에 저장된 영양분은 연소 후 토양으로 다시 환원된다.
→ 현장에서 문제가 되는 식물 종에 스프레이 페인트나 색상 리본으로 표시하여 문제를 식별하고 관리한다.
↓ 의도하지 않는 식물 종의 제초 작업은 필수적이지만, 제거 후 생긴 틈에 즉각적인 파종 또는 보식이 수반되어야 한다.

식물을 자를 때는 토양이 단단해지는 것과 교란을 방지하기 위해 소형 예초기나 스트링 트리머를 활용하는 것이 좋다. 대형 트랙터에 연결하는 예초기는 토양에 바퀴 자국을 남기거나 식생을 훼손할 수 있다. 이러한 기술 중 어느 것도 본질적으로 우열을 가리기 어려우며 어떤 맥락에서 어떻게 적용되는지가 중요하다.

식재의 생육 단계에 따른 관리 목표의 변화

식재에는 각각의 고유한 목표와 모니터링 기준이 설정된 세 가지 발달 단계가 있다. 첫 번째는 식물 활착 단계로, 식재 직후에 시작되며 식물의 특성, 현장 조건, 시기에 따라 몇 주에서 수개월까지 소요될 수 있다. 이 시기에는 개별 식물이 활착할 수 있도록 돕는 것이 핵심 목표다. 모든 식물이 자리를 잡으면 관리 초점은 개별 식물에서 전체 식재지로 전환된다. 두 번째는 경관 형성 단계로, 디자인된 식재가 식물로 채워지고 성숙한 형태와 구조를 갖추기까지 이루어지는 모든 과정을 포함한다. 이 단계가 끝날 즈음에는 지피식물이 토양을 조밀하게 덮고, 구조식물이 공간의 틀과 질서를 세우며, 계절주제식물이 시기마다 색과 질감의 아름다움을 드러낸다. 그러나 식재의 발달은 여기서 끝나지 않는다. 마지막은 활착 이후 단계로, 이는 식재한 식물의 생육 기간 내내 지속된다.

각 단계 간 전환은 식재지 전체에서 균일하게 진행되지 않는다. 일부 식물이나 특정 구역은 다른 곳보다 더 빠르게 활착되기도 하며, 나무가 쓰러지거나 사슴이 지피식물을 뜯어먹는 등의 교란은 활착 과정을 원점으로 되돌리게 하는 원인이 되기도 한다. 경관 단계는 여러모로 식물이 성숙하고 활착하는 과정의 경계를 수시로 넘나드는 것과 같다. 따라서 식재지의 각 구역이 어느 단계에 있는지 잘 파악하여 그에 적합한 목표와 관리 기법을 적용하는 것이 중요하다.

식물 활착 단계

초기 단계의 핵심 과제는 각 식물이 생존하고 자리를 잡도록 돕는 것이다. 이 단계는 식재 시작 시점에 시작되며, 모든 식물이 토양에 뿌리를 내리고 활착할 때 비로소 종료된다. 이 단계의 주요 목표는 뿌리와 지하 저장 기관의 발달이다. 관리할 때 우선 염두에 두어야 할 점은 초식, 식물 고사, 잡초 침입이다. 이러한 위험 요소의 근본적인 해결책은 원하는 식물로 잡초보다 빠르게 지면을 100퍼센트 덮는 것이다. 식재한 모든 식물이 살아남아 빠르게 성장할 수 있게 하기 위해서다. 이 시점에서 철저한 현장 준비와 올바른 시공 방식이 효과를 발휘한다. 식물이 활착할 수 있도록 유도할 수 있지만 실제 생육은 식물 자체의 특성에 좌우된다. 활착이란 잎과 꽃을 무성하게 만들어 겉만 좋게 만드는 것이 아니라 자연스럽고 건강하게 뿌리를 내리고 성장하게 하는 과정을 의미한다

이 단계는 식물이 뿌리를 내리고 토양과 연결될 수 있도록 돕는 과정에 관한 것이다. 식물은 지하 기반을 만드는 데 에너지를 집중하며, 지하 기반이 형성되기 전까지는 겉으로 새로운 잎이나 성장하는 모습을 거의 드러내지 않는다. 특히 직근성 식물인 아스클레피아스 투베로사*Asclepias tuberosa*, 밥티시아 아우스트랄리스*Baptisia australis* 같은 식물은 새순을 많이 내지 않는다. 이 시기에는

식물이 그저 정체된 것처럼 보일 수 있지만
실제로는 지하부에서 왕성하게 성장하는 중이다.
일부 고객은 이를 생육 부진으로 오해하고 비료를
주거나 심지어 식물을 교체해야 한다고 생각한다.
이를 방지하기 위해 반드시 고객에게 식물 활착
과정을 설명해야 한다. 이러한 소통이 이 단계에서
발생하기 쉬운 오류를 예방하고 활착에 필요한
시간을 확보할 수 있다.

새로 심은 식물은 겨울이 오기 전까지 새로운
토양에 뿌리를 내리고 활착해야 한다. 그렇지
않으면 서리 융기 현상토양 내 수분의 동결 팽창과 얼음 렌즈
형성으로 지표면이 들리는 현상이 발생할 수 있다. 토양
내 수분은 동결과 융해 과정을 거치며 팽창하고
수축하는데, 이 때문에 식물과 뿌리가 토양 위로
올라간다. 그 결과 관부가 노출되고 민감한 뿌리는
저온과 건조한 바람에 노출되어 피해를 입는다.
다수의 식물이 심각하게 손상되거나 고사해
이듬해 봄에 대규모 보식이 필요해질 수 있다.

개화와 종자 생성을 막기 위해 초기 예초는 유익할
수 있다. 초기의 시각적 효과는 다소 줄어들 수
있지만 대신 식물의 에너지를 관부와 뿌리계
발달에 집중할 수 있다. 예초는 여러해살이풀의
밑동에서 새로운 잎이 돋아나게 하고, 더 풍성하고
튼튼하게 자라게 만든다. 개화와 결실은 차후에
자연스럽게 이어진다. 이 일이 이루어지는 동안
시각적 공백을 메우고 초기 흥미 요소를 제공하기
위해 한해살이 또는 두해살이 채움식물을
활용할 수 있다. 이러한 식물은 기존 초지 위에
오버시딩overseeding 방법으로 새로운 씨를 뿌려 쉽게
밀도를 높일 수 있다.

이 시기에는 사슴이나 토끼 등 초식동물이
식재지에 접근하지 못하게 해야 한다. 어린
식물은 특히 취약하다. 식물은 여전히 자외선에
적응하는 중이고 잎도 완전히 경화되지 않은
상태라 부드러운 잎은 초식동물과 곤충에게 더욱
맛있는 먹잇감이 된다. 식물이 충분히 경화되어
야생동물이 더 이상 먹지 않게 될 때까지는
임시 방충제나 기피제 사용이 도움이 된다.
해충압력해충이 식물에 가하는 영향의 정도이 너무 높아
식물군락을 위협할 경우, 전문가에게 자문해
적절하게 조치해야 한다.

활착 단계에서 식물이 고사했다면 실패 원인을
면밀하게 분석할 필요가 있다. 일부 식물은
단순히 부지 조건에 맞지 않아서 고사한다.
아무리 신중하게 현장을 분석하고 식물 목록을
선정해도 실제 현장에서 식물이 어떻게 반응할지

관리 지침

식물을 너무 낮게 잘라 식물의 관부를 상하게 하거나
지하 저장 기관이 형성되지 않은 상태에서 너무 많은
잎을 제거하지 않아야 한다. 일부 식물은 예초하지
말아야 하는 특정 시기가 있다. 몇몇 상록성 사초는
이른 봄 개화 후 너무 바싹 자르면 늦서리에 관부를
보호할 충분한 바이오매스가 없어 큰 피해를 입을 수
있고 회복도 어렵다. 확신이 서지 않을 경우에는 원예
전문가에게 자문하는 것이 좋다.

식물 활착 단계가 완료되면 새로 심은 모든 식물은 완전히 뿌리를 내리고 수분과 양분을 스스로 흡수하며 자립할 수 있는 상태가 된다.

완전히 예측할 수는 없다. 어떤 식물이 잘 자라고 어떤 식물이 쇠퇴하는지를 관찰하면서 해당 현장에 적합한 식물을 판단할 수 있다. 그러나 식물의 상태가 나빠졌다고 해서 식물 선정의 오류라고 단정 지어서는 안 된다. 식물마다 활착에 필요한 조건이 달라서 초기 몇 주간의 기후나 시기에 따라 종별로 아주 다른 반응을 보일 수 있다. 예를 들어 서늘하고 습윤한 봄은 므나르다 Monarda 같은 공격적인 영양번식종이나 김의털 Festuca 같은 한지형 식물에게 우리하지만 스포로볼루스 Sporobolus나 참새그령 Eragrostis 같은 난지형 그라스에게는 반대가 될 수 있다. 후자의 식물들도 부지에는 적합했어도 기상 조건 때문에 활착에 실패했을 수도 있다. 식물들의 생육 반응 차이를 이해하려는 노력을 기울이면 부지에 관한 중요한 단서를 얻을 수 있고, 필요한 경우 식재 개선을 위한 직접적인 지표로 활용할 수 있다.

경관 형성 단계

모든 식물이 활착을 마치면 식재는 다음 단계인 새로운 국면과 발달의 단계, 즉 경관 형성 단계로 들어선다. 식물의 성장에 따라 식물군락의 층위와 디자인 의도가 점차 명확해진다. 구조식물은 점차 높이를 더해 가고, 지피식물은 맨땅을 빠르게 피복하고 군락을 형성한다. 계절성을 반영하는 색과 질감의 주제는 초기에는 희미하나 즈차 더 뚜렷하게 드러난다. 그러나 모든 식물이 동일한 속도로 발달하는 것은 아니다. 일부 종은 훨씬 빠르게 성숙한 폭에 도달할 수 있다. 이처럼 디자인된 경관은 천천히, 그리고 균일하지 않게 그 모습을 드러낸다.

하지만 디자인이 점차 형태를 갖추어 가면서 문제점도 함께 드러나게 되는데, 바로 그때가 이러한 문제들을 바로잡을 수 있는 최적의 시기다. 대표적인 문제로는 부적합한 식물 종 선정이나 구조적 식재의 실패가 있다. 예를 들어 비가 온 뒤 자주 쓰러지는 구조식물은 교체가 필요하다. 또 지피식물이 고르게 퍼지지 않는다면 보다 경쟁력 있는 종을 추가해야 한다. 이 단계에 들어서면 식물들은 서로의 영역을 넘나들며 성장하기 시작한다. 식물 사이 상호작용과 경쟁이 본격적으로 일어난다. 일부 종은 도태되고 일부 종은 개체군을 확장하며 강세를 나타낸다. 한편 임시 피복식물이나 짧게 사는 채움식물은 이 시기 동안 점차 사라지고 보다 강한 우점종이 자리 잡는다. 이 과정에서 활착에 실패하는 종이 있다면 적절한 식재 방법을 적용했다 하더라도 해당 부지에 근본적으로 적합하지 않을 가능성이 크다. 식재 후 첫해의 생장이 마무리되는 시점은

관리 지침

사전에 보식을 대비한 예산을 배정해 두어야 한다. 초기 식재가 100퍼센트 성공하는 경우는 거의 없으며 식물이 활착된 후에도 일부 식물의 고사나 공백 발생이 불가피하다. 고객에게 초기 식재와 보식의 두 단계를 걸쳐 식재가 이루어진다는 사실을 명확히 인식시켜야 한다. 이 두 단계를 사전 계획에 포함하고 예산에 반영하면 보식이 '추가 공정'으로 인식되지 않고 단순히 식재 과정의 일부로 여겨지게 된다.

디자인층에 포함된 식물들을 중심으로 현장을 재평가하고 조정하기에 적절하다. 이 시점에는 식재가 어느 정도 자리를 잡아 디자인의 장단점을 충분히 평가할 수 있는 상태지만 아직은 완전히 정착하지 않아 이식이 가능한 시기다. 예를 들어 구조층이 충분히 강하지 않다면 새로운 식물을 추가하거나 기존 식물의 위치를 조정할 필요가 있다. 주제층 역시 더 많은 식물을 추가하여 시각적 효과를 높일 수 있다. 층위 간 경계가 흐려지고 패턴이 약해졌다면 식물들을 재배치하여 시각적 구조를 강화해야 할 수도 있다. 그러나 모든 이식이나 재식재는 해당 구역에서 다시 활착 단계를 시작하기 때문에 이에 맞는 관리 전략을 병행해야 한다.

이 단계가 완료되면 식재지는 안정되고 균형 잡힌 느낌을 준다. 모든 요소가 적정 위치에서 상호작용하고 있다. 토양은 여러 층의 식물과 심미적 패턴으로 조밀하게 덮여 있으며, 계절별 주제가 시각적 초점을 형성한다.

활착 이후 : 장기적 관리를 위한 창의적 접근

식물군락은 끊임없이 변화한다. 일부 변화는 느리고 미묘하게 진행된다. 예를 들어 조금씩 습해지는 들판의 낮은 지형을 따라 사초가 우세해지거나, 수관이 만들어 내는 그늘의 정도에 따라 그라스가 덜 무성해지는 현상 등이 나타난다. 또 어떤 변화는 급격하게 발생한다. 강풍이 불어 식재지 배경을 이루던 스트로브잣나무 군락이 쓰러지거나 갈대의 침입이 시작되는 경우도 있다. 이러한 변화는 필연적이다.

디자인된 식재는 일반적으로 지속적인

↑ 겨울이 지난 후 초본을 예초하면 생육 활력을 촉진하고 목본의 어린 묘 활착을 방지할 수 있다. 단 너무 짧게 자르면 토양이 드러나 잡초가 침입할 수 있으므로 주의해야 한다. 이 사진은 식물의 기부를 높게 남기고 예초한 마른 잔여물만 제거한 상태다.

↓ 한해살이풀은 토양 교란과 종자 발아 방지를 위해 선별적으로 예초한다(왼쪽). 원하지 않는 큰 식물은 뿌리째 제거하는 대신 지면 가까이에서 잘라 낸다. 뿌리째 뽑을 경우 주변 식물의 뿌리계를 상하게 하고 교란할 수 있다(오른쪽).

관리 없이는 오래 유지되지 않는다. 전 세계 식재디자이너들의 오랜 경험에 따르면 자연 상태에서 변화하지 않는 식물 구성은 존재하지 않으며, 관리 없이는 안정성을 유지할 수 없다는 사실이 확인되었다. 아무리 정교하고 심사숙고한 디자인일지라도 방치되면 전혀 다른 식생으로 변해 버리기 마련이다. 따라서 디자이너나 관리자에게 주어지는 질문은 이것이다. "어느 정도의 변화를 허용할 것인가."

식재 목표의 대부분은 변화를 피하는 것이 아니라 관리를 해서 일정 수준의 안정성을 확보하는 것이다. 이를 위해 관리는 일반적으로 식물군락 전체를 대상으로 하는 광역 작업이다. 초원이나 일부 소림 식물군락의 경우 목본류의 우점을 억제하거나 산불에 강한 식물의 생육 촉진을 위해 연 1회의 예초 또는 소각 작업이 필요할 수 있다. 숲 가장자리, 관목림, 삼림의 경우 다양한 형태의 간벌을 해서 교목과 관목의 다양한 조합을 보존할 수 있다. 솎아내기는 특히 느리게 자라는 참나무나 속성수인 옻나무Rhus 또는 오리나무Alnus 같은 목본류와 경쟁할 때 특히 중요하다.

시간이 지나면서 식물군락은 시각적으로 더 조밀해지거나 혹은 더 개방적으로 변화할 수 있다. 개방성이나 밀도의 정도는 관리로만 제어할 수 있는 중요한 디자인 요소다. 숲속의 빈터, 초지, 관목림, 수림대 등 모자이크처럼 분포된 넓은 부지는 다양한 개방 수준을 유지하기 위한 관리가 필요하다. 저목전정coppicing은 교목과 관목을 지표면 뿌리 근처까지 베어 내 다시 싹과 가지를 돋게 하는 기법이다. 빽빽하게 밀집된 관목을 저목전정하면 식생을 더 조밀하고 활력 넘치게 회복시킬 수 있으며, 가독성 높은 경관 요소로 활용하는 데에도 도움이 된다. 도시 지역에서는 생울타리의 높이를 조절하고 밀도를 증가시켜 공간적으로 더 명확한 구조를 만들어 낸다. 영국의 식물학자이자 연구자인 나이절 더닛은 공공 공간의 혼합림을 관리하기 위한 창의적인 도구로 저목전정을 적극 옹호해 왔다. 그는 저목전정이 그늘을 줄이고 목본과 초본이 혼합된 풍성한 식생 모자이크를 조성할 수 있다고 강조한다. 일반적으로 저목전정은 교목과 관목의 회복을 고려하여 5~10년 주기로 시행한다.

다른 맥락에서 디자이너는 다간목과 키 큰 관목이 혼합된 식재의 경우, 저목전정을 하지 않을 수 있다. 저목전정 때문에 식생이 너무 조밀해져 사람이 접근하기 어려운 구조가 되고 틈이 사라질 수 있기 때문이다. 그러나 시간이 지나면서 이러한 식재는 자연스럽게 낮은 숲을 형성하게 되고, 그 안에는 사람이 들어가서 머무를 수 있는 공간이 생긴다. 특히 이런 낮은 숲 공간이 열려 있는 초원형 식생과 대비를 이루면 넓은 풍경을 보호받는 공간 속에서 조망할 수 있어 매우 매력적인 환경이 만들어진다.

식재지를 여러 구역으로 나누어 관리 우선순위를 설정하는 것은 예산을 효율적으로 운영하는 방법 중 하나다. 보행로와 건축물에 가까운 식재지에는 더 많은 예산을 배정하고 멀리 떨어진 식재지에는 상대적으로 적은 예산을 할당하는 방식으로 구역별 차등 관리를 한다. 암스테르담 암스텔벤Amstelven에 위치한 헴파크Heemparks는 이러한 접근 방식을 매우 효과적으로 활용하고 있다. 이 공원은 20세기 중반에 식물이 산성이며 습한 토양에서 잘 자라도록 디자인되었다. 이 식물들은 창의적인 관리기법으로 지속적으로 번성하고 있다. 일부 식재지는 도로변의 야생화 초지나 숲 가장자리 식생처럼 관리 강도가 낮게 유지되는 반면, 시각적으로 잘 드러나는 구역은 집약적인 관리가 이루어진다. 그늘진 곳은 음지 지피식물이 큰 군락을 이루고, 그 사이에 양치식물과 여러해살이풀이 배치되어 있다. 햇빛이

관리 지침

장기 관리 시방서에 멀칭재 뿐만 아니라 대체 식물도 반드시 포함한다. 이는 식재 후 틈을 메우거나 디자인의 일관성을 유지하기 위해 필요한 예산을 관리자가 미리 책정할 수 있도록 돕는다.

잘 드는 곳은 다채로운 여러해살이풀이 식재되어 있어 길가를 따라 꽃을 피운다.

장기적 관리를 할 때 고려해야 할 또 다른 사항은 정기적인 침입종 모니터링이다. 잡초와 침입종은 즉시 제거해야 한다. 긴 칼날이나 제초 도구를 사용해 지하 저장 기관을 포함한 모든 부분을 완전히 제거해야 한다. 제거 후에는 해당 구역에 적합한 종을 보식하고 정기적으로 관찰해야 한다. 장기적인 관리는 식재지가 시간이 흐르며 다른 식물군락으로 전환되는 것을 허용할 수도 있다. 예를 들어 개방된 초지는 개방형 관도림으로, 개방형 관목림은 다시 개방형 숲으로 진화할 수 있다. 이러한 장기적 목표에 맞추어 관찰과 관리 조치가 이루어져야 식물군락이 정착한 이후에도 바람직한 방향으로 발전해 나가도록 유도할 수 있다.

창의적 소통으로 이루어지는 관리

디자인은 식재 관리에서도 여전히 핵심적인 역할을 한다. 실제로 스마트한 관리는 큰 비전과 세밀한 주의를 모두 요구하는 창의적인 과정이다. 많은 디자이너가 시공 후의 프로젝트에는 큰 관심을 두지 않지만 고객과 현장 관리자의 적극적인 협업은 식재 관리에 도움이 될 뿐만 아니라 잘 조율된다면 경제적으로도 이익이다. 관리 목표는 프로젝트의 경과에 따라 변화할 수 있고 변화해야 할 때도 있으므로 토지 소유자와 관리 실무자가 하는 지속적인 대화가 결정적인 역할을 할 수 있다. 특히 식재 시공이 완료된 후 디자이너·고객·관리자는 식재 관리의 필요와 우선순위를 반드시 논의해야 한다.

디자이너는 관리 공정표와 업무 지시서를 작성할 때 주도적인 역할을 해야 하며, 이는 식재계획서와 함께 제출해야 한다. 이러한 공정표와 업무지시서는 일반적인 공사시방서에서 사용하는 형식적 용어로 작성해서는 안 되며, 명확하고 실행 중심적인 도표나 점검 목록 형식으로 간결하게 작성하는 것이 바람직하다. 정기적인 현장 회의를 진행해서 현장에서 정해진 관리 작업이 실제로 어떻게 실행될지 설명한다. 이는 현장의 실제 상황에 맞추어 지침과 일정을 조정하는 중요한 과정이다.

성공적인 식재 관리를 위해서는 예산 확보가 필수적이다. 성공적인 관리는 정기적이고 정보에 기반한 조치가 필요하며, 예산 없이는 그 어떤 것도 실현될 수 없다. 식재의 범위와 규모는 관리 역량과 예산 수준에 맞게 설정해야 하며, 적절히 관리되지 못한 프로젝트는 디자이너와 고객 모두에게 부정적 결과를 초래한다.

궁극적으로 관리란 다양한 관계성을 포함한다. 이는 하나의 개념과 장소 사이의 정신적 관계, 관리자와 현장 사이의 물리적 관계, 그리고 자연의 아름다움을 향한 우리의 열망과 살아 있는 식물과 만나면서 생기는 감정적 관계 모두를 아우른다. 그러나 모든 좋은 관계는 존재감, 헌신, 그리고 열린 태도로 아이디어를 공유해야 만들어진다. 최고의 식재 프로젝트는 이러한 관계를 실현하여 디자이너·소유자·관리자 사이에 새로운 의미를 창출하고, 장소와 사람 사이에 역동적이고 가치 있는 관계를 형성한다.

결론

CONCLUSION

6.

앞으로의 경관은 식물 중심성, 장소 대응성, 상호연관성에 따라 달라지겠지만 분명히 이전의 양식과는 다른 양상을 보일 것이다. 종다양성의 층위를 갖는 식재가 자연주의 양식이라고 여겨질 수 있으며 이는 어느 정도 사실이다. 어떤 양식의 정원이든지 자연의 원리를 적용해 이점을 얻을 수 있다. 정형적이든 비정형적이든, 고전적이든 현대적이든, 고도로 양식화되었든 자연주의적이든 모두 그렇다. 중요한 것은 식물이 다른 식물과 상호작용하고 장소에 대응해야 한다는 점이다. 이것이 바로 회복탄력성 있는 식재의 본질이다.

새로운 시대의 식재는 자생종과 외래종, 만들어진 경관과 자연, 디자인된 것과 야생이 어우러지는 하이브리드 형태가 될 것이다. 사라 프라이스는 작은 정원에 야생의 정신을 어떻게 담아 낼 수 있는지 보여 준다.

마지막으로 정형적이고, 영감 넘치며, 재치 있는 세 가지의 식물군락 디자인 사례를 간단하게 살펴보면서 식재가 얼마나 다양하게 표현될 수 있는지 강조하려 한다.

세 개의 정원에 대한 명상

하이너 루츠의 정형식 주택 정원

건축가인 고객은 독일 뮌헨에 있는 유서 깊은 저택을 구입하고 정원을 보수하기 위해 하이너 루츠에게 도움을 요청했다. 고객은 몇 가지 구체적인 사항을 요구했다. 경관은 건축물의 형식에 맞아야 했고, 정원의 일부는 역사적으로 의미가 있어 보호되고 복원되어야 했다. 그러나 고객은 현대적인 여러해살이풀 식재 구간이 들어갔으면 했다. 루츠는 잘 다듬은 회양목 파르테르parterre, 기하학적 패턴으로 꾸민 장식 화단 정원 양식로 틀을 형성하고 풍성한 여러해살이풀 식재층을 구성하여 우아한 해결책을 제안했다. 회양목 파르테르는 정원에 구조를 부여하면서도 역사적 맥락과 관련이 있다. 화단 중앙에는 다간형 모감주나무Koelreuteria paniculata를 배치했지만, 자연스러운 군락처럼 층을 이룬 혼합식재는 1년 내내 볼거리를 제공한다.

계절주제는 여러해살이풀과 구근식물로 구성된다. 식재의 색상 목록은 정형적이고 우아한 모습을 유지하기 위해 노란색과 흰색으로 제한했다. 색상은 거의 사용되지 않았지만 식재디자인은 전반적으로 생기를 띤다. 1년 중 특정 시기에는 흰색으로, 다른 시기에는 노란색으로 물든다. 2월에는 노랑너도바람꽃Eranthis hyemalis과 설강화Galanthus nivalis가 혼합된 꽃의 계절이 시작된다. 4월에는 노란색 꽃을 피우는 수선화 '후포'Narcissus 'Hoopoe'가 그 뒤를 잇는다. 그리고 5월부터 9월까지 원추리 '스텔라 도로'Hemerocallis 'Stella d'Oro'의 노란 꽃이 이어진다. 일부 구간에서는 원추리속 식물이 미리스 오도라타Myrrhis odorata, 유리비아 디바리카타Eurybia divaricata, 촛대승마 '아름로이흐터'Cimicifuga simplex 'Armleuchter'와 결합하기도 한다. 알케밀라 에핍실라Alchemilla epipsila와 플록스 디바리카타 '메이 브리즈'Phlox divaricata 'May Breeze'가 지피층을 이룬다. 이 정원은 활기 넘치고 생기 있는 식재와 정형식 양식을 성공적으로 결합했다. 이 정원은 생물다양성이 풍부한 층위를 가진 정원이 반드시 드넓은 초지 같을 필요는 없다는 것을 증명한다. 이 프로젝트는 세계 각지에서 온 식물로 디자인했지만 자생종으로도 가능할 것이다. 이 정원은 군락 기반 식재의 문체와 예술적 적응력을 보여 주는 증거다.

→ 독일 뮌헨에 위치한 이 유서 깊은 정원의 복잡한 식물군락을 정형적인 생울타리가 둘러싸고 있다(위). 하이너 루츠가 설계한 이 정원은 제한된 공간에서 식물군락이 어떻게 디자인될 수 있는지 보여 준다(아래).

제임스 골든의 페더럴 트위스트

뉴저지 스톡턴 인근 제임스 골든의 정원은 도로와 인접해 있어 페더럴 트위스트Federal Twist라 부른다. 이 정원은 심각하게 척박한 땅에 인공적이고 습한 프레리를 조성하는 뜻밖의 실험에서 시작되었다.

결론 **245**

한여름의 정원은 야생식물이 뿜어내는 순전한 기쁨과 에너지를 드러낸다.

브루클린에 집이 있는 골든과 그의 남편 필립은 주말 별장으로 1만6000제곱미터 규모의 숲에 있는 중세 주택을 구입했다. 높은 언덕 꼭대기에 위치한 이 집은 사방이 200만 제곱미터가 넘는 보존 숲으로 둘러싸여 있으며 탁 트인 들판을 내려다보고 있었다. 액자에 담긴 듯한 들판의 풍경은 정원에 영감을 주었고 그곳이 바로 프레리였다.

방치된 부지는 숲이 되어 가고 있었지만 개방감은 골든에게 영감을 주었다. 정원을 만들기 위해 약 70그루의 삼나무를 베어 냈고, 그 나무 조각을 이용해 연속적으로 굽이치는 동선을 만들어 정원의 골격이 되게 했다. 나무를 베어 내는 일을 제외하고 나머지 부지의 조건들은 적극적으로 수용했다. 물이 고인 웅덩이, 겨울에 유독 무겁고 습한 점질토, 정원의 빛을 제한하는 큰 나무, 봄의 성장을 늦추는 추운 겨울은 이상적인 것과는 거리가 멀었다. 다른 정원사였다면 이러한 조건 중 적어도 하나는 과감하게 조치했을 것이다. 하지만 골든은 오히려 이러한 환경조건을 출발점으로 삼았다. 토양 반입, 잡초 제거를 위한 제초제 사용, 멀칭은 하지 않았다. 실제로 골든은 기존 잡초를 그린 멀칭으로 여기고 키 큰 구조식물을 제초 없이 바로 심었다. 이러한 접근법으로 만들어진 골든의 정원에서는 대량의 제초제로 없어졌을지도 모를 사초*Carex*, 고랭이*Scirpus*, 골풀*Juncus*, 등심붓꽃*Sisyrinchium*, 개망초*Erigeron*는 물론 매우 유용하고 다양한 식물을 발견할 수 있다.

정원의 지피층은 정원과 함께 진화되었다. 잡초와 나도바랭이새*Microstegium vimineum* 같은 침입 식물이 만연한 상황에서 골든의 전략은 파격적이었다. 그는 침입종과 일반적인 전쟁을 벌이는 대신

결론 **247**

게릴라 전술을 사용하여 취약한 순간에 공격하고, 그에 상응하는 강인하고 이로운 식물을 심었다. 골든은 씨 뿌리기, 잔디 깎기 그리고 태우기 같은 거친 기술들과 적절한 시기에 적절한 관리를 창의적으로 실시해 정원에 적합한 식물로 균형을 맞추어 갔다. 그 결과, 정원의 시작을 알렸던 잡초 대신 이제 긴 수명의 경쟁 식물들로 안정적인 혼합을 이루었다. 골든은 늦겨울이 되면 정원을 불태우는데, '불과 파괴의 정화 의식'이라 부르는 이 작업은 지면을 갈색 흙으로 만들어 버린다. 하지만 늦봄이 되면 땅은 대조적인 질감의 화려한 이불로 뒤덮인다. 속새Equisetum, 센시빌리스야산고비Onoclea sensibilis, 북방푸른꽃창포Iris versicolor, 파케라 아우레아Packera aurea, 머위Petasites 등이 촘촘하게 짜인 태피스트리tapestry를 형성한다. 여름 더위가 밀려오기 전 정원은 비교적 절제된 순간에 초록의 거품이 이는 바다같이 부풀어 오른다.

더위가 찾아오면 진정한 쇼가 시작된다. 페더럴 트위스트 정원의 진가는 키가 크고 직립성인 습한 프레리 식물군에 있다. 미국쑥부쟁이Symphyotrichum, 터리풀Filipendula, 큰루드베키아Rudbeckia maxima, 유트로키움Eutrochium, 베르노니아Vernonia, 실피움Silphium 같은 식물들이 억새Miscanthus, 오이풀Sanguisorba, 금불초Inula 같은 이국적인 도입 식물들과 어우러진다. 봄에는 정원을 가로지르는 길고 탁 트인 전망이 방문객에게 광활한 느낌을 주며, 늦여름이 되면 우뚝 솟은 프레리 아래로

←여름이 되면 구조식물이 지피식물 위로 자라면서 정원이 풍성해진다.
↑붉게 칠한 나무 그루터기는 정원의 조용한 구석에 질서정연한 틀이 된다.

움츠러든 거대한 잎이 매력을 발산한다. 아마도 이 정원의 가장 멋진 순간은 가을과 초겨울을 것이다. 방대한 구조적인 여러해살이풀은 이른 서리로 뼈대만 남게 된다. 숲 사이로 비스듬히 비치는 강렬한 빛이 그라스를 반짝반짝 빛나게 한다.

골든의 정원은 자연과의 대담한 춤사위를 보여준다. 이곳은 통제와 혼돈, 인공과 자연, 어둠과 빛 사이의 경계를 넘나들며 대비를 이루는 정원이다. 이 정원의 매력 중 하나는 정원에 대한 인식에 끊임없이 도전하는 방식에 있다.

페더럴 트위스트에 사용된 식물은 특정 장소에 적응한 통합된 군락이다. 히말라야데이지 *Erigeron emodi*와 뉴잉글랜드아스테르 *Symphyotrichum novae-angliae*를 조화롭게 조합해 자생종인지 외래종인지 혼동하게 만든다. 정원 전체는 있는 그대로를 깊이 받아들이는 것에서 출발해 완전히 새롭고 표현력 있는 무언가를 창조해 낸다. 이처럼 골든은 변화하는 정원의 여러 요소를 이용해 정원을 창작으로 이끄는 고요하고 감정적인 내적 동인을 탐구하기 위한 하나의 장치로 활용한다.

던지니스에 있는 데릭 저먼의 프로스펙트 코티지

데릭 저먼Derek Jarman은 영국의 저명한 영화 제작자이자 작가다. 생애 말년 그는 영국 남서부의 조약돌해변에 소박한 목조 주택과 프로스펙트 코티지prospect cottage를 조성했다. 이 오두막은 영국 해협과 던지니스Dungeness 원자력 발전소 사이의 해변에 자리 잡은 어부들의 오두막 중 하나였다. 혹독한 경관이 펼쳐진 이곳은 태양, 바람, 바다의 소금기가 지속적으로 해변을 달구어 감당하기 어려운 자연환경을 만들어 냈다. 지평선은 사방으로 뻗어 있고 전봇대나 발전소의 번쩍이는 불빛만이 이에 대적했다. 하지만 햇빛에 그을린 조약돌 사이로 정원이 자라났다. 해변에 밀려온 표류물 사이로 데릭이 정원 곳곳에 부려 놓은 해안꽃케일Crambe maritima과 양귀비Papaver의 꽃이 피어났다.

이곳은 일종의 종말 이후의 느낌을 준다. 자갈사막, 해변 산업이 남긴 폐허, 원자력 발전소의 으스스한 불빛은 마치 영화 〈매드맥스Mad Max〉의 디스토피아적인 풍경을 연상케 했다. 저먼은 검은 부싯돌 조각을 작은 고인돌처럼 정원 곳곳에 배치해 이러한 효과를 보다 돋보이게 했다. 하지만 디자인된 식물군락은 이러한 황량함 속에서도 번성했다. 정원을 확장하여 조성하는 과정에서 그는 식물이 살아남을 것이라고는 전혀 예상하지 못했다. 초기에 성공한 카니나장미Rosa canina는 보다 많은 실험을 하게 했고, 산톨리나Santolina, 해안꽃케일, 쥐오줌풀Valerian이 돌무더기 사이에 심겼다. 식재 중 일부는 정형적인 직사각형 화단에 배치되었고, 다른 공간은 자갈

→ 이 정원은 가장 냉혹한 환경에서도 회복탄력성을 지닌 식물의 정신을 기념한다.

산톨리나Santolina,
금영화Eschscholzia 같은 식물의
화려한 꽃들이 자갈에서
꼿꼿하게 피어나 배경의
어두운 코티지와 극적인
대비를 이룬다. 식물군락이
번성하기에 지나치게 가혹한
장소란 없는 것 같다.

위에 작은 섬처럼 떠 있었다. 그는 토양이 없는 해변에도 다양한 식물이 살아남을 수 있다는 사실을 발견했다. 햇볕이 내리쬐어 자갈 위는 따뜻하지만 그 하부층은 시원하고 촉촉해, 자갈 밑은 씨가 발아하기에 이상적인 곳이었다. 에키움 불가레Echium vulgare, 디기탈리스Digitalis purpurea, 장구채Silene 등 다양한 종자번식종이 정원에 자리를 잡았다. 정원에서 한해살이풀은 중요한 역할을 한다. 아무렇지 않게 흩어져 있는 양귀비, 메리골드Tagetes, 헬리크리숨Helichrysum은 여름에 강렬한 주제로 폭발하듯 피어나 색 바랜 해안선과 대조되는 화려한 색채를 선사한다.

프로스펙트 코티지는 저먼이 에이즈로 죽어 가는 동안 만들었다는 사실 때문에 더욱 강렬한 느낌으로 다가온다. 정원은 죽음을 앞둔 저먼의 창작활동에 새로운 활력을 불어넣었다. 바람에 휩쓸린 자갈밭에서 살아남기 위한 식물들의 몸부림은 마치 저먼 자신의 투쟁을 보여 주는 듯했다. 결국 정원은 자연의 혹독함과 무관심 속에서도 불가항력적 사랑이 일구어 낸 살아 있는 증거를 제시하며 지속되었다.

결과적으로 이 정원은 정원사, 예술가, 식물 애호가들이 열광하는 장소가 되었다. 이곳의 매력 중 하나는 식재와 장소가 완벽하게 어우러진다는 점이다. 정원의 경계가 허물어졌다. 정원 내부의 디자인된 식물군락은 정원을 둘러싸고 있는 야생 식물군락보다 강조되고 양식화된 버전이었다. 기존 풍경을 향한 저먼의 애정을 바탕으로 그는 황량한 아름다움을 강조할 수 있는 식물을 찾는 일에 몰두했다. 그는 해변의 수선화가 다소 우스꽝스럽기는 했지만 다른 많은 선택이 해변의 분위기를 증폭시켰다고 기록했다.

이 정원의 가장 큰 매력은 심각한 환경에서도 재치를 잃지 않았다는 것이다. 식재는 장식적인 기능도 하지만 수분 매개자인 꿀벌을 부르고, 척박한 환경의 개선을 위한 생태적 해결 등 다양한 기능을 한다. 정원은 전혀 심각한 분위기가 아니었다. 저먼은 자갈밭에서 놀면서 발견한 보물로 작은 디오라마diorama, 작은 입체 모형으로 만든 실경를 조립해 만들었다. 그는 자생하는 지루한 여러해살이풀을 사용하기보다 밝은 메리골드와 양귀비를 선호했다. 아마도 이것이 정원을 돋보이게 한 요소일 것이다. 이 식물들은 피할 수 없는 현장의 혹독함에 굴복하는 한편, 꽃을 피우고 번성하며 도전적으로 대응했다는 사실을 보여 준다. 이 정원은 시대를 초월한 아름다움이라는 찬사를 받으며 오늘날에도 계속해서 기념되고 있다.

다양한 현대적인 표현을 보여 준 식물군락 기반의 세 개의 정원을 소개했다. 각 정원은 장소의 주어진 조건을 받아들이고 그 한계를 뛰어넘어 감정적 접근이 가능한 비전을 제시한다. 정형과 비정형, 예술과 생태, 진지함과 장난스러움의 경계를 넘나드는 방법들이 실제로 모든 식재에 적용 가능하다는 사실을 보여 준다.

지금 우리에게
식물군락 디자인이
필요한 이유

인구가 증가하고 자원이 점점 부족해지면서 식재는 더 이상 건축물의 단순한 장식적 배경에 머물 수 없게 되었다. 대신 빗물 정화, 수분 매개자를 위한 먹이 제공, 생물다양성을 위한 유전자 저장고 등, 복합적인 역할을 해야 한다. 이를 실현하려면 식물들이 어떻게 서로 어우러지며, 시간이 지나면서 어떻게 변화하고, 어떻게 안정적인 구성을 이루는지 이해해야 한다. 군락 기반의 접근 방식은 보다 기능적인 식재를 가능하게 한다. 이 방식은 경관의 불안정성을 유발하는 가장 큰 요인인 노출된 지면을 다루고, 상층부에 설계 유연성을 부여하기 위해 밀도 높은 하층 식재에 중점을 둔다. 중요한 점은 식물군락 디자인이 자가 치유와 회복의 메커니즘을 지니고 있어 기존 정원 양식보다 더 높은 회복력을 지닌다는 것이다. 디자이너는 더 이상 모든 시나리오를 예측할 필요가 없고 군락에 의존하며 변화하는 환경에 적응할 수 있다.

앞서 디자인된 식물군락의 기능을 강조했지만 궁극적으로 우리에게 필요한 것은 인간이 공감할 수 있는 식재다. 우리에게 이런 식재가 의미 있고 시의적절한 이유는 아마도 실용성이 아니라 미적이고 감성적인 특성 때문일 것이다. 오히려 이런 특성이 더 중요하게 다가오고, 이런 특성이 식재를 더 의미 있게 만든다. 식물군락 디자인은 생태적 식재와 관련된 부정적 고정관념을 초월할 수 있는 잠재력이 있다. 자생종 식재나 생태적 식재가 지저분하다는 오래된 인식은 전 세계, 특히 미국에서 높은 유지 비용이 들어감에도 불구하고 잔디와 기존 원예를 일반적인 대체 방식으로 사용하는 이유를 설명하고 있다. 하지만 지저분하다는 오명이 계속 이어질 필요는 없다. 군락 기반 식재는 자연 패턴을 질서 있는 디자인 언어로 번역하여 사람들과 연결하는 디자이너의 역할에 더 크게 의존한다.

식물군락 디자인에 집중하는 것이 식재디자인의

다양한 광엽초본과 풍성한 그라스는 드넓은 초원을 연상시킨다. 완벽하게 인공적으로 조성된 경관 속에서도 도시인은 야생성을 온전히 느낄 수 있다.

르네상스를 이끌 수 있는 이유다. 식물이 생태적으로 어떻게 작용하는지에 관한 기본 지식을 바탕으로 디자이너는 자신의 작업을 향상시켜 기존의 식재로는 불가능했던 효과를 창출할 수 있다.

성공적으로 서로 다른 경쟁 유형의 식물이 층위를 이루게 해 새로운 조합, 새로운 양식, 새로운 표현을 할 수 있다. 지난 세기 동안 식재디자인의 위대한 혁신 중 상당수는 야생 식재를 연구하는 디자이너의 영향을 받았다. 영국에 널리 알려진 베스 차토Beth Chatto는 정원을 만들면서 식물군락의 연구에 기반한 선도적인 식재 양식과 많은 조합 구성을 선보였다. 마찬가지로 지난 40년 동안 식물군락을 모델로 삼은 독일 전문가들의 작업은 유럽에서 가장 영향력 있는 식재를 탄생시켰다. 오늘날에도 피트 아우돌프, 댄 피어슨Dan Pearson, 제임스 히치모, 나이절 더닛, 사라 프라이스, 카시안 슈미트Cassian Schmidt, 페트라 펠츠Petra Pelz,

로이 디블릭Roy Diblik, 로런 스프링어 오그던Lauren Springer Ogden 같은 식재디자이너는 야생의 식물을 위대한 영감의 원천으로 삼아 작업하고 있다. 이제 원예의 르네상스를 맞이할 때가 왔다. 식물군락 디자인을 위해 식물을 생태적으로 이해해야 하지만 그보다 더 중요한 것은 조합에 대한 안목, 색채 감각, 자연스러운 조화에 대한 직관적인 감각을 갖춘 식재디자이너의 존재다. 고층 빌딩과 주거지 사이에도 식물 심을 장소를 찾아낼 수 있는 정원사가 필요하다. 정신을 고양하는 자연 경험을 하기 위해 국립공원에 갈 필요 없이 뒷마당·공원·옥상에서도 그러한 경험이 가능하다는 사실을 이해하는 식물 애호가가 필요하다.

인류 문화의 다음 르네상스가 도시와 교외의 자연 세계를 재건하는 일이라면 이 혁명을 주도할 사람은 정치인이 아닌 식재디자이너가 될 것이다. 그리고 식물이 그 모든 중심에 있을 것이다.

감사의 말

여러 가지 면에서 이 책은 전 세계의 수많은 뛰어난 디자이너와 식물전문가 들의 생각을 한데 모으려는 노력의 산물이다. 이 아이디어에 영감을 준 여러 동료와 멘토에게 큰 빚을 졌다. 자생 식물군락이 지닌 놀라운 의미를 알게 해 준 대럴 모리슨Darrel Morrison에게 감사의 말을 전한다. 하이너 루츠, 사라 프라이스, 나이절 더닛, 제임스 히치모의 작품들은 이 책을 설득력 있게 해 준 일등공신이다. 또 작가이자 실천가인 노엘 킹스버리, 노르베르트 퀸, 조안 아이버슨 나사우어, 카시안 슈미트, 에드 스노드그래스Ed Snodgrass, 로런 스프링어 오그던, 피터 델 트레디치Peter Del Tredici에게도 고맙다. 그들의 사려 깊고 도발적인 정신이 이 책의 밑바탕이 되었다. 그리고 우리 두 저자의 멘토이자 친구인, 고인이 된 볼프강 외메, 그는 아마도 이 책의 아이디어가 완전히 형편없다고 생각했을지도 모르겠다.

사진과 디자인을 제공해 준 분들에게도 감사하다. 혁신적인 프로젝트를 공유해 준 디자이너 제임스 골든, 에이치엠화이트, 하이너 루츠, 외메밴스위든어소시에이츠, 패셰크어소시에이츠, 사라 프라이스, 그리고 애덤 우드러프도 빼놓을 수 없다. 말로 다 표현할 수 없는 것을 작품으로 보여 준 재능 있는 사진가들에게도 특별히 감사 인사를 전한다. 마크 볼드윈Mark Baldwin, 앨런 크레슬러Alan Cressler, 행크 데이비스Hank Davis, 울리 로리머Uli Lorimer, 존 로저 팔무어John Roger Palmour, 톰 포터필드Tom Potterfield, 조나스 레이프Jonas Reif, 엘리어트 로드사이드Elliot Rhodeside, 빌 스윈다만Bill Swindaman, 이보 페르뮐런Ivo Vermeulen, 노스크리너서리 팀에게도 고맙다.

팀버프레스의 재능 있는 편집자들에게도 감사 인사를 전하고 싶다. 주리 손드케Juree Sondke와 줄리 탤봇Julie Talbot은 따뜻함과 유머로 우리를 이끌어 주었고, 특히 우리가 어려움을 겪을 때마다 훌륭한 길잡이가 되어 주었다. 앤드류 벡맨Andrew Beckman은 글이 잘 읽히도록 언어를 더욱 섬세하게 다듬는 일에 큰 도움을 주었다. 그 밖의 다른 편집자와 디자이너에게도 고맙다.

마지막으로 우리의 가족들에게도 감사하다. 집필 과정 내내 식사를 차리고 육아를 도와준 게일Gail과 리 워너Lee Warner, 토머스에게 글쓰기의 모든 것을 가르쳐 준 샘Sam과 린다 라이너Linda Rainer, 참신한 시선으로 자연을 바라보는 주드 라이너Jude Rainer, 먼 거리에서 중요한 지원을 해 준 헨드릭Hendrik과 마리온 파이퍼Marion Pfeifer, 그리고 우리의 배우자인 멜리사 라이너Melissa Rainer와 짐 웨스트Jim West에게 고맙다는 말을 전한다. 이 책은 그들의 시간인 밤과 주말을 빌려 집필되었다. 우리의 배우자들은 사랑과 지지의 마음으로 이 긴 과정을 견뎌 주었을 뿐만 아니라 여전히 식물에 집착하는 두 괴짜와 계속해서 함께하고 있다.

사진과 일러스트레이션

* 아래의 사진을 제외한 모든 사진은 저자의 사진입니다.

Aaron Booher 25, 130, 132~133, 144, 210, 254~255

Adam Woodruff 표지, 21, 28~29, 39, 63, 67, 138~139, 151, 156, 157, 164~165, 208~209

Alan Cressler 33, 46, 64~65, 68, 69, 73, 89, 118, 148(위), 150, 198

Amy Stroud 1

Ania Fedisz 25

Bill Swindaman 19, 94, 106

Carrie Wiles 183

Ching-Fang Chen 8

Christa Brand 245

Daniel White 195

Darren Higgins 면지 저자 사진

David L. Lawrence Convention Center 57

Ed Snodgrass 53, 74

Elliot Rhodeside 12~13, 78, 80

Faye Harwell 134

Hank Davis 21, 82, 85, 87, 89, 111, 150, 153, 176, 192, 224

Heiner Luz 171

Ivo Vermeulen 88, 140, 142, 146

James Golden 60, 122, 166, 195, 246, 248, 249

Jamie Agnew 56, 120~121

Jim West 면지 저자 사진

John Palmer 195

John Roger Palmour 59(아래), 203

Jonas Reif 251, 252

Kevin Staso 181

Lauren McIlwain 210(아래), 219

Marisa Scalera 143

Mark Baldwin 17, 31, 40, 48, 49, 56, 67, 80, 92~93, 96, 101, 104, 107, 108~109, 111, 115, 124, 125, 128, 135, 141

North Creek Nurseries 78, 87, 91, 110, 153, 176, 178, 181, 183, 215

Phil Goetkin 201

Sarah Price 4, 26~27, 40, 68, 83, 147, 175, 190, 222, 242~243

Sarah Thompson 24, 57

Terry Guen 144, 158, 159

Tom Potterfield 36, 37, 42, 50, 51, 83, 84, 98, 162(아래), 169(왼쪽), 169(오른쪽), 176, 225, 226

Uli Lorimer 162(위)

xlibber at Flickr 147

참고 문헌

Beck, Travis. 2013. *Principles of Ecological Landscape Design*. Washington, Covelo, London: Island Press.

Del Tredeci, Peter. Spring/Summer 2004. Neocreationism and the illusion of ecological restoration. *Harvard Design Magazine* 20.

Eissenstat, D.M. and R.D. Yanai. 1997. The ecology of root lifespan. *Advances in Ecological Research* 27: 2–59.

Grime, J. Philip and Simon Pierce. 2012. *The Evolutionary Strategies that Shape Ecosystems*. Chichester, UK: Wiley-Blackwell.

Hansen, Richard and Friedrich Stahl. 1993. *Perennials and Their Garden Habitats*. 4th ed. Portland, Oregon: Timber Press.

Jaffe, Eric. 2010. This side of paradise: why the human mind needs nature. *Observer* 23, no. 5.

Kingsbury, Noel. Clump or mingle? http://thinkingardens.co.uk/articles/clump-ormingle-by-noel-kingsbury/.

Kingsbury, Noel and Piet Oudolf. 2013. Planting: *A New Perspective*. Portland, Oregon: Timber Press.

Kühn, Norbert. 2011. *Neue Staudenverwendung*. Stuttgart (Hohenheim): Eugen Ulmer KG.

Nassauer, Joan Iverson. 1995. Messy ecosystems, orderly frames. *Landscape Journal* 14, no. 2: 161–170.

Schwartz, Judith D. 2014. Soil as carbon storehouse: new weapon in climate fight? *Yale Environment* 360.http://e360.yale.edu/feature/soil_as_carbon_storehouse_new_weapon_in_climate_fight/2744/.

Seabrook, Charles. June 5, 2012. Tallgrass prairies extend into Georgia. *Atlanta Journal-Constitution*.

Watson, Todd W. 2005. Influence of tree size on transplant establishment and growth. *HortTechnology* 15(1).

Whittaker, Robert H. 1975. *Communities and Ecosystems*. 2nd ed. New York: MacMillan Publishing Co., Inc.

정원/조경디자인

Adam Woodruff 21, 67, 138~139, 151, 156, 157, 208~209

Andrea Cochran Landscape Architecture, Children's Museum 228

Andropogon Associates 225, 226

Cassian Schmidt, Hermannshof 164~165

Charlotte Rowe, ABF The Soldiers' Charity s Garden, Chelsea Flower Show 120~121

Claudia West LLC 204, 220, 237, 238, 239

Derek Jarman 251, 252

Heiner Luz, Ziegeleipark 171; Munich garden 245

HMWhite Site Architects, New York Times headquarters 130, 132~133, 210(위); Manhattan rooftop meadow 2, 25, 144, 254~255

James Golden 60, 122, 166; Federal Twist garden 246~247, 248, 249

Lianne Siergrassen 39

Longwood Gardens, meadow gardene 83

Michael Van Valkenburgh Associates and Ed Snodgrass of Green Roof Plants, ASLA headquarters rooftop garden 53

Mount Cuba Center 50, 51, 112

Oehme van Sweden & Associates in collaboration with the horticultural staff at the New York Botanical Garden, Native Plant Garden 58(아래), 88, 140, 142, 143, 146, 203

Pashek Associates, David Lawrence Convention Center 24, 57, 188~189

Piet Oudolf, Trentham Estate 39

Roy Diblik, Shedd Aquarium 28~29

Sarah Price and James Hitchmough, North American Garden, Queen Elizabeth Olympic Park 40, 190; Southern Hemisphere Garden, Queen Elizabeth Olympic Park 222

Sarah Price and Nigel Dunnett, European Garden, Queen Elizabeth Olympic Park 26~27, 83, 147

Sarah Price, 2012 Telegraph Garden 68, 242~243, 257; Great British Garden, Queen Elizabeth Olympic Park 4, 175

Schulenberg Prairie, Morton Arboretum 12~13, 78

Terry Guen Design Associates 144, 158, 159

Thomas Rainer 11, 136, 150, 155

역자 후기

조경설계를 업으로 삼은 지 어언 15년이 되어 가지만, 설계하며 늘 부딪히는 질문은 단순하다. "무엇을 심을 것인가, 그리고 어떻게 심을 것인가." 그동안 우리는 '아름답게 보이는 식재'를 고민하며 도면을 작성하고 현장을 다루어 왔다. 하지만 이 책은 그 익숙한 질문을 근본부터 흔들어 놓는다. '심는 행위란 무엇인가, 그리고 식물은 어떤 방식으로 함께 살아가는가.' 저자들이 말하는 핵심은 분명하다. 식물은 홀로 존재하지 않고 '식물공동체plant community'로 살아간다는 것. 따라서 설계자는 개별 식물의 배식培植이 아니라 함께 살아가는 관계의 설계자가 되어야 한다는 것이다. 실무자로서 이 책을 번역하며 저자들이 제시하는 원칙들이 현장에서 바로 적용할 수 있는 실질적인 지침이라는 점이 가장 크게 와 닿았다. 예를 들어 서로 다른 층위의 식물 조합, 밀도 높은 식재를 통한 잡초 억제, 그리고 유지·관리 비용을 줄이면서도 풍성한 경관을 유지하려는 전략은 한국뿐만이 아니라 전 세계 어느 현장에서나 늘 고민하는 과제일 것이다.

한국의 도시와 공원, 아파트 단지와 같은 공간들은 더 이상 '야생'과 단절된 채 존재해서는 안 된다. 그래서 이 책이 제시하는 회복탄력성 있고 자립할 수 있는 식재디자인은 지금 우리의 현실과 더욱 맞닿아 있다. 번역을 하며 도면 위에서 수없이 선택하고 지웠던 순간들이 떠올랐다. 이 책이 알려주는 방식대로라면 조금 더 살아 있는 경관, 지속 가능한 조경을 만들 수 있었겠다는 아쉬움과 동시에 희망을 느꼈다.

이 책으로 내가 얻은 깨달음이 독자들에게도 전해지기를 바란다. 앞으로 더 많은 실무자가 '심는 행위'를 단순한 배치가 아니라 생명들의 관계를 설계하는 일로 받아들였으면 하는 바람이다. 마지막으로 이 귀중한 책을 한국 독자들에게 소개할 기회를 준 출판사와 관계자들에게 감사의 마음을 전하며 책을 펼치게 될 모든 이의 일상 속 풍경에 새로운 영감이 깃들기를 바란다.

김지현

정원을 만드는 작업은 늘 경이롭다. 식물이라는 매력 넘치는 생명체를 다루고, 시간을 디자인한다는 점에서 특히 그렇다. 식재 작업을 하다 보면 어느새 찾아와 곁을 맴도는 벌과 나비의 기민함이 반갑고, 삽도 들어가지 않던 단단한 땅을 몇 해 사이에 부드럽게 바꾸어 놓는 식물의 조용하지만 강인한 생명력에 한없이 겸허해진다. 내가 마련한 보금자리에 뿌리내린 식물들의 새로운 공동체는 평화로울까? 사람들은 이 공간에서 어떤 느낌을 받을까? 이 질문의 답을 찾기 위해서는 식물을 알아야 했다. 식재디자인을 더 깊이 이해해야 했다.

우리나라에서 정원을 향한 관심은 지속적으로 높아지고 있고, 관련 행사나 산업도 활기를 띠고 있다. 그러나 이에 반해 식재디자인에 관한 연구는 아직 부족한 것이 현실이다. 이는 점점 극단적으로 변해 가는 기후의 영향도 있겠지만 아직 정원이 이벤트성으로 생겨나는 경우가 많기 때문일 것이다. 여전히 누군가에게 도심 속 식재란 양버즘나무 가로수와 가지런히 다듬은 회양목, 철마다 바뀌는 화려한 한해살이풀 화단이 전부일지 모른다. 하지만 우리의 유전자에는 야생 그대로의 자연을 향한 그리움이 깊게 새겨져 있다. 이미 지구상에 인간의 손길이 닿지 않은 완전한 야성은 거의 남아 있지 않고, 그것을 원형 그대로 되살리는 일은 불가능에 가깝다. 이제 우리에게 주어진 새로운 임무는 '야생을 닮은 새로운 자연'을 초대하는 것이다.

그리고 여기, 토머스 레이너와 클라우디아 웨스트가 그 길을 안내해 주고 있다. 야생에서 얻은 감동을 도시에 적합한 형태로 구현하기 위해서는 식물과 장소, 식물과 인간, 식물 간 관계를 균형 있게 다루는 일이 무엇보다 중요하다. 완성도 높은 식재디자인으로 야생과 정원의 간극을 좁히는 것, 그것이 새 시대를 맞이하는 우리가 마주해야 할 과제일 것이다. 나와 같은 고민을 하는 독자들에게 이 책이 좋은 길잡이가 되기를 바란다. 끝으로 의미 있는 책을 세상에 선보이기 위해 함께 치열하게 고민해 준 동료들과 기꺼이 지원해 준 목수책방에 깊은 감사를 전한다.

노진선

야생을 도시에 이식하는 일과 방치된 땅에 아무 일도 일어나지 않기를 바라는 것, 둘 중 어느 것이 더 무모할까? 어느 정원은 식물이 안 자란다고 난리고 어느 정원은 식물이 너무 자라 난리다. 설상가상으로 기후변화는 로또보다 예측하기 어려워져서 운이 좋아야 겨우 평온한 한 해를 마감할 수 있게 되었다. 안정적인 정원을 만드는 일이 정원사에게는 숙명일 텐데, 우리는 어떤 공부가 필요한 것일까?

이러한 질문에 대한 해답을 일목요연하게 정리한 책이 있었으니, 바로 《Planting in a Post-Wild World》다. 이 책은 개별 식물의 특성에만 갇히지 않고 생태계에서 식물들이 엮어 내는 관계와 구조에 주목해 인위적 환경 속에서도 식물들이 살아 숨 쉬게 만드는 현실적 전략을 펼쳐 보인다. 계층적 식재 구조, 시공간 변화에 대한 유연한 대응, 지속 가능한 관리 철학 등 기존 조경 실무의 경계를 넘나드는 혁신적 접근으로 가득하다.

우리는 이 책이 경이로웠고 동시에 난처했다. 이제껏 경험해 보지 못한 우뚝 선 나무가 우거진 숲forest이며 끝도 없이 펼쳐진 초원grassland, 꽃이 피고 지기를 반복하는 초지meadow에 대한 기억의 부재 때문이다. 반대로 도시 곳곳에서 맹렬하게 발아하여 자라는 오동나무의 모습이나, 잡초 뽑기가 마치 잡초 파종기를 사용한 듯 끝도 없이 새순을 돋게 하는 것을 보면서 이런 끈질긴 생명력의 식물들이 투쟁할 대상이 아닌 공존해야 할 대상임을 깨닫게 되었고, 한편으로는 용기와 위안도 얻었다.

어디 그뿐이랴. 어느 생태학자의 전문 서적을 들추다 본 것 같은 'plant community' 개념이며, 철학자가 일생을 바쳐 고민하는 'archetype'이라는 무거운 단어를 감히 디자이너가 함부로 입에 올려도 될지 생각하기도 했다. 그래서 우리는 공동으로 책임지기로 했다. 행간의 의미를 찾으려 밤새 논의하고, 새벽마다 화상회의를 했으며, 채팅창은 늘 참고 자료로 가득했다. 각자 쉬는 시간을 까먹으면서 적합한 단어를 찾았다. 단어 하나도 책임감 있게 고르려 했다. '보다 나은 이해'를 누군가에게 선물하기 위한 가독성 높은 설계 어휘로 정리하기 위해서였다. 그러나 여전히 누군가는 고민에 빠질지도 모른다. 그래서 우리 넷은 '애프터서비스'도 감당하겠다는 마음으로 독자들의 '이해 안 됨'을 적극적으로 보살필 계획이다. 숲이라는 단어가 forest와 woodland로 분리되는 것이 낯선 당신을 위해서 말이다.

마지막으로 우리를 식물적용학의 세계로 이끌어 주신 고정희 박사님, 설익은 지식으로 던진 무례한 질문에도 즐겁게 답해 주신 김종원 교수님, 개념 정립의 어려움에 귀 기울여 주고 학명 정리에 많은 힌트를 준 이듬해의 오세훈 대표, 어느 출판사보다 정원 분야의 명저를 소개하고 있는 목수책방 대표님의 혜안과 세심한 배려에 감사의 말을 전하고 싶다. 더불어 밥도 안 해 주는 엄마를 이해해 준 래겸과 려겸, 그리고 나의 평생 벗에게도.

이양희

여전히 식물의 속사정을 이해하는 일은 쉽지 않다. 그래서 틈만 나면 산이나 들판, 습지로 발길을 옮긴다. 아직도 이름조차 제대로 알지 못하는 식물이 많지만, 계절의 순환 속에서 끊임없이 변화하고 사라지고 다시 돋아나는 모습을 바라보고 있으면 인간 역시 그 순환의 일부라는 사실을 깨닫게 된다.

조경학을 배우고 처음 사회에 나왔을 때와 비교하면 분명 도시 안의 녹지는 많아졌다. 면적뿐만 아니라 공간의 완성도도 높아졌다. 그러나 여전히 공간과 장소에 따른 식생의 다양성을 발견하기는 쉽지 않다. 식물은 제각기 살아가는 환경이 다르다. 자신에게 맞는 장소에 제대로 자리 잡을 때 비로소 제 역할을 다하고 오랜 시간 그 자리를 지켜 낼 수 있다. 반면 인간의 편의에 따라 억지로 들여온 식물은 과도한 에너지를 요구하고 관심이 사라지면 함께 사라진다.

2016년 석사 논문을 준비하던 시기에 이 책을 처음 만났다. '도시공원의 자연형 식재 도입 방안 연구'를 주제로 고민할 때 박상길 선생님이 이 책을 권해 주셨다. 그때는 처음부터 끝까지 다 읽지 못했지만 몇몇 대목은 강렬하게 머릿속에 남았다. 식물들은 외형뿐만 아니라 뿌리의 형태와 위치도 다르다는 것을 보여 주는 그림은 지상부만 관찰하던 시선을 넓혀 주었다. 더 중요한 것은 식물을 위한 새로운 환경 조성이 아니라 대상지의 환경을 면밀히 파악해 그곳의 문제점을 잠재력으로 전환하고 그에 맞는 식물 목록을 구성하는 접근 방식이었다. 당시 우리 대부분은 좋은 토양을 '넣어서' 정원을 만들어 왔으니까.

번역하면서 비로소 이 책의 전체 맥락을 이해하게 되었다. 단편적으로만 보이던 내용이 이제는 하나의 유기적인 체계로 다가왔다. 그 과정은 단순한 언어의 전환이 아니라 생각의 틀 자체를 바꾸는 일이었다. 현장에서 통용되는 조경과 정원의 언어 속에는 생태학적으로 명확히 구분되는 개념들이 여전히 뒤섞여 있었다. 이 분야 연구 성과 또한 아직 충분히 축적되지 않았다는 사실을 깨달았다. 그럼에도 공역자들과 각자의 관점과 경험을 나누며 이 책의 의미를 함께 되짚을 수 있었다. 함께한 번역자들의 도움 덕분에 끝까지 번역을 마칠 수 있었다.

이 책의 번역은 단순히 언어를 옮기는 작업이 아니었다. 식물을 바라보는 시선, 자연과 인간의 관계를 다시 묻는 시간이었다. 저자들이 전하는 통찰은 식재를 '디자인의 결과물'이 아니라, 살아 움직이는 생명체들의 공존으로 이해하게 만든다. 도심 속에도 다양한 식물 서식공간이 존재한다. 그곳에서 식물들이 제자리를 찾아 뿌리내린다면 굳이 자연을 찾아 멀리 떠나지 않아도 우리 주변에서 생태적 다양성과 생명의 풍요로움을 발견할 수 있을 것이다.

아직도 식물의 세계를 배우는 중이다. 이 책이 그 길을 함께 걸어갈 이들에게도 소중한 길잡이가 되기를 바란다.

경은하

책의 주요 개념 정리

PLANTING IN A POST WILD-WORLD

이 책의 원제는 두 가지 핵심 개념으로 구성되어 있다. 'post-wild world'는 순수한 야생의 자연이 거의 사라진 지금의 시대적 상황을 의미하며 'planting'은 이러한 맥락에서 적용하게 될 식재 방법론을 지칭한다. 이 두 개념의 결합은 현대 사회의 생태적 현실과 이에 대응하는 조경 실천의 방향성을 제시한다. 직역하면 '후기 야생 세계의 식재'가 되겠지만 이는 저자의 의도와 책의 본질적 메시지를 온전히 전달하기 어렵다고 판단했다. 번역자들은 책의 제목을 '새로운 자연을 위한 식재디자인'이라 정했는데, 이 제목에는 다음과 같은 의미가 담겨 있다. 첫째, '후기 야생 세계'라는 다소 추상적인 개념을 '새로운 자연'으로 바꾸어 현대의 생태적 위기 상황을 인식하면서도 미래지향적이고 건설적인 메시지를 담으려 했다. 둘째, 단순한 시대 구분을 넘어 현대 사회가 직면한 환경적 과제와 이에 대응하는 조경의 역할을 명확히 제시하고자 했다. '새로운 자연을 위한 식재디자인'이라는 책 제목은 원제의 의미를 충실히 반영하면서도 한국 독자에게 책의 핵심 메시지인 '현대적 맥락의 자연 재창조'라는 개념을 효과적으로 전달할 수 있을 것으로 기대한다.

COMMUNITY

식물군락을 의미하는 'community'는 자연식생의 구조를 설명하는 학술 용어로, 식물사회학이 태동한 독일어권에서는 'gesellschaft(게젤샤프트)'로 사용해 왔다. 독일어권에서는 자연 식물군락에서 영감을 받아 인위적으로 조성한 식물혼합체를 지칭할 때도 별도의 용어인 'gemeinschaft(게마인샤프트)'를 사용해 그 차이를 분명히 한다. 하지만 영어권 출판물인 이 책에서는 인위적으로 조성한 식물혼합체를 'designed community'로 표현한다. 이는 community라는 용어가 순수과학 분야를 넘어 디자인 영역으로 그 활용 범위가 확장되었다고 주장하는 저자의 주장과 일맥상통한다(30쪽 참고). 이 책에서도 'designed'라는 단어를 'community'와 결합하여 인위적으로 조성한 식물군락을 설명하고 있다. 비록 독일어권의 식물학자들 사이에서는 이견이 있을 수 있으나, 이런 맥락을 고려해 이 책에서는 designed community를 '디자인된 식물군락' 혹은 '식물군락 디자인'으로 옮겼다. 원문의 의도를 명확하게 전달하면서도 식재디자인의 맥락에서 직관적으로 이해할 수 있는 용어라고 판단했기 때문이다.

FOREST·WOODLAND

숲의 유형을 구분할 때 forest와 woodland는 수목의 밀도에 따라 서로 다른 식물군락을 형성한다는 점에서 중요한 개념적 차이가 있다. forest는 수목이 조밀하게 생육하여 형성된 '삼림森林'을 의미하며, 이는 우리가 일반적으로 떠올리는 울창한 숲의 모습에 해당한다. 반면 woodland는 수목이 비교적 성기게 자라는 '소림疏林'을 지칭하며, 이는 보다 개방적인 숲의 형태를 나타낸다. 이러한 구분은 단순한 용어의 차이를 넘어 식물사회학적으로 중요한 의미를 지닌다. 각각 고유한 생태계를 형성하는 삼림과 소림은 서식하는 식물군락의 구성과 특성도 다르다. 따라서 이러한 차이를 명확히 전달하고자 forest는 '삼림' 혹은 '울창한 숲', woodland는 '소림' 혹은 '열린 숲'이라는 용어로 번역했다.

MEADOW·GRASSLAND

meadow는 건초 생산을 목적으로 조성한 인위적 초본군락지를 의미한다. 이와 유사한 개념으로 pasture(방목지)가 있으며, 이는 가축을 방목하기 위해 조성한 일정 지역을 지칭한다. grassland는 초본류가 우세한 자연 식물군락을 나타내는 용어로, 자연 발생적 초원 식생을 의미한다. 표준국어대사전의 정의에 따르면 '초지'는 "풀이 나 있는 땅으로, 가축 방목이나 목초 재배에 이용되는 곳"이며, '초원'은 "초본 위주로 이루어진 식물군락"이다. 이러한 정의에 근거하면 초지는 목초지와 방목지를 포괄하는 개념으로 이해할 수 있다. 따라서 이 책에서는 meadow를 '초지'로, grassland를 '초원'으로 번역했다.

CANOPY·UNDERSTORY·GROUDNLAYER

숲지붕canopy, 임관林冠, 하층understory, 숲바닥groundlayer, 임상林床은 숲의 수직적 층위 구조를 설명하는 핵심 용어다. 이는 상이한 삼림과 소림의 식물사회 구조를 이해하는 데 중요한 개념적 틀을 제공한다. 교목층으로 구성된 숲지붕은 숲의 최상층부로, 숲의 지붕 역할을 한다. 중간 층위인 하층은 아교목층과 관목층을 포함하는 수관 아래 하층부를 의미한다.
숲바닥은 초본층으로 이루어진 숲의 최하층부를 말한다. 이러한
층위 구분은 단순한 높이 차이를 넘어, 각기 다른 생태적 특성과
기능을 가진 식물군락의 수직적 배열을 설명한다. 이 책에서는
이 개념을 통해 삼림과 소림의 구조적 차이와 식물사회학적
특성을 제시한다. 삼림閉鎖林은 숲지붕이 울폐된 닫힌 형태로,
하층 식생이 빈약하며 숲바닥의 종다양성이 높다. 소림疎林은
숲지붕이 듬성한 열린 형태로, 하층 식생이 발달하며 숲바닥에는
다양한 광 요구도를 가진 식물이 분포한다.

TRADITIONAL PLANTING

본문의 traditional planting은 유럽과 미국 큰화권에서 생태적
적합성보다 시각적 완성도와 관리 효율을 우선시해 온 식재
방식을 의미한다. 설계, 시공, 유지·관리의 전 과정에서 '고관리'를
전제로 하는 정원 형태다. 이를 전통적인 식재라고 번역할 경우
역사적이거나 문화적으로 계승되어 온 식재 방식이라 읽힐 수
있다. 책에서 말하는 traditional planting은 특정 문화권의
역사적 유산이 아니라, 현대 조경 분야에서 관습적으로
지속되어 온 설계·관리 방식을 비판적으로 지칭하는 용어이기
때문에 traditional planting을 '관행적인 식재'로 번역했다.

SPRING EPHEMERAL PLANTS

spring ephemeral plants는 보통 '춘계단명식물'로
번역하지만, 본문에서는 한글을 사용해 의미를 직관적으로
전달하고자 봄맞이순간개화식물로 사용했다. '순간개화'는
'ephemeral(덧없고 짧은)'을 생태학적 개념과 경관적·미학적
맥락을 고려해 번역한 것이다. 지중식물geophytes은 땅속
저장기관에 영양분을 저장한 채 겨울이나 건기를 나는
식물을 의미하며, 봄맞이순간개화식물은 눈이 녹기 시작하는
시점부터 나무 상층부 수관이 덮이기 전까지 빛이 숲의
하부까지 들어오는 기간에 생활사를 마치는 초본을 의미한다.
모두 광 환경, 생장주기, 계절적 리듬을 고려한 식재디자인에서
핵심적인 식물군으로 다루어진다. 특히 이런 식물들은 봄 경관의
리듬을 형성하는 식물층으로 사용된다.

SEED SPREADING·CLONAL SPREADING

식물의 번식은 생식 방식에 따라 종자번식seed propagation과
영양번식vegetative propagation으로 구분한다. 종자번식은 꽃의
수정과 결실을 통해 형성된 종자를 이용하는 번식 방법으로,
유성생식sexual reproduction에 해당한다. 이 방식은 유전적
다양성을 확보하고 개체군의 적응력을 높이는 데 기여한다.
영양번식은 식물의 뿌리·줄기·잎 등 영양기관의 일부를 이용해
새로운 개체를 형성하는 무성생식asexual reproduction 방법이다.
이 과정에서 만들어진 개체는 모체와 유전적으로 동일하며,
동일한 유전형이 확산되어 클론성 군락을 형성한다. 이와 유사한
개념인 클론 확산clonal spreading은 영양번식의 결과로 나타나는
유전적으로 동일한 개체군의 증식과 공간적 확산 과정 전체를
의미한다. 즉, 영양번식은 번식의 '과정'에 해당하고 클론 확산은
그 결과로 나타나는 '집단 형성과 분포 양상'을 지칭한다. 이
책에서는 용어의 일관성을 위해 'seed spreading'은 '종자번식',
'clonal spreading'은 '영양번식'으로 통일해 표기했다.

COPPICING

영어 coppicing은 수목의 지상부를 낮게 절단하여 맹아를
유도하는 관리 기법을 의미한다. 한국에서는 같은 기법을
지칭하는 용어로 산림 분야의 '왜림작업矮林作業'이 이미 존재한다.
그러나 왜림작업은 연료림이나 농업용 자재 생산을 목적으로
성숙한 나무를 완전히 베어 내고 그루터기에서 새싹을 키우는,
저림低林 형태의 숲으로 순환 갱신하는 산림 경영 방식이다.
이에 비해 조경·생태 분야에서 다루는 coppicing은 생산이 아닌
재생과 관리에 초점을 둔다. 단순한 가지치기를 넘어 식생의
순환 구조를 복원하고, 밀도 높은 혼합림을 유지하며, 경관
디자인 요소로 기능한다. 따라서 이 책에서는 산림 생산 중심의
'왜림작업'과 혼동을 피하고, 조경·생태 관리의 맥락을 정확히
전달하기 위해 coppicing을 '저목전정低木剪定'으로 번역했다.

NATIVE SPECIES·WILD SPECIES·NON-NATIVE SPECIES·INTRODUCED SPECIES

식물은 어디에서 기원했는지에 따라 자생종과 비자생종으로
구분하는데, 엄밀한 의미에서 이는 고유종과 도입종이라고

칭하는 것이 옳다. 고유종固有種, native species은 특정 장소에서 본래부터 저절로 생육·분포하는 종으로, 그 지역에서 자연적으로 살아가는 모든 야생종을 뜻하는 자생종自生種, wild species과는 구분된다. 도입종導入種, introduced species은 다른 지역의 종을 들여와 정착시킨 식물로, 일반적으로 외래종外來種, exotic species이라 부르지만 비자생종과 동일한 의미라고는 볼 수 없다. 하지만 이 책에서는 독자들이 쉽게 이해할 수 있도록 'native species'와 'non-native species'를 통상적으로 널리 쓰이는 용어인 자생종과 비자생종으로 통일해 표기했다.

찾아보기

ㄱ

가독성　55~59, 102, 113, 170, 221~225, 230

가장자리
　　개념적 틀　154
　　개요　114~117
　　소림과 삼림　119
　　시공 중 구분하는 것　218
　　초원　118~119

가지치기　129, 221, 233

감정적 반응　23~24, 66~70

개념적 틀　137~143, 154

경관 선택의 키워드　135

경관 형성 단계　235, 237~238

경운 작업　201~202

경쟁　34, 36~38, 41, 163, 166, 167

경쟁자 배제　200

계절주제층
　　관리　225~226
　　디자인 층의 가독성　170
　　삽도　85, 173
　　식물 선택　177~179, 185
　　식재　215
　　정형식 주택 정원　244
　　초원　82~85
　　특성　172

곰팡이, 균근균　106

관리　멀칭, 잡초 참조
　　경관 형성 단계　237~238
　　관리 도구 상자　229, 232~233
　　관리의 필요성　222~224
　　구역으로 나누기　240
　　디자인 틀 고려사항　144, 145
　　모니터링 가이드　229~231, 241
　　소각, 태우기　200, 232, 234, 248
　　숲의 형성　113
　　식물 자르기　226, 229, 232, 235, 236, 239
　　식물 활착 단계　235~237
　　유지·보수　229-231, 240
　　창의적 소통에 의한 관리　241
　　층위별 관리　224~229
　　활착 이후 단계　235, 238~241

관리 도구 상자　229, 232~233

관목림　원형소림·관목림, 소림과 관목림 디자인 참조

관수　206, 217, 219, 232

관행적 원예(식재)
　　멀칭　18, 22, 50~52
　　설계도면　52, 54
　　스트레스 요인 제거　49
　　식물군락 패러다임으로의 전환　20~23
　　식재 계획　182
　　유지·보수　18, 20, 59~62
　　재배식물의 삶　43~45
　　층위 구성　103
　　침입종 제거　14~15
　　현장 준비　191

관행적인 정원의 유지·보수　18, 20, 59~62

광(빛) 요구 조건　131

광엽초본　25, 35, 80~82, 101, 119, 177

교란된 대상지
　　관리 도구　229, 235
　　대상지 분석　129~133
　　터주식물　163, 166, 168, 172, 184

구근(구근식물)　35, 43, 86, 109, 110, 206, 217

구역 나누기　240

구조와 틀을 잡아 주는 식물　172, 174~177

구조층
　　관리　224~225, 237~238
　　삽도　81, 173
　　식물 선택　174~177, 185
　　식재　215
　　초원　80~82
　　특성　169, 172

구획된 정원(정원의 공간 구성)　96, 97, 103

그라스
    가장자리에서 119
    경관 예시 25, 42, 147
    띠 녹지 29
    뿌리 형태학 35
    소림과 관목림 101
    식물군락 속 외래종 30
    암석지 환경에서 40, 41
    자연 식물군락 내에서 49, 50
    지피식물 179
    초원 구조층 내에서 80~82

그린 멀칭 50~54

극상 군락 33

기계적 제초 200

기능성 모니터링 231

기능층 80, 81, 170~173, 179~180

기억과 디자인 23~24, 66

기후변화 15

ㄴ

나이절 더닛 84

낙엽 112, 226~227

노르베르트 퀸 167~168

뉴욕식물원의 자생식물원 140, 142

ㄷ

다발형 식물 177

대상지 분석과 원형 선택
    1차적 탐색 125~127
    개요 124~125
    경관 선택의 키워드 135
    매우 도시화된 지역이나 교란된 대상지 129~133
    스케치를 통한 관찰 134~137
    현장 조사와 관찰 127~129

더프층 112

데릭 저먼 250~253

도시의 정원들 15, 129~133, 144, 146, 147, 255

동독 8

동선 158

디자인 과정(세 가지 필수 관계의 존중) 121~124

디자인 도면 52, 54, 134~137, 182

디자인 설명서 152

디자인층 80, 81, 169, 170~173

디자인 틀
    개성(특성이 되는) 요소를 강조하는 146~152
    디자인 설명서의 개선 152~154
    목표 경관(개념적 틀) 137~143, 154
    여러 목표 140
    인간의 요구와 맥락의 범주 144~145
    질서 있는 틀 55~59, 155~160, 224, 225, 244

디자인된 식물군락   자연 식물군락, 수직적 층위 참조
    식재디자인의 미래 16~20
    세 가지 관계 121~123
    시의적절한 중요성 253~254
    자생종의 중요성 41~42
    자연에서 영감을 받은 20~27
    차별점(숨겨진 철학) 38~40
    토양 건강 회복시키기 194, 203
    패턴화되고 양식화된 55
    피해야 할 문제 93, 102~103, 113~115

디자인된 식물군락 원칙
    관리 vs. 유지·보수 59~62
    매력과 가독성 55~59, 253
    상호작용하며 서로 어우러지는 종의 그룹 43~45
    수직으로 중첩 49~52
    스트레스를 자산으로 45~49

디자인된 식물군락: 설계 과정 121~123 디자인 틀, 식물 선택, 대상지 분석과 원형 선택 참조
    디자인된 식물군락의 예
        데릭 저먼의 프로스펙트 코티지 250~253
        제임스 골든의 페더럴 트위스트 244~249
        하이너 루츠의 정형식 주택 정원 244

띠 녹지 18, 29

ㄹ

리하르트 한젠 161~162, 164~165, 167

ㅁ

매스 식재(종을 덩어리로 배치)　151~152
맥락적 범주　144~145
멀칭
    관리　233
    멀칭의 관행적 사용 방식　18, 22, 50, 52
    식물(그린 멀칭, 지피식물)　50~54, 61, 179 180
    식재 시 멀칭　220
    임시 멀칭　205~206
모니터링 가이드　229~231
목본층　99~101
물리적 틀　155~160
미학적, 아름다움　55~61

ㅂ

범용 적응 전략 이론　163, 166~167
복식　238
보호작물　205
봄맞이순간개화식물
    가장자리　115
    삼림과 소림　58, 98, 187
    스트레스 내성　167
    지피층　86, 110, 111, 112, 172, 179, 187
    활착　206, 207
봄맞이지중식물　110, 168
부식토 형성　194
비자생종　30, 32, 41
빗물 관리　131, 179~180, 195, 204, 220
빗물정원
    붉은숫잔대의 재출현　184
    안정화는 지피식물　179~180, 227
    잔여물 제거　233
    현장 준비　195, 197
빛 조건　131
뿌리 형태학　35

ㅅ

사바나　55, 56, 96
사슴　187, 236
사회성 단지　153
산 정상부　72~73
산불생태계　32, 33, 95, 101, 107
살아있는 땅 덮개　161
삼림의 초본층　108~110
생물다양성 모니터링　230
생태수로, 식생수로　179~180, 196
생태적 식재 / 생태 복원　14~15, 20~23, 38, 71
소각, 태우기　200, 232, 234, 248
소림과 관목림 디자인
    개념적 틀　137, 154, 155
    관리　238~241
    단일 종 반복 배치　38
    식물 선택　185~187
    식물군락 예시　56
    피해야 할 문제　102~103, 123
솎아내기　240
수명(식물의 기대 수명)　175
수직적 층위　80, 81, 169, 170~173 역동채움층, 지피층,
    식물 선택, 계절주제층, 구조층, 디자인층 참조
    과정 스케치　143
    관리　224~229
    그린 멀칭　50~54
    기능층　80, 81, 169~173, 179~181
    소림과 관목림　98~103
    숲과 삼림　106~114
    자연에서 영감받은　17
    초원 개요　78~80
숲 디자인
    개념적 틀　137~140, 154, 155
    도시환경 속에서　129-133
    띠무리의 패턴　59
    식물 선택　185~187
    열린 지붕층 활용　105
    추상화　146, 147, 149
    피해야 할 문제　113~114
스케치　134~137, 143

스트레스 내성   47~49, 163, 166
습한 초원의 식물   72~75
시각적으로 중요한 종, 시각적 핵심 종   149~150, 174~177
시간적 층위 구성, 일시적 층위 구성   89~91
시공 후 식재 발달   235, 238~241
시비   232, 236
식물 간 관계   121~124
식물 서식처 중심 체계   161~162, 164~165, 179
식물 선택
 계절주제식물   177~179
 구조식물   174~177
 디자인층과 기능층의 균형   170~173
 수직적 층위 개요   167, 169, 170
 식물 생존 전략(존 필립 그라임)   162~163, 166
 식물 서식처 중심 체계   161~162, 164~165
 식물 전략별 모델(노르베르트 퀸)   167~168
 식물 크기와 화분 선택   207~213
 원형경관을 연상시키는 종   150
 지피식물   179~181
 채움식물   182~184
 층위 적용   184~187
식물 적응성   36, 73~74
식물 정화기법   180
식물 활착 단계   235~237
식물과 인간의 관계   137
식물과 장소의 관계   124
식물군락   30
식재 틀 만들기   157~160
식민지 시대 이전의 미국(북미)   13~14
식재 간격   213~216
식재 높이의 제한   157
식재 시공   현장 준비 참조
 보완 식재, 보식   238
 월별 식재 시기   207
 식물 활착 단계   235~237
 식물/화분 선택   207~213
 식물의 층위별 배치   215~217
 식재 간격   213~216

식재 전략   191, 217~221
 자연 생장주기 활용   204~207
심경   202
C-S-R 이론   163, 166

ㅇ

야생종 vs. 재배종   43~45
양치류   50, 112, 113, 130~133, 145, 154, 179, 187
어린 묘 제거   232
엘리자베스 2세 올림픽 공원   26~27, 83
역동채움층
 관리   227~229
 계절주제식물   177
 구조식물 층과 대조되는   174, 175
 디자인 내에서   172
 식물 선택   182~184
 식재(채움식물)   217
 초원   86~90
예초, 자르기   229, 232, 235, 236, 239
옥상 녹화   53
옥상정원
 도시   1, 15, 144, 255
 스트레스 내성이 강한 종   163, 168
 정교한 디자인   57
 토양 요구 조건   131
외래종   30, 33, 41
우점종 분류 체계   35
원뿔관입저항측정   202
원형경관   69~70, 150 원형삼림, 원형소림·관목림, 원형초원 참조
 가장자리   114~119
 개요   69~70, 150 원형삼림, 원형소림·관목림, 원형초원 참조
 선택   대상지 분석과 원형 선택 참조
원형삼림
 가장자리   114~117, 119
 감정을 불러일으키는   66, 67
 개요   105, 106

닫힌 지붕층　107~109
　　드물거나 없는 하부층과 관목층　108~109
　　봄 지피층　109~113
　　시간적 층위 구성, 일시적 층위 구성　112~113
　　원형삼림에서 비롯한 디자인 아이디어　64~65
　　적합한 장소　135
원형소림·관목림
　　가장자리　114~116, 119
　　개요　95~97
　　산불 적응 전략　95, 100
　　적합한 장소　135
　　필수 층위　98~102
원형초원
　　가장자리　114, 115, 118~119
　　감정을 불러일으키는/영향을 미치는 요소　55, 56, 66, 67, 71~73
　　계절주제층　82~85
　　공존하는 개체군과 환경 조건　34, 37, 47, 72~75, 78~80
　　구조층　80~82
　　녹색의 색상 범위　74~75
　　디자인층과 기능층　81
　　산 정상부　72~73
　　습한 초원의 식물　73~75
　　시간 층　89~91
　　역동채움층(역동적인 채움식물)　88~89
　　적합한 장소　135
　　지피층　86~87
　　필수 층위 개요　78~80
유휴 산업부지　131
의도하지 않은 식물의 번성　222
인간적인 맥락, 인위적 맥락　144~146, 154

ㅈ

자갈정원(베스 차토)　49
자생종　13~14, 20~23, 41~42, 70
자생지 본래의 상태로 복원하기　14~15, 38, 70
자연　23~24, 66~70 원형경관 개요, 감정적 반응 참조
　　식민시 이전 시대 자연의 상실　13~16
　　자연발생적 식물군락에서 받은 영감　20~23, 69~71
자연 식물군락　디자인된 식물군락 참조
　　경쟁/공존　34, 36~38, 41
　　변화/적응　30~36
　　분류 체계　35
　　뿌리 형태학　35
　　시각적 다양성　37
　　식물 개체군 분포곡선　34
　　안정적인 '극상' 군락　33
　　야생식물의 삶　43~44
　　자연 식물군락으로 패러다임 전환　20~23
　　특성　16~17, 20, 30~32
　　환경 조건　32, 34, 36, 41
자연주의 식재 운동(자연주의적 디자인)　72~73
잔디밭　55, 56, 157~159
잡초
　　관리 도구　229, 232, 234, 235, 239, 247
　　교란 속에서 번성하는 잡초　196, 197
　　부지 정리　197~200
　　식별하기　197
　　자연 식물군락 내에서　22
　　잡초로부터 배울 수 있는 것　17
　　토양개량제　194, 195
　　형태　45
　　활착 단계의 잡초　222~223, 235
잡초 피복　200
장면 주도의 원리　170
장비 사용의 문제점　197, 211, 218
저목전정　240
전이영역　30
정원 예시　디자인된 식물군락의 예 참조
정제와 강조　146~147
제3의 풍경　16
제임스 히치모　84
제초제　199, 200
조경디자인　디자인된 식물군락, 디자인 프로세스, 관행적 원예 참조
조망-은신처 이론　66

찾아보기　**271**

존 필립 그라임   162~163, 166~167
주도적인 여러해살이 식물   149
주제층   계절주제층 참조
증폭   146~147
지붕층   99, 107~108
지의류   40, 41
지중식물   86, 110, 168, 172, 179
지피층
    관리   226~227, 231
    그린 멀칭   50~54
    기능층   170
    디자인 내에서   172
    삽도   87, 173
    소림과 관목림   98~101
    식물 선택   179~181, 185
    식재   215, 216
    원형삼림   109~113, 114
    초원   86~87
진화적 반응   23~24, 66
질서 있는 틀   55~59, 155~160, 224, 225, 244

ㅊ

채움층   역동채움층 참조
초본층   101~102, 109~112, 114~115
초원 디자인
    개념적 틀   137, 154, 155, 156
    도시환경   131, 254~255
    띠무리 강조하기   38
    식물 선택   184~185
    원형경관을 연상시키는 종   150
    질서 있는 틀 활용하기   57
    층위 형성 과정 스케치   143
    페더럴 트위스트   244~249
    피해야 할 문제   93, 123
초지   초원 디자인, 원형초원 참조
추상화   147, 149
침식 방지   180
침입종
    가독성 상실   102, 113
    가장자리에서 번성하는 침입종   116, 119
    대상지 분석 시 제거   128, 129
    되돌릴 수 없는 손상   14~15
    맞서기 위한 경쟁력 강한 종   180, 248
    부지 정리   197

ㅋ

콩과식물   86, 180, 194, 205, 206

ㅌ

터주식물   163, 166, 168, 170, 172, 184
토양   191, 194, 195
    답압   197, 198, 201~203
    대상지 분석   131
    복원   198
    이식 시 우려되는 점   211, 218
    피트 기반 토양(캔디 토양) 제거   211, 219
    토양 검사(분석)   191, 193~194
    토양을 형성(개선)하는 식물   180, 194
    현장 준비   190, 205
토양개량제   191, 194, 195, 219, 232
토양 경도 측정   202
토양 용적 밀도 측정   202
퇴비/물에 희석한 퇴비   194

ㅍ

패턴   151~152
페더럴 트위스트   244~249
폭목(暴木)   99
프로스펙트 코티지   250~253
프리드리히 슈탈   161
플러그묘   175, 211
피복작물 파종   200, 205
피트 기반 토양   211, 219

ㅎ

하드스케이프   140, 144, 157, 158

하이너 루츠   84, 170~173, 244~245
현장 준비
    교란 제한   191, 196~197
    답압 토양 다루기   201-203
    디자인의 연장선   190
    잡초 제거   197~200
    토양과 장소의 특성   191~195, 205
    피복작물   200~205
해충압력   236
혼합식재 체계   179
환경 조건의 인식   47~49
환경 조건의 변화   32, 34, 36
회양목 파르테르(화단)   190, 244, 245

식물목록

A

Acanthus mollis 아칸투스 몰리스   44
Acer saccharum 설탕단풍 sugar maple   106
Achillea 톱풀속 식물   44, 182
Achillea millefolium 서양톱풀   153
Achillea millefolium 'Strawberry Seduction' 서양톱풀 '스트로베리 시덕션'   178
Actaea 노루삼속 식물   177
Agastache foeniculum 파랑배초향   174
Agastache rupestris 루페스트리스배초향   183
Agave deserti 사막용설란 desert agave   41
Aiania 솔인진속 식물   166
Ajuga 아주가(조개나물속 식물)   168
Alliaria petiolata 마늘냉이 garlic mustard   116, 187, 197, 232, 234
Allium 알리움(부추속 식물)   11, 29, 35
Allium cernuum 알리움 세르누움   153
Allium christophii 알리움 크리스토피이   165

Allium schoenoprasum 차이브   28, 29
Allium vineale 알리움 비네알레   234
Ammi majus 아미   182
Ammophila breviligulata 암모필라 브레빌리굴라타   192
Amsonia 정향풀속 식물   172
Amsonia 'Blue Ice' 정향풀 '블루 아이스'   157, 160, 178
Amsonia hubrichtii 솔정향풀   162, 212
Amsonia tabernaemontana 별정향풀   158
Andropogon 나도솔새속 식물   35, 177
Andropogon gerardii 안드로포곤 게라르디이 big bluestem   80, 90, 172, 174
Andropogon ternarius 안드로포곤 테르나리우스   84
Andropogon virginicus 나도솔새   76~77, 184
Andropogon virginicus var. *glaucus* 안드로포곤 비르기니쿠스 글라우쿠스   48
Aquilegia 매발톱속 식물 columbine   168, 172, 182
Aquilegia canadensis 캐나다매발톱꽃   88~89, 153, 183
Aquilegia canadensis 'Corbett' 캐나다매발톱꽃 '코르벗'   224
Aristida stricta 아리스티다 스트릭타   148
Artemisia 쑥속 식물   99, 100, 166, 179
Artemisia absinthium 향쑥 absinthe   6
Arthraxon hispidus 조개풀 small carpet grass   197
Aruncus 눈개승마속 식물   177
Aruncus dioicus 눈개승마   153
Asarum canadense 캐나다족도리풀 wild ginger   110, 153, 180, 181
Asclepias 금관화속 식물 milkweed   32, 101
Asclepias incarnata 자관백미꽃   150, 172, 174, 176
Asclepias purpurascens 아스클레피아스 푸르푸라센스   85, 169
Asclepias syriaca 시리아관백미꽃   32
Asclepias tuberosa 아스클레피아스 투베로사   52, 78, 150, 152, 212, 235
Aster 아스테르(참취속 식물)   101, 113, 151, 169, 170, 172, 177, 187
Aster × *frikartii* 'Wunder von Stafa' 아스테르 프리카르티이 '분더 폰 슈테파'   171

Aster tataricus 개미취   177
Avena sativa 귀리oats   205

B

Baptisia 밥티시아속 식물   21, 211
Baptisia australis 밥티시아 아우스트랄리스   91, 175, 184, 212, 235
Betula 자작나무속 식물birch   106, 131, 132~133, 149
Bouteloua 보우텔로우아속 식물   140
Bouteloua curtipendula 보우텔로우아 쿠르티펜둘라   153, 159
Briza maxima 큰방울새풀   182
Bromus tectorum 털빕새귀리cheatgrass   75

C

Calamagrostis × acutiflora 'Karl Foerster' 바늘새풀 '칼 푀르스터'   21, 151
Calamintha 칼라민타속   177
Calamintha nepetoides 칼라민타 네페토이데스   154, 158
Callirhoe involucrata 칼리로에 인볼루크라타   85, 181
Calluna 칼루나속 식물   100, 179
Calopogon pulchellus 칼로포곤 풀켈루스   18
Caltha palustris 동의나물   153
Camassia 카마시아속 식물   184
Cardamine concatenata 콘카테나타냉이cutleaf toothwort   111
Carex 사초속 식물sedge   18, 30, 42~43, 86, 172, 180, 185
Carex amphibola 암피볼라사초   87, 184
Carex cherokeensis 체로키사초   181, 185
Carex divulsa 디불사사초   136
Carex flacca 플라카사초   28, 29
Carex grayi 그레이사초Gray's sedge   50~51
Carex morrowii 모로위사초   153
Carex muskingumensis 야자사초   122
Carex pensylvanica 펜실베이니아사초Pennsylvania sedge   34, 106, 153, 162, 169, 179, 181
Carex plantaginea 플란타기네아사초   153, 187
Carex stricta 스트릭타사초   36

Carnegia gigantea 변경주선인장   172
Carpinus caroliniana 캐롤라이나서어나무hornbeam   144
Carya 카리아속 식물(히코리)hickory   35, 69, 149, 211
Caryopteris 층꽃나무속 식물   99
Caryopteris × clandonensis 'Inoveris' 버들층꽃나무 '이노베리스'   178
Castanea dentata 미국밤나무American chestnut   14
Cedrus 개잎갈나무속 식물cedar   174
Celastrus orbiculatus 노박덩굴Oriental bittersweet   197
Ceratostigma 케라토스티그마속 식물   168
Cercis 박태기나무속 식물   172, 174
Cercis canadensis 캐나다박태기나무redbud   108, 109
Chasmanthium latifolium 낚시귀리   101
Chrysogonum virginianum 오공국화   153
Chrysopsis mariana 크리솝시스 마리아나   183
Chrysopsis villosa 크리솝시스 빌로사   178
Cirsium 엉겅퀴속 식물thistle   174
Cirsium arvense 카나다엉겅퀴Canada thistle   197
Clethra 매화오리나무속 식물   119
Clethra alnifolia 향매화오리나무   127
Colchicum autumnale 콜키쿰 아우툼날레   168
Conoclinium coelestinum 코노클리니움 켈레스티눔   153
Coreopsis 기생초속 식물   172, 174
Coreopsis 'Creme Brulee' 솔잎금계국 '크렘 브륄레'   224
Coreopsis 'Red Satin' 금계국 '레드 새틴'   178
Coreopsis tripteris 키다리금계국   91
Coreopsis verticillata 솔잎금계국   153, 183
Cornus 층층나무속 식물dogwood   149
Cornus canadensis 풀산딸나무 bunchberry   111
Cosmos 코스모스속 식물cosmos   182, 184
Crocus 크로커스속 식물crocus   86, 168, 172, 184
Cypripedioideae 복주머니란아과 식물lady's slipper orchids   14

D

Dactylis glomerata 오리새   32
Dalea 달레아속 식물   180
Dalea candida 흰프레리클로버white prairie clover   80
Dalea purpurea 자주프레리클로버   62~63

Delphinium exaltatum 델피니움 엑살타툼 183
Deschampsia 좀새풀속 식물 35, 83, 174
Deschampsia cespitosa 좀새풀 84, 87, 153, 185
Deschampsia cespitosa 'Goldtau' 좀새풀 '골트타우' 87
Deschampsia flexuosa 플렉수오사좀새풀 136
Desmodium 잔디갈고리속 식물 86
Diamorpha smallii 디아모르파 스말리이 68
Dianthus carthusianorum 카르투시아노룸패랭이꽃 170, 171
Dicentra eximia 엑시미아금낭화 116
Digitalis purpurea 디기탈리스 168, 252
Digitaria sanguinalis 상귀날리스바랭이 hairy crabgrass 196
Dryopteris erythrosora 'Brilliance' 홍지네고사리 '브릴리언스' 177

E

Echinacea 에키나세아속 coneflower 21, 152, 174, 191
Echinacea 'Coconut Lime' 에키나세아 '코코넛 라임' 138
Echinacea purpurea 자주천인국 119, 123, 153, 223
Echinacea simulata 시물라타에키나세아 46~47, 150
Echinops 절굿대속 식물 170
Elaeagnus angustifolia 은엽보리수나무 Russian olive 102
Enemion biternatum 북미나도바람꽃 false rue anemone 14
Equisetum 속새속 식물 195, 196, 248
Eragrostis 참새그령속 식물 138, 237
Eragrostis spectabilis 꽃그령 149, 159, 175
Erianthus 에리안투스속 식물 179
Erigeron 개망초속 식물 172, 247
Erigeron annuus 개망초 168
Erigeron pulchellus 풀켈루스개망초 180
Erigeron pulchellus var. *pulchellus* 풀켈루스풀켈루스개망초 153
Erigeron pulchellus var. *pulchellus* 'Lynnhaven Carpet' 풀켈루스풀켈루스개망초 '린헤이븐 카페트' 181, 185
Eryngium yuccifolium 유카잎에린지움 80, 153
Erythronium americanum 아메리카얼레지 trout lily 14
Eschscholzia 금영화속 식물 172, 252
Eschscholzia californica 금영화 California poppy 84, 89, 92, 149

Eupatorium 등골나물속 식물 159
Eupatorium hyssopifolium 히솝잎등골나물 192
Eupatorium perfoliatum 페르폴리아툼등골나물 common boneset 36, 43, 78, 169, 224, 228~229
Eupatorium serotinum 세로티눔등골나물 186, 188~189
Euphorbia corollata 코롤라타대극 183
Eurybia divaricata 유리비아 디바리카타 150, 244
Eutrochium 유트로키움속 식물 82, 83, 146, 166, 243
Eutrochium fistulosum 유트로키움 피스툴로숨 Joe Pye weed 80, 82, 90, 91, 153, 184
Eutrochium maculatum 점등골나물 168

F

Fagopyrum esculentum 메밀 buckwheat 205
Fagus 너도밤나무속 beech 6, 149
Festuca 김의털속 식물 fescue 8, 237
Festuca arundinacea 큰김의털 32

G

Galanthus 설강화속 식물 179
Galanthus nivalis 설강화 244
Gaura 가우라속 식물 172
Gaura lindheimeri 가우라 168
Geranium 쥐손이제라늄(쥐손이풀속 식물) 49, 172
Geranium maculatum 제라늄 마쿨라툼 Spotted geranium 110, 153
Geranium sanguineum 피뿌리쥐손이 168
Geum fragarioides 프라가리오이데스뱀무 50~51, 153, 181
Glechoma hederacea 긴병꽃풀 179

H

Hedera helix 아이비 ivy 45, 52, 180
Helenium 'Mardi Gras' 헬레니움 '마르디 그라' 178
Helianthus 해바라기속 식물 140, 146
Helianthus divaricatus 숲해바라기 113, 119, 187
Helianthus microcephalus 미크로세팔루스해바라기 168
Helianthus porteri 포르테리해바라기 118

식물목록 **275**

Heliopsis helianthoides 하늘바라기　153
Helleborus 헬레보루스속 식물　168
Hemerocallis 원추리속 식물　82, 172, 177, 244
Heuchera 휴케라속 식물　145, 172, 185
Heuchera longiflora 긴꽃휴케라　153, 181
Heuchera villosa 털휴케라　157, 180
Heuchera villosa var. *villosa* 빌로사털휴케라　40, 136
Hibiscus 히비스커스(무궁화속 식물)　146
Hordeum jubatum 긴까락보리풀　182
Hosta 호스타(비비추속 식물)　168
Hypericum 물레나물속 식물　84
Hypericum calycinum 히페리쿰 칼리시눔　153

I

Ipomopsis rubra 이포몹시스 루브라　89
Iris 붓꽃속 식물　35, 79, 84, 170, 171, 172, 177, 195
Iris germanica 독일붓꽃　171
Iris sibirica 시베리아붓꽃　38~39, 56

J

Juncus effusus 에푸수스골풀　36
Juncus tenuis 길골풀　86, 87, 184
Juniperus 향나무속 식물　100
Juniperus virginiana 연필향나무　149, 172

K

Kalmia latifolia 칼미아 mountain laurel　112
Knautia macedonica 마케도니아체꽃　182
Koeleria 도랭이피속 식물　35
Koelreuteria paniculata 모감주나무　244

L

Lamiastrum 라미아스트룸속 식물　168
Lamium 광대수염속 식물　232
Lamium purpureum 자주광대나물　234
Lathyrus odoratus 스위트피 sweet pea　8
Lavandula 라벤더속 식물　168
Lespedeza 싸리속 식물　86

Leucanthemum 레우칸테뭄속 식물　82, 83, 147
Leucanthemum vulgare 불란서국화 oxeye daisy　147
Liatris 리아트리스속 식물 blazing star　35, 80
Liatris spicata 리아트리스 스피카타　25, 90, 151, 153, 175, 176
Ligustrum vulgare 유럽쥐똥나무 English privet　14
Lindera 생강나무속 식물　172
Lindera benzoin 때죽생강나무 spicebush　108~109
Lobelia 숫잔대속 식물　89, 140
Lobelia cardinalis 붉은숫잔대　89, 172, 183, 184, 213
Lonicera japonica 인동덩굴 Japanese honeysuckle　75, 102, 113
Lotus corniculatus 서양벌노랑이　199
Lupinus 루피너스(가는잎미선콩속 식물)　180
Lupinus 'Chandelier' 루피너스 '샹들리에'　56
Lycopodium dendroideum 만년석송 tree groundpine　112
Lysimachia clethroides 큰까치수염　168
Lythrum 부처꽃속 식물　222
Lythrum virgatum 비르가툼부처꽃　174

M

Meehania cordata 코르다타벌깨덩굴　180, 181
Mentha 서양박하(박하속 식물) mint　29
Mertensia 갯지치속 식물　172, 179, 206
Mertensia virginica 버지니아갯지치 Virginia bluebells　109, 111, 153
Microstegium vimineum 나도바랭이새 Japanese stilt grass　116, 187, 197, 199, 223, 247
Miscanthus 억새속 식물　248
Miscanthus sinensis 참억새　174
Molinia 진퍼리새속 식물　138, 157, 177
Molinia caerulea 몰리니아 세룰레아　38
Molinia caerulea ssp. *arundinacea* 'Skyracer' 몰리니아 세룰레아 아룬디나세아 '스카이레이서'　156~157
Monarda 모나르다속 식물　237
Monarda bradburiana 모나르다 브라드부리아나　85, 178
Monarda didyma 모나르다 디디마　153
Monarda fistulosa 모나르다 피스툴로사 wild bergamot　80, 153

Moss 이끼   40, 187

N

Narcissus 수선화속 식물   172, 184
Narcissus poeticus 페티쿠스수선화   168
Nassella tenuissima 털수염풀 Mexican feather grass   11, 150, 182
Nepeta 개박하속 식물 catmint   150
Nepeta × faassenii 'Walker's Low' 네페타 파세니이 '워커스 로'   11

O

Onoclea 야산고비속 식물   195
Onoclea sensibilis 센시빌리스야산고비   153, 248
Origanum 오리가눔속 식물   179
Osmundastrum cinnamomeum 꿩고비 cinnamon fern   18
Oxalis acetosella 애기괭이밥   112
Oxytropis 두메자운속 식물   86

P

Pachysandra 수호초속 식물   168
Pachysandra procumbens 미국수호초 Allegheny spurge   111
Pachysandra terminalis 수호초   180
Packera 파케라속 식물   86, 172
Packera aurea 파케라 아우레아 golden ragwort   78, 87, 89, 90, 91, 153, 179, 248
Packera obovata 파케라 오보바타   179
Packera tomentosa 파케라 토멘토사   68
Panicum 파니쿰(기장속 식물)   82, 177, 180
Panicum amarum 'Dewey Blue' 파니쿰 아마룸 '듀이 블루'   123
Panicum virgatum 큰개기장 switchgrass   36, 52, 80, 82, 119, 153, 215
Panicum virgatum 'Northwind' 큰개기장 '노스윈드'   176
Paulownia tomentosa 참오동나무 empress tree   108
Pedicularis 송이풀속 식물   40
Penstemon digitalis 펜스테몬 디기탈리스   24, 25
Perovskia 페로브스키아속 식물   21, 99, 153

Persicaria bistorta 넓은잎범꼬리   38~39
Petasites japonicus 머위   122
Phleum pratense 큰조아재비   32
Phlomis tuberosa 뿌리속단   177
Phlox 풀협죽도속 식물   49, 168, 185
Phlox divaricata 플록스 디바리카타   112
Phlox divaricata 'Clouds of Perfume' 플록스 디바리카타 '클라우즈 오브 퍼퓸'   56
Phlox divaricata 'May Breeze' 플록스 디바리카타 '메이 브리즈'   244
Phlox paniculata 'Jeana' 풀협죽도 '지나'   192
Phlox paniculata 'David' 풀협죽도 '데이비드'   123
Phlox stolonifera 플록스 스톨로니페라   110
Phlox subulata 꽃잔디   168
Phragmites 갈대속 식물   69, 118, 222, 238
Phragmites australis 갈대 common reed   37
Physostegia virginiana 꽃범의꼬리   87, 177
Pinus 소나무속 식물 pines   65, 95, 99, 105, 114
Pinus palustris 대왕소나무   48, 99, 100
Pinus rigida 리기다소나무 pitch pine   100
Platanus occidentalis 양버즘나무 sycamore   220
Platycodon 도라지속 식물   211
Pleioblastus distichus 디스티쿠스사사   123
Podophyllum peltatum 포도필룸 펠타툼 mayapple   16, 110, 111, 116, 162, 177
Polystichum acrostichoides 폴리스티쿰 아크로스티코이데스 Christmas fern   112, 187
Pteridium aquilinum 아쿠일리눔고사리 bracken fern   30~31
Pueraria montana var. lobata 칡 kudzu   14
Pycnanthemum flexuosum 피크난테뭄 플렉수오숨   153
Pycnanthemum muticum 피크난테뭄 무티쿰   21, 177

Q

Quercus 참나무속 식물   16, 17, 35, 47, 65, 66, 69, 99, 108, 109, 111, 114, 116~117, 149, 172, 211, 240
Quercus falcata 팔카타참나무 southern red oak   6
Quercus montana 몬타나참나무 chestnut oak   35
Quercus rubra 루브라참나무 northern red oak   109

Quercus suber 코르크참나무   95

R

Ranunculus 미나리아재비속 식물 buttercups   82
Ranunculus repens 기는미나리아재비   45
Raphanus sativus 래디시 radish   206
Ratibida columnifera 'Red Midget' 라티비다 콜룸니페라 '레드 미지트'   178
Reynoutria japonica 호장근 Japanese knotweed   199
Rhododendron 로도덴드론 (진달래속 식물)   169, 172
Rhus 붉나무속 식물 sumac   10, 15
Rhus typhina 미국붉나무   136
Rodgersia aesculifolia 칠엽도깨비부채   56
Rosa multiflora 찔레꽃 multiflora rose   113, 119
Rudbeckia 루드베키아 (원추천인국속 식물)   40, 172
Rudbeckia fulgida 풀기다루드베키아   153, 168
Rudbeckia hirta 수잔루드베키아   216
Rudbeckia laciniata 삼잎국화   192, 216
Rudbeckia laciniata 'Autumn Sun' 삼잎국화 '어텀 선'   176
Rudbeckia maxima 큰루드베키아 great coneflower   90, 157, 177, 248
Ruellia humilis 루엘리아 후밀리스   149

S

Salvia 살비아 (배암차즈기속 식물)   84, 170, 172, 191
Salvia nemorosa 살비아 네모로사   168, 177
Salvia nemorosa 'Caradonna' 살비아 네모로사 '카라도나'   11, 28~29, 150, 157, 171
Salvia pratensis 살비아 프라텐시스 meadow sage   168
Sambucus canadensis 캐나다딱총나무   136
Sanguisorba 오이풀속 식물   83, 248
Santolina 산톨리나속 식물   168, 250
Schizachyrium scoparium 스코파리움쇠풀 little bluestem   15, 34, 69, 76~77, 84, 159, 160, 232
Scirpus 고랭이속 식물 42, 43, 180, 247
Sedum 세덤 (돌나물속 식물)   29, 52, 53, 57, 131, 191
Sedum spurium 세덤 스푸리움   153
Senna hebecarpa 센나 헤베카르파   82

Serona repens 세로나 레펜스 (소팔메토) saw palmetto   48, 100, 148
Sesleria 세슬레리아속 식물   138~139
Sesleria autumnalis 세슬레리아 아우툼날리스   157, 158, 160
Setaria faberi 가을강아지풀   199
Silene 장구채속 식물   252
Silene virginica 비르기니카장구채   183
Silphium 실피움속   21, 248
Silphium perfoliatum 실피움페르폴리아툼 cup plant   80, 91
Silphium terebinthinaceum 실피움 테레빈티나세움   80, 174
Sisyrinchium angustifolium 'Lucerne' 등심붓꽃 '루체른'   150
Solidago 미역취속 식물 goldenrod   21, 23, 80, 83, 101, 113, 172, 177, 179
Solidago caesia 세시아미역취   153
Solidago canadensis 캐나다미역취   186, 188~189
Solidago juncea 윤세아미역취   76~77
Solidago rugosa 주름미역취   168
Sorghastrum 소르가스트룸속 식물   35, 140, 157, 172, 177
Sorghastrum nutans 인디언그래스   80, 174, 177
Sorghastrum nutans 'Sioux Blue' 인디언그래스 '수 블루'   82
Spartina 갯줄풀속 식물 cordgrass   37
Spigelia marilandica 스피겔리아 마릴란디카   183
Sporobolus 스포로볼루스 (쥐꼬리새풀속 식물)   21, 35, 237
Sporobolus heterolepis 스포로볼루스 헤테롤레피스 prairie dropseed   50, 67, 80, 232
Sporobolus wrightii 스포로볼루스 리티이   153
Sporobolus wrightii 'Windbreaker' 스포로볼루스 리티이 '윈드브레이커'   176
Stachys byzantina 램스이어   153
Stipa gigantea 큰나래새   177
Stipa pennata 페나타나래새   170, 171
Stylophorum 애기똥풀속 식물   172
Symphyotrichum 미국쑥부쟁이   21, 35, 248
Symphyotrichum ericoides 'Snow Flurry' 심피오트리쿰 에리코이데스 '스노 플러리'   181
Symphyotrichum laeve 심피오트리쿰 레베   153

Symphyotrichum novaeangliae 뉴잉글랜드아스테르 249
Symphyotrichum oblongifolium 'October Skies' 심피오트리쿰 오블롱기폴리움 '옥토버 스카이스' 178
Symplocarpus foetidus 페티두스앉은부채 skunk cabbage 67, 148

T

Taraxacum 민들레속 식물 dandelion 49, 79
Tnalictrum rocheburianum 금꿩의다리 176
Tnelypteris decursive-pinnata 설설고사리 150
Thermopsis 갯활량나물속 식물 golden pea 130
Thermopsis montana 몬타나갯활량나물 79
Tiarella 헐떡이풀속 식물 foamflower 121, 172
Tiarella cordifolia 단풍매화헐떡이풀 110, 152, 153
Tradescantia ohiensis 자주달개비 91
Trifolium 클로버(토끼풀속 식물) clover 205
Trifolium pratense 붉은토끼풀 199
Trillium 연영초속 식물 47, 49, 111, 112, 114, 121
Trillium grandiflorum 큰꽃연영초 71, 109
Triteleia 트리텔레이아속 식물 86
Tsuga 솔송나무속 식물 hemlock 108~109
Typha 부들속 식물 180, 222
Typha latifolia 큰잎부들 42~43

V

Vaccinium 산앵도나무속 식물 wild cranberry 18, 30, 100, 179
Vaccinium angustifolium 로부시블루베리 35, 152
Vaccinium arboreum 스파클베리 sparkleberry 6
Verbascum nigrum 베르바스쿰 니그룸 28~29
Verbena bonariensis 버들마편초 184
Verbena hastata 미국마편초 192
Vernonia 베르노니아속 식물 ironweed 248
Vernonia glauca 베르노니아 글라우카 176
Vernonia noveboracensis 베르노니아 노베노라센시스 New York ironweed 36, 82, 84~85, 91, 153, 176, 177
Veronicastrum 냉초속 식물 146, 172
Veronicastrum 'Fascination' 버지니아냉초 '퍼시네이션' 174~175
Veronicastrum virginicum 버지니아냉초 160, 174, 176, 228~229
Vinca minor 빈카 periwinkle 52, 180
Viola 제비꽃속 식물 86
Viola sororia 종지나물 184

W

Waldsteinia 나도양지꽃속 식물 172

Y

Yucca 유카 174
Yucca filamentosa 실유카 37

Z

Zizia aurea 지지아 아우레아 golden Alexander 88~89

새로운 자연을 위한 식재디자인
사라지는 야생, 식물군락 디자인으로 만드는 지속 가능한 경관

PLANTING IN A POST-WILD WORLD

지은이   토머스 레이너, 클라우디아 웨스트
옮긴이   김지현, 노진선, 이양희, 정은하

1판 1쇄 펴낸날   2025년 11월 25일

펴낸이   전은정
펴낸곳   목수책방
출판신고   제25100-2013-000021호
대표전화   070 8151 4255
팩시밀리   0303 3440 7277

이메일   moonlittree@naver.com
블로그   blog.naver.com/moonlittree
페이스북 인스타그램   moksubooks
스마트스토어   smartstore.naver.com/moksubooks

표지 사진   Adam Woodruff + Associates (2013)
디자인   studio fttg
제작   야진북스

ISBN   979-11-88806-72-0 (03520)
가격   35,000원

PLANTING IN A POST-WILD WORLD: DESIGNING PLANT COMMUNITIES FOR RESILIENT LANDSCAPES by Thomas Rainer and Claudia West
Copyright © 2015 by Thomas Rainer and Claudia West.
All rights reserved. Published in 2015 by Timber Press, Inc.

All rights reserved.
This Korean edition was published by Moksu Publishing Company in 2025 by arrangement with Timber, an imprint of Workman Publishing Co., Inc., a subsidiary of Hachette Book Group, Inc., New York, New York, USA through KCC(Korea Copyright Center Inc.), Seoul.

이 책은 (주)한국저작권센터(KCC)를 통한 저작권자와의 독점계약으로 목수책방에서 출간되었습니다. 저작권법에 의해 한국 내에서 보호를 받는 저작물이므로 무단 전재와 복제를 금합니다.